香肠制品加工技术

Xiangchang Zhipin Jiagong Jishu

主　编　高海燕　张 建

副主编　曹雪慧　周浩宇　李一卓

科学技术文献出版社
SCIENTIFIC AND TECHNICAL DOCUMENTATION PRESS
·北 京·

图书在版编目（CIP）数据

香肠制品加工技术 / 高海燕，张建主编. –北京：科学技术文献出版社，2013.11（2022. 7重印）

ISBN 978-7-5023-8329-9

Ⅰ.①香… Ⅱ.①高… ②张… Ⅲ.①熟肉–食品加工 Ⅳ.①TS251.6

中国版本图书馆 CIP 数据核字（2013）第 219422 号

香肠制品加工技术

策划编辑：孙江莉　责任编辑：孙江莉　责任校对：张吲哚　责任出版：张志平

出 版 者　科学技术文献出版社
地　　址　北京市复兴路15号　邮编 100038
编 务 部　（010）58882938，58882087（传真）
发 行 部　（010）58882868，58882870（传真）
邮 购 部　（010）58882873
官方网址　www.stdp.com.cn
发 行 者　科学技术文献出版社发行　全国各地新华书店经销
印 刷 者　北京虎彩文化传播有限公司
版　　次　2013 年 11 月第 1 版　2022 年 7 月第 3 次印刷
开　　本　850 × 1168　1/32
字　　数　330千
印　　张　13.25
书　　号　ISBN 978-7-5023-8329-9
定　　价　35.00元

前　言

香肠类制品是我国肉制品中品种最多的一大类制品。它是以畜禽肉为主要原料，经过腌制（或未经腌制），绞碎或斩拌乳化成肉糜状，并混合各种辅料，再充填入天然肠衣或人造肠衣中成型，根据品种不同再分别经过烘烤、蒸煮、烟熏、冷却或发酵等工序制成的产品。由于所使用原料、加工工艺及技术要求、辅料不同，不同种香肠不论在外形上还是口味上都有很大区别。在现代人生活中，香肠类制品是一种优质的方便食品，它是肉类加工的一种古老形式，在历史发展不同时期都备受欢迎。市场销售量越来越大，而且呈现出很好的发展前景。

本书系统阐述香肠制品生产中常用的原辅料、各种香肠类食品生产工艺与配方，并深入浅出地介绍了香肠食品生产质量控制，附录中列出了香肠制品质量安全市场准入制度和食品企业通用卫生规范。编写过程中结合教学、科研实践，将传统工艺与现代加工技术相结合，内容全面具体，条理清楚，通俗易懂，是一本可操作性强的香肠类食品生产科技丛书。可供从事香肠制品开发的科研技术人员、企业管理人员和生产人员学习参考使用，也可作为大中专院校食品科学与工程专业、高产专业、农产品贮藏与加工、食品质量与安全等相关专业的实习实验教学参考用书。

本书由河南科技学院食品学院高海燕副教授、石河子大学食品学院张建老师（博士）担任主编，渤海大学化学化工与食品安全学院曹雪慧老师（博士），河南科技学院食品学院周浩宇老师，河南科技学院食品学院李一卓老师担任副主编。其中高海燕负责第 2 章编写工作，参与第 5 章编写工作，并负责全书内容设计及统稿工作，张建负责第 5 章和附录编写工作，并参与第 2 章编写工作，曹雪慧负责第 3 章和第 6 章编写工作，周浩宇负责第 4 章编写工作，李一卓负责第 1 章编写工作。

在编写过程中吸纳了相关书籍所长，并参考了大量文献，在此对原作者表示感谢，同时得到科学技术文献出版社领导和孙江莉副编审的大力帮助和支持，在此致以最真挚的谢意。

由于作者水平有限，不当之处在所难免，希望读者批评指正。

编 者

2013 年 5 月

目 录
Contents

第一章

概　述

香肠制品是指以畜（禽）肉为主要原料，通过绞碎、斩拌、乳化等操作制成肉馅，填充入天然或人造肠衣中，根据产品品质特点进行烘烤、蒸煮、烟熏、干燥、冷却或发酵等加工处理制成的一类肉制品。

在现代人生活中，肠制品是一类方便肉制品，产量几乎占肉制品总量的 50%，其加工方式是最古老的肉品加工方式之一。在历史发展不同时期都备受欢迎。它的生产技术于 19 世纪后半叶由国外侨民传入我国，至今已有近百年历史。香肠（sausage）拉丁语意思为“保藏”，意大利语为“盐腌”，而由于要使用动物肠衣，我国称之为灌肠或香肠。由于地理和气候条件差异，形成了多种品种。全世界有上百个系列近千种香肠产品可供消费者选择。方便、多样、经济、营养是香肠制品的主要特点。大部分香肠可直接食用，或在食用前进行回热处理即可食用。香肠的这一特点满足了快节奏生活和工作的需求。而不同加工工艺使香肠形成风格不同、风味独特的系列产品，这一特点使消费者在香肠消费上有了更多的选择，满足了不同消费人群的偏好。此外，香肠可用相对价廉的分割肉或副产品加工，使香肠制品经济实惠。香肠制品工艺特点使其易于进行营养因子调控，可以在加工过程中方便地加入所需各种营养素，如膳食纤维等功能性成分，使香肠更能满足当代人们的健康需求。

第一节　香肠分类

一、国内香肠分类

我国各地生产的香肠品种有几百种，至今还没有一个统一分类方法，通常根据目前我国各生产厂家灌肠类制品工艺，分为以下几类：

（1）生鲜香肠　用新鲜猪肉，有时也用牛肉，不经腌制，不加发色剂，只经绞碎，调味后充填入肠衣，冷藏条件下贮存，在食用前需加热熟制，如猪肉生香肠、芳香意大利香肠等。

（2）烟熏生香肠　用未经腌制或经腌制的肉，切碎、调味后充填入肠衣，再烟熏，在食用前需熟制，如生色拉米香肠、广东香肠等。

（3）烟熏熟香肠　肉经腌制、绞碎、调味、充填入肠衣中，再烟熏和蒸煮，食用前不需熟制，如哈尔滨红肠、儿童肠等。

（4）熟香肠　用未经腌制的肉，绞碎、调味后充填入肠衣中，再熟制，有时稍微烟熏，一般无烟熏味，如肝肠、血肠等。

（5）粉肠　边脚肉料经腌制、绞切成丁，加入大量淀粉和水，充填入肠衣或猪膀胱中，煮熟、烟熏而成，如北京粉肠、小肚等。

（6）发酵香肠　肉没有经腌制或经腌制，绞碎、调味、充填入肠衣后，可先烟熏，再干燥、发酵，如色拉米、正阳楼风干肠等。

在我国，习惯上将用中国原有加工方法生产产品称为香肠或腊肠，把用国外传入方法生产的产品称为灌肠。表 1–1 为中式香肠和西式灌肠之间在加工原料、生产工艺和辅料要求等方面不同点。

表 1-1 中式和西式肠制品的区别

工序	中式香肠	西式香肠
原料肉	以猪肉为主	除猪肉外，还可用牛肉、马肉、鱼肉、兔肉等
原料肉的处理	瘦肉、肥肉均切成肉丁	瘦肉绞成肉馅，肥肉切成肉丁；或瘦肉、肥肉都绞成肉馅
辅料	加酱油，不加淀粉	加淀粉，不加酱油
日晒、熏烟	长时间日晒，晾挂	烘烤，烟熏

西式香肠口味特点，是在辅料中使用了具有香辣味的豆蔻和胡椒，因而产品都具有不同程度辣味，咸味用盐而不用酱油，一部分品种还使用了大蒜，因此产品具有明显的蒜味。另外，肉馅大多是猪、牛肉混合制成，香肠原料既可精选上等肉制成高档产品，也可利用肉类加工过程中的碎肉制成低档产品。

在我国，按照加工工艺，一般可以将香肠分为以下几种。

1. 中国香肠

中国香肠是以猪肉为主要原料，经切碎或绞碎成丁，用食盐、硝酸钠、糖、曲酒、酱油等辅料腌后，灌入可食性肠衣中，经晾晒、风干或烘烤等工艺制成的香肠制品。食用前需经熟制加工。

2. 熏煮香肠

熏煮香肠是以各种畜禽肉为原料，经切碎、腌制、绞碎、斩拌处理后，充入肠衣内，再经烘烤、蒸煮、烟熏（或不烟熏）、冷却等工艺制成的肉制品。这类产品是我国目前市场上品种和数量最多的一类。

3. 发酵香肠

发酵香肠是以牛肉、猪肉或羊肉为主要原料，经绞碎或粗斩，添加食盐、（亚）硝酸钠等辅助材料，充入可食性肠衣中，经发酵、烟熏、干燥、成熟等工艺制成的肠类制品。

4. 粉肠

这类肠的加工一般以猪肉为主要原料，不需要经过腌制，且拌馅中加入较大量淀粉和水，淀粉一般要使用质量较高的绿豆淀粉，灌入猪肠衣或肚皮中，经过煮制、烟熏即为成品。该产品用糖熏制，着色快，失水量小，所以这类产品出品率高，产品含水量高，因而耐贮藏性差。

二、美国香肠分类

香肠分类方法很多，至今没有一个分类方法，其中以美国农业部(USDA)分类方式较具代表性，因此比其他分类方法得到了更广泛应用。按USDA体系,香肠制品分为:生鲜香肠、生熏香肠、熏煮香肠、蒸煮香肠、半干和干香肠。该分类体系中，产品划分很细，以它为基础，可将产品概括如下。

1. 鲜香肠类（又名生香肠）

生鲜香肠：通常用未经腌制的新鲜猪肉加工，有时也添加适量牛肉，还混合其他食品原料，如猪头肉、猪内脏加土豆、淀粉、面包渣等制成的鲜香肠；猪肉、牛肉再加鸡蛋、面粉的混合香肠；牛肉加面包渣或饼干面制成的肠；猪肉、牛肉加西红柿和椒盐饼干面的西红柿肠；猪肉、油脂加米粉的香肠等。原料经绞碎通过直径为0.32～0.95cm的孔板，加入香辛料和调味料后填充入肠衣而成。

这类产品未经杀菌处理，本身含水分较多，组织柔软，一般不能长期贮存，需冷藏条件下贮存销售，保质期较短，最多不可超过3天。制作这种肠，既不经过加硝酸盐和亚硝酸盐处理，也不经过腌制、水煮等工序，因此消费者食用时，还需经加热处理。在我国这种肠很少。

按USDA法规标准，这类肠制品加工过程中水或冰的加入量不超过总量3%，鲜猪肉肠脂肪含量不超过50%，鲜牛肉肠脂肪含量不超过30%。在我国，这类香肠生产量很小，大部分该类产品作为一种休闲食品在销售场地经烘烤熟制后现场出售、食用。

2. 生熏肠

包括生鲜香肠的所有特征，所用原料可以是新鲜的或根据具体需求情况经盐或硝酸盐腌制的。这类产品经过烟熏处理，赋予产品特殊风味和色泽，但不经熟制加工，消费者在食用前要进行熟制处理。产品贮存和销售同样需要在冷藏条件下进行，保质期一般不超过7天。

3. 熟熏肠

熟熏肠原料与香辛料调味品等的选用与生熏肠相同，腌制的原料肉经绞碎、斩拌或乳化处理，充入肠衣，再经蒸煮熟制而成。这类香肠经过了熟制加工过程，消费者可直接食用。根据消费需求，产品可以进行烟熏处理，赋予产品特殊的风味和色泽，同时提高保藏效果。此种肠最为普通，占整个灌肠生产的一大部分。这种香肠已经过熟制，故可以直接食用。

4. 干和半干香肠（发酵香肠）

干和半干香肠的原料需经过腌制，一般干制肠不经烟熏，半干制肠需要烟熏。经自然或接种发酵，并经脱水过程所加工的一类产品，也称发酵香肠。因此干和半干香肠也叫发酵肠。干香肠一般都采用鲜度高的牛肉、猪肉与少量的脂肪作为原料，再添加适量的食盐和发色剂等制成。一般都要经过发酵、风干脱水的过程，并保持有一定的盐分。在加工过程中，香肠质量减轻25%～40%，因而在夏天，放在阴凉的地方不用冷藏也可以长时间贮藏，如意大利色拉米肠、德式色拉米肠。半干香肠加工过程与干香肠相似，但在风干脱水过程中，其质量减轻3%～15%，其干硬度和湿度介于全干肠与一般香肠之间。这类产品经过发酵，产品的pH值较低(4.7～5.3)，这使产品的保存性增加，并具有很浓的风味。干香肠需要很长的干燥时间，不同直径的肠所需的时间不同，一般为 21 ～ 90 天。

半干香肠是指绞碎的肉在微生物作用下，使 pH 值达到 5.3 以下，在干燥或烟熏过程中除去 15%左右的水分，使产品中水分与蛋白质的比例不超过 3.7 ：1 的肠制品。干香肠是指绞碎的肉在微生物作用下，使 pH 值达到 5.3 以下，然后经过干燥或淡烟熏处理除去 20%～ 50%的水分，使产品中的水分与蛋白质的比例不超过 2.3 ：1 的肠制品。

由于香肠制品可广泛地利用原料肉，并且可以利用修整下来的小块肉，同时就餐简便、携带方便，因此受到消费者的欢迎。

第二节　肉品保藏技术

一、冷却保鲜

冷却保鲜是常用的肉和肉制品保存方法之一。这种方法将肉品冷却到 0℃左右，并在此温度下进行短期贮藏。由于冷却保存耗能少，投资较低，适宜于保存在短期内加工的肉类和不宜冻藏的肉制品。

1. 冷却目的

刚屠宰完的胴体，其温度一般在 37 ～ 39℃，这个温度范围正适合微生物生长繁殖和肉中酶的活性，对肉的保存很不利。肉的冷却目的就是在一定温度范围内使肉的温度迅速下降，使微生物在肉表面生长繁殖减弱到最低程度，并在肉的表面形成一层皮膜；减弱酶的活性，延缓肉的成熟时间；减少肉内水分蒸发，延长肉的保存时间。肉的冷却是肉冻结过程的准备阶段。在此阶段，胴体逐渐成熟。

2. 冷却条件和方法

目前，畜肉冷却主要采用空气冷却，即通过各种类型冷却设备，使室内温度保持在0～4℃。冷却时间决定于冷却室温度、湿度和空气流速，以及胴体大小、胴体初温和终温等。鹅肉可采用液体冷却法，即以冷水和冷盐水为介质进行冷却，亦可采用浸泡或喷洒的方法进行冷却，此法冷却速度快，但必须进行包装，否则肉中的可溶性物质会损失。冷却终温一般在0～4℃，然后移到0～1℃冷藏室内，使肉温逐渐下降；加工分割胴体，先冷却到12～15℃，再进行分割，再冷却到0～4℃。

(1) 冷却条件的选择

①冷却间温度　为尽快抑制微生物生长繁殖和酶的活性，保证肉的质量，延长保存期，要尽快把肉温降低到一定范围。肉的冰点在-1℃左右，冷却终温以0℃左右为好。因而冷却间在进肉之前，应使空气温度保持在-4℃左右。在进肉结束之后，即使初始放热快，冷却间温度也不会很快升高，使冷却过程保持在0℃左右。

②冷却间相对湿度　冷却间的相对湿度对微生物生长繁殖和肉的干耗（一般为胴体重的3%）起着十分重要作用。湿度大，有利于降低肉的干耗，但微生物生长繁殖加快，且肉表面不易形成皮膜；湿度小，微生物活动减弱，有利于肉表面皮膜的形成，但肉的干耗大。在整个冷却过程中，水分不断蒸发，总水分蒸发量50%以上是在冷却初期（最初1/4冷却时间内）完成的。因此在冷却初期，空气与胴体之间温差大，冷却速度快，Rh宜在95%以上，之后，宜维持在90%～95%，冷却后期Rh以维持在90%左右为宜。这种阶段性地选择相对湿度，不仅可缩短冷却时间，减少水分蒸发，抑制微生物大量繁殖，而且可使肉表面形成良好的皮膜，不致产生严重干耗，达到冷却目的。对于刚屠宰的鹅胴体，由于肉温高，要先经冷晾，再进行冷却。

③空气流速　空气流动速度对干耗和冷却时间也极为重要。相对湿度高，空气流速低，虽然能使干耗降到最低程度，但容易

使胴体长霉和发黏。为及时把由胴体表面转移到空气中的热量带走，并保持冷却间温度和相对湿度均匀分布，要保持一定速度的空气循环。冷却过程中，空气流速一般应控制在 0.5 ～ 1m/s，最高不超过 2m/s，否则会显著提高肉的干耗。

(2) 冷却方法　冷却方法有空气冷却、水冷却、冰冷却和真空冷却等。我国主要采用空气冷却法。进肉之前，冷却间温度降至 – 4℃左右。进行冷却时，把经过冷晾的胴体沿吊轨推入冷却间，胴体间距保持 3 ～ 5cm，以利于空气循环和较快散热，当胴体最厚部位中心温度达到 0 ～ 4℃时，冷却过程即可完成。冷却操作时要注意以下几点：

①胴体要经过修整、检验和分级；

②冷却间要符合卫生要求；

③吊轨间的胴体按“品”字形排列；

④不同等级的肉，要根据其肥度和重量不同，分别吊挂在不同位置。肥重胴体应挂在靠近冷源和风口处。薄而轻胴体挂在距离排风口的远处；

⑤进肉速度快，并应一次完成进肉；

⑥冷却过程中尽量减少人员进出冷却间，保持冷却条件稳定，减少微生物污染；

⑦在冷却间按每立方米平均 1W 的功率安装紫外线灯，每昼夜连续或间隔照射 5h；

⑧冷却终温的检查　胴体最厚部位中心温度达到 0 ～ 4℃，即达到冷却终点。

二、冷冻保藏

冻肉冻藏主要目的是阻止冻肉各种变化，以达到长期贮藏目的。冻肉品质变化不仅与肉的状态、冻结工艺有关，与冻藏条件也有密切的关系。温度、相对湿度和空气流速是决定贮藏期和冻肉质量重要因素。

1. 冻结方法

肉类冻结方法多采用空气冻结法、板式冻结法和浸渍冻结法。其中空气冻结法最为常用。根据空气所处的状态和流速的不同，又分为静止空气冻结法和鼓风冻结法。

(1) 静止空气冻结法 这种冻结方法是把食品放入 $-10\sim-30$℃的冻结室内，利用静止冷空气进行冻结。由于冻结室内自然对流的空气流速很低(0.03～0.12m/s)和空气的导热系数小，肉类食品冻结时间一般在1～3d。因而这种方法属于缓慢冻结。当然冻结时间与食品的类型包装大小、堆放方式等因素有关。

(2) 板式冻结法 这种方法是把薄片状食品(如肉排、肉饼)装盘或直接与冻结室中的金属板架接触，冻结室温度一般为 $-10\sim-30$℃。由于金属板直接作为蒸发器，传递热量，冻结速度比静止空气冻结法快、传热效率高、食品干耗少。

(3) 鼓风冻结法 工业生产上普遍使用的方法是在冻结室或隧道内安装鼓风设备，强制空气流动，加快冻结速度。鼓风冻结法常用的工艺条件是：空气流速一般为2～10m/s，冷空气温度为 $-25\sim-40$℃，空气相对湿度为90%左右。这是一种速冻方法，主要是利用低温和冷空气的高速流动，产品与冷空气密切接触，促使其快速散热。这种方法冻结速度快，冻结的肉类质量高。

(4) 液体冻结法 这种方法是商业上常用来冻结禽肉所常用的方法。此法热量转移速度慢于鼓风冻结法。热传导介质必须无毒，成本低，黏性低，冻结点低，热传导性能好。一般常用液氮、食盐溶液、甘油、甘油醇和丙烯醇等，但值得注意的是，食盐水常引起金属槽和设备腐蚀。

2. 冻藏条件及冻藏期

冻藏间的温度一般保持在 $-18\sim-21$℃，温度波动不超过±1℃，冻结肉的中心温度保持在 -15℃以下。为减少干耗，冻结间空气相对湿度保持在95%～98%。空气流速采用自然循环即可。

冻肉在冻藏室内堆放方式也很重要。对于胴体肉，可堆叠成约3m高的肉垛，其周围空气流畅，避免胴体直接与墙壁和地面接触。对于箱装的塑料袋小包装分割肉，堆放时也要保持周围有流动的空气。

3．肉在冻结和冻藏期间的变化

各种肉类经过冻结和冻藏后，都会发生一些物理变化和化学变化，肉的品质受到影响。冻结肉的功能特性不如鲜肉，长期冻藏可使肉的功能特性显著降低。

（1）容积　水变成冰所引起的容积增加大约是9%，而冻肉由于冰的形成所造成的体积增加约为6%。肉的含水量越高，冻结率越大，则体积增加越多。在选择包装方法和包装材料时，要考虑到冻肉体积的增加。

（2）干耗　肉在冻结、冻藏和解冻期间都会发生脱水现象。对于未包装的肉类，在冻结过程中，肉中水分大约减少0.5%～2%，快速冻结可减少水分蒸发。在冻藏期间重量也会减少。冻藏期间空气流速小，温度尽量保持不变，有利于减少水分蒸发。

（3）冻结烧　在冻藏期间由于肉表层冰晶的升华，形成了较多的微细孔洞，增加了脂肪与空气中氧的接触机会，最终导致冻肉产生酸败味，肉表面发生黄褐色变化，表层组织结构粗糙，这就是所谓的冻结烧。冻结烧与肉的种类和冻藏温度的高低有密切关系。禽肉和鱼肉脂肪稳定性差，易发生冻结烧。猪肉脂肪在－8℃下贮藏6个月，表面有明显酸败味，且呈黄色。而在－18℃下贮藏12个月也无冻结烧发生。采用聚乙烯塑料薄膜密封包装，隔绝氧气，可有效地防止冻结烧。

（4）重结晶　冻藏期间冻肉中冰晶的大小和形状会发生变化。特别是冻藏室内的温度高于－18℃，且温度波动的情况下，微细的冰晶不断减少或消失，形成大冰晶。实际上，冰晶的生长是不可避免的。经过几个月的冻藏，由于冰晶生长的原因，肌纤维受到机械损伤，组织结构受到破坏，解冻时引起大量肉汁损失，肉的质量下降。

采用快速冻结，并在－18℃下贮藏，尽量减少波动次数和减小波动幅度，可使冰晶生长减慢。速冻所引起的化学变化不大。而肉在冻藏期间会发生一些化学变化，从而引起肉的组织结构、外观、气味和营养价值的变化。能引起蛋白质变性；肌肉颜色逐渐变暗，这与包装材料的透氧性有关；风味和营养成分变化，大多数食品在冻藏期间会发生风味和味道的变化，尤其是脂肪含量高的食品。多不饱和脂肪酸经过一系列化学反应发生氧化而酸败，产生许多有机化合物，如醛类、酮类和醇类。醛类是使风味和味道异常的主要原因。

三、真空包装技术

真空包装是指除去包装袋内空气，经过密封，使包装袋内食品与外界隔绝。在真空状态下，好气性微生物的生长减缓或受到抑制，减少了蛋白质降解和脂肪氧化酸败。另外经过真空包装，使乳酸菌和厌气菌增殖，pH 降低至 5.6～5.8，进一步抑制了其他菌的生长，从而延长了产品贮存期。

真空包装技术已经广泛应地用于食品保藏中，我国采用真空包装的肉类产品日益增多，真空包装作用有三个方面：抑制微生物生长，防止二次污染；减缓脂肪氧化速度；使肉品整洁，提高竞争力。

真空包装有三种形式：第一种是将整理好的肉放进包装袋内，抽掉空气，再真空包装，接着吹热风，使受热材料收缩，紧贴于肉品表面；第二种方法是热成型滚动包装；第三种方法为真空紧缩包装。

1. 真空包装的作用

对于鲜肉，真空包装作用是：

（1）抑制微生物生长，并避免外界微生物的污染。食品腐败变质主要是由于微生物的生长，特别是需氧微生物。抽真空后可以造成缺氧环境，抑制许多腐败性微生物生长。

（2）减缓肉中脂肪的氧化速度，对酶活性也有一定抑制作用。

（3）减少产品失水，保持产品重量。

（4）可以和其他方法结合使用，如抽真空后再充入 CO_2 等气体。还可与一些常用的防腐方法结合使用，如脱水、腌制、热加工、冷冻和化学保藏等。

（5）产品整洁，增加市场效果，较好地实现市场目的。

2．对真空包装材料的要求

（1）阻气性　主要目的是防止大气中的氧，重新进入抽真空包装袋内，避免需氧菌生长。乙烯、乙烯－乙烯醇共聚物都有较好的阻气性，若要求非常严格时，可采用一层铝箔。

（2）水蒸气阻隔性　即应能防止产品水分蒸发，最常用的材料是聚乙烯、聚苯乙烯、聚丙乙烯、聚偏二氯乙烯等薄膜。

（3）香味阻隔性能　应能保持产品本身香味，并能防止外部一些不良气味渗透到包装产品中，聚酰胺和聚乙烯混合材料一般可满足这方面要求。

（4）遮光性　光线会促使肉品氧化，影响肉的色泽。只要产品不直接暴露于阳光下，通常用没有遮光性的透明膜即可。按照遮光效能递增的顺序，采用的方式有：印刷、着色、涂聚偏二氯乙烯、上金、加一层铝箔等。

（5）机械性能　包装材料最重要的机械性能是具有防撕裂和防封口破损的能力。

3．真空包装存在的问题

真空包装虽然能延长产品的贮存期，但也有质量缺陷，存在以下几个问题。

（1）色泽　肉的色泽是决定鲜肉货架寿命长短的主要因素之

一。鲜肉经过真空包装，氧分压低，肌红蛋白生成高铁肌红蛋白，鲜肉呈红褐色。真空包装鲜肉的颜色问题可以通过双层包装，即内层为一层透气性好的薄膜，再用真空包装袋包装，销售前拆除外层包装，由于内层包装通气性好，与空气充分接触形成氧合肌红蛋白，肉呈鲜红色。

(2) 抑菌方面 真空包装虽能抑制大部分需氧菌生长，但即使氧气含量降到 0.8%，仍无法抑制好气性假单胞菌的生长。但在低温下，假单胞菌会逐渐被乳酸菌所取代。

(3) 肉汁渗出及失重问题 真空包装易造成产品变形和肉汁渗出，感官品质下降，失重明显。国外采用特殊制造的吸水垫吸附渗出的肉汁，使感官品质得到改善。

(4) 气调包装技术 气调包装技术也称换气包装，是在密封标准中放入食品，抽掉空气，用选择好的气体代替包装内的气体环境，以抑制微生物的生长，从而延长食品货架期。

(5) 肉类辐射保鲜技术 肉类辐射产物的形成仅是简单地分解食品中的正常成分，如蛋白质分解为氨基酸、脂肪氧化分解为甘油和脂肪酸，至于特殊辐射产物（URPS），知之甚少。辐射保鲜技术的效果有待进一步研究。

四、辐射保鲜

肉类辐射保鲜技术的研究已有 40 多年的历史。辐射技术是利用原子能射线辐射能进行杀菌。目前认为，用辐射方法照射食品安全性已经得到认可。食品辐射联合委员会 (EDFI) 建议：小剂量辐射食品不会引起毒理学危害。1988 年中国科技大学和合肥市第二商业局共同研究的“鲜猪肉辐射保存技术”，其结果令人满意，其色、香、味与鲜肉相似。

辐射保鲜是利用原子能射线辐射能量对食品进行杀菌处理的保存食品的一种物理方法，是一种安全卫生、经济有效的食品保存技术。1980年由联合国粮农组织(FAO)、国际原子能机构、世界卫生组织(WHO)组成的“辐照食品卫生安全性联合专家委员会”就辐照食品的安全性得出结论：食品经不超过10kGy的辐照，没有任何毒理学危害，也没有任何特殊的营养或微生物学问题。

1. 辐射杀菌原理

α、β、γ 射线的特性及形成：

(1) α 射线　是从原子核中射出的带正电的高速离子流。电离能力最强。

(2) β 射线　是带负电的高速粒子流。

(3) γ 射线　是一种光子流，是原子从高能态跃迁到低能态时放出的。能量最大，穿透能力最强。

食品辐射杀菌，通常是用 α 射线、γ 射线，这些高能带电或不带电的射线引起食品中微生物、昆虫发生一系列生物物理和生物化学反应，使它们的新陈代谢、生长发育受到抑制或破坏，甚至使细胞和组织死亡等。而对食品来说，发生变化的原子、分子只是极少数，加之已无新陈代谢，或只进行缓慢的新陈代谢，故发生变化的原子、分子几乎不影响或只轻微地影响食品的新陈代谢。

2. 肉的辐射保藏工艺

辐射的工艺流程如图1-1所示。

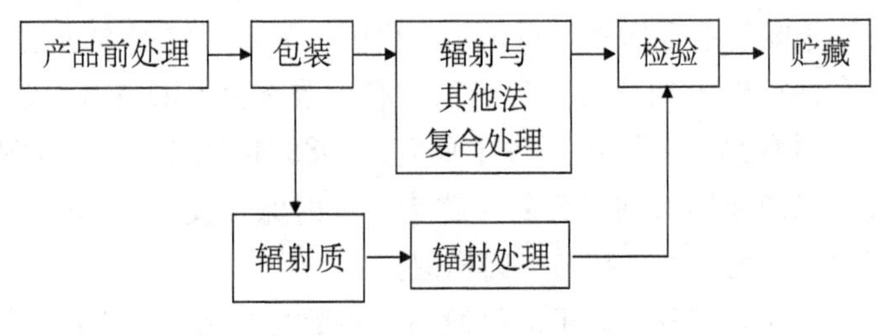

图1-1　辐射的工艺流程

（1）前处理　辐射前对肉品进行挑选和品质检查。要求：质量合格，初始菌量低。为减少辐射过程中某些成分的微量损失，有时增加微量添加剂，如添加抗氧化剂，可减少维生素 C 的损失。

（2）包装　包装是肉品辐射保鲜的重要环节。辐射灭菌是一次性的，因而要求包装能够防止辐射食品的二次污染。同时还要求隔绝外界空气与肉品接触，以防止贮运、销售过程中脂肪氧化酸败，肌红蛋白氧化变色等缺点。包装材料一般选用高分子塑料，在实践中常选用复合塑料膜，如聚乙烯、尼龙复合薄膜。包装方法常采用真空包装、真空充气包装、真空去氧包装等。

（3）辐射　常用辐射源有 ^{60}Co、^{137}Cs 和电子加速器三种。^{60}Co 辐射源释放的 γ 射线穿透力强，设备较简单，因而多用于肉食品辐射。辐射条件根据辐射肉食品的要求决定。

（4）辐射质量控制　这是确保辐射工艺完成不可缺少的措施。

①根据肉食品保鲜目的、D_{10} 剂量、初始菌量等确定最佳灭菌保鲜的剂量。

②选用准确性高的剂量仪，测定辐射箱各点的剂量，从而计算其辐射均匀度（$U=D_{max}/D_{min}$），要求均匀度 U 愈小愈好，但也要保证有一定的辐射产品数量。

③为了提高辐射效率，而又不增大 U，在设计辐射箱传动装置时考虑 180 度转向、上下换位以及辐射箱在辐射场传动过程中尽可能地靠近辐射源。

④制定严格的辐射操作程序，以确保每一肉食品包装都能受到一定剂量的辐照。

（5）辐射对肉品质影响　辐射对肉品质有不利影响。如产生的硫化氢和醛类物质，使肉品产生辐射味；辐射能在肉品中产生鲜红色且较为稳定的色素，同时也会产生高铁肌红蛋白和硫化肌红蛋白等不利于肉品色泽的色素；辐射使部分蛋白质发生变性，肌肉保水力降低。对胶原蛋白有嫩化作用，可提高肉品的嫩度，但提高肉品嫩度所要求的辐射剂量太高，使肉品产生辐射变性而变得不能食用。

(6) 辐射肉品的卫生安全性　放射线处理后食品的安全性，根据联合国粮农组织(FAO)、国际原子能机构、世界卫生组织(WHO)组成的“辐照食品卫生安全性联合专家委员会”就辐照食品的安全性得出结论，食品经不超过10kGy的辐照时，辐射在保藏食品方面是一种安全、卫生、经济有效的新手段。其安全性体现在以下几方面：

①辐射食品无残留放射性和诱导放射性。

②辐射不产生毒性物质和致突变物。

③辐射会使食品发生理化性质的变化，导致感官品质及营养成分的改变。变化程度取决于辐射食品的种类和辐射剂量。

总而言之，肉类的保鲜需要综合应用以上各种防腐保鲜措施，发挥各自的优势，达到最佳保鲜效果。未来肉类防腐保鲜的趋势将是天然防腐保鲜剂的应用、新型包装技术的应用和辐照技术的广泛使用。

五、化学保藏法

所谓肉的化学保藏是指在肉品生产和贮运过程中使用化学添加剂来提高肉的贮藏性和尽可能保持它原有品质的一种方法。与保鲜有关的添加剂主要是防腐剂和抗氧化剂。防腐剂又分为化学防腐剂和天然防腐剂。防腐保鲜剂经常与其他保鲜技术结合使用。

1. 化学防腐剂

化学防腐剂主要包括各种有机酸及其盐类。肉制品中与保鲜有关的食品添加剂分为4类：防腐剂、抗氧化剂、发色剂和品质改良剂。防腐剂又分为化学防腐剂和天然防腐剂。防腐保鲜剂经常与其他保鲜技术结合使用。肉类保鲜中使用的有机酸包括乙酸、甲酸、柠檬酸、乳酸及其钠盐、抗坏血酸、山梨酸及其钾盐、磷酸盐等。这些酸单独或配合使用，对延长肉的保存期均有一定效果，其中使用最多的是乙酸、山梨酸及其钾盐、乳酸及其钠盐。

2. 天然保鲜剂

天然保鲜剂的使用一方面安全性很高，另一方面能更好地符合消费者需要。目前，国内外在这方面研究十分活跃，天然防腐剂是今后防腐剂发展趋势。

（1）茶多酚　茶多酚对肉品防腐保鲜以三条途径发挥作用：抗脂质氧化、抑菌、除臭味物质。

（2）香辛料提取物　许多香辛料中含有杀菌、抑菌成分，提取后作为防腐剂，既安全又有效。如大蒜中的蒜辣素和蒜氨酸，肉豆蔻所含肉豆蔻挥发油，桂皮中挥发油以及丁香中的丁香油等，均具有良好的杀菌、抗菌作用。

（3）乳链菌肽　应用乳链菌肽（nisin）对肉类保鲜是一种新型的技术，nisin 是由某些乳酸链球菌合成的一种多肽抗生素。它只能杀死革兰阳性菌，对酵母菌、霉菌和革兰阴性菌无作用，为窄谱抗生素。目前，利用 nisin 的形式有两种，一种是将乳酸菌活体接种到食品中；另一种是将其代谢产物加以分离利用。

六、气调包装技术

气调包装技术也称换气包装，是在密封袋中放入食品，抽掉空气，用选择好的气体代替包装内气体环境，以抑制微生物生长，从而延长食品货架期。气调包装常用气体有三种：CO_2、O_2 和 N_2、CO_2 能抑制细菌和真菌生长（尤其是细菌繁殖早期），也能抑制酶的活性，在低温和体积分数为 25%时抑菌效果更佳，并具有水溶性。O_2 的作用是维持氧合肌红蛋白，使肉色鲜艳，并能抑制厌氧细菌，但也为许多有害菌创造了良好的环境；N_2 是一种惰性填充气体，氮气不影响肉的色泽，能防止氧化酸败、霉菌的生长和寄生虫害。

在肉类保鲜中，CO_2 和 N_2 是两种主要气体，一定量 O_2 存在有利于延长肉类保质期，因此，必须选择适当比例进行混合。在欧洲鲜肉气调保鲜气体比例为 O_2 ：CO_2 ：N_2=70 ：20 ：10 或 O_2 ：CO_2=75 ：25。目前国际上认为最有效的鲜肉保鲜技术是用高 CO_2 充气包装的气调包装（CAP）系统。

七、其他保藏方法

1. 低水分活性保鲜

水分是指微生物可以利用的水分，最常见的低水分活性保鲜方法有干燥处理及添加食盐和糖。其他添加剂如磷酸盐、淀粉等都可降低肉品的水分活性。

2. 加热处理

①用来杀死肉品中存在的腐败菌和致病菌，抑制能引起腐败的酶活性；

②加热不能防止油脂和肌红蛋白的氧化，反而有促进作用；

③热处理肉制品必须配合其他保藏方法使用。

3. 发酵处理

肉发酵处理肉制品有较好保存特性，它是利用人工环境控制，使用肉制品中乳酸菌生长占优势，将肉制品中碳水化合物转化成乳酸，降低产品 pH 值，而抑制其他微生物生长，发酵处理肉制品也需同其他保藏技术结合使用。

第三节　影响肉品质因素

肉的品质反映了肉品消费性能和潜在价值，品质较高的肉品易于被消费者接受，市场价格往往较高。肉的品质主要包括肉的色泽（颜色）、嫩度、风味、持水力、多汁性等。这些性质都与肉的形态结构、动物种类、年龄、性别、肥度、部位、宰前状态、冻结的程度等因素有关。

一、影响肉颜色因素

肉的颜色是消费者对肉品质量第一印象，也是消费者对肉品质量进行评价的重要依据。虽然肉的颜色并不影响肉的营养价值，但它却影响消费者食欲和肉的商品价值。肉的颜色一般呈现深浅不一的红色，主要取决于肌肉中色素物质——肌红蛋白和残余血液中的色素物质——血红蛋白。如果放血充分，肌红蛋白约占肉中色素 80%～90%，是决定肉色的关键物质。肌肉中肌红蛋白含量和化学状态决定了肉的色泽，不同动物、不同肌肉的颜色深浅不一，肉色千变万化，从紫色到鲜红色、从褐色到灰色，甚至还会出现绿色。

1．氧气分压

当新鲜肉置于空气中，肉表面肌红蛋白与氧结合生成氧合肌红蛋白，肉呈鲜红色，此过程在 30min 内完成，氧合肌红蛋白形成随着氧气渗透由肉表面向内部扩展，温度较低时，扩展较快，而高温不利于氧的渗透。随着时间的延长，氧合肌红蛋白被氧化成高铁肌红蛋白，氧气分压在 666.7～933.3Pa 时氧化速度最快。形成氧合肌红蛋白需要充足氧气，一般氧气分压愈高，愈有利于氧合，而将其氧化成高铁肌红蛋白只需要少量的氧，氧气分压愈低，愈有利于其氧化，氧压升高则抑制其氧化，当氧分压高于 13.3kPa 时，高铁肌红蛋白就很难形成。但放置在空气中的肉，即使氧的分压高于 13.3kPa，由于细菌繁殖消耗了肉表面大量的氧气时，仍能形成高铁肌红蛋白。

2．温度

温度升高有利于细菌繁殖，从而加快肌红蛋白氧化，所以温度与肉色变深呈正相关。据测定，在 −3～30℃范围内，每提高

10℃，氧合肌红蛋白氧化为高铁肌红蛋白的速率提高 5 倍。

3. 湿度

环境湿度增大时，肉表面形成水气层，影响氧的扩散，因此氧化速度变慢。如果湿度低且空气流速快，则加速高铁肌红蛋白的形成。

4.pH 值

动物宰后肌肉 pH 下降速度和程度对肉的颜色、系水力、蛋白质溶解性以及细菌繁殖速度等均有影响。一般肌肉 pH 匀速下降，成熟结束时 pH 值为 5.6 ～ 5.8，肉的颜色正常。肌肉 pH 下降过快可能会造成蛋白质变性、肌肉失水、肉色灰白，即产生所谓的 PSE 肉，这种肉在猪肉较为常见。肌糖原含量过低时，肌肉终 pH 偏高 (>6.0)，肌肉呈深色（黑色），在牛肉中较为常见，如 DFD 肉、黑切牛肉 DCB 等；肌糖原含量过高时，肌肉终 pH 偏低 (<5．5)，会产生酸肉或 RSE 肉，这种肉的颜色正常，但质地和保水性较差。此外，肌肉 pH 对血红蛋白亲氧性有较大影响，低 pH 有利于氧合血红蛋白对氧气释放。低 pH 可减弱其血色素与结构蛋白的联系，从而使其氧化加快。

5. 微生物

微生物繁殖消耗氧气，使肉表面氧分压下降，有利于高铁肌红蛋白的生成，从而加速肉色的变化。此外，微生物会分解蛋白质使肉色污浊；细菌会产生硫化氢，与肌红蛋白结合生成绿色的硫代肌红蛋白，使肉变绿；污染霉菌，则在肉表面形成白色、红色、绿色、黑色等色斑或发生荧光。

6. 腌制

由于氧气在食盐溶液中溶解度很低，以食盐为主的腌制剂会降解肌肉中氧气浓度，加速肌红蛋白氧化形成高铁肌红蛋白，对保持肉色不利。在腌制剂中加入硝酸盐或亚硝酸盐后，可以在酸性环境中与肌红蛋白反应形成鲜艳的亚硝基肌红蛋白。该物质与空气中的氧气接触会变成灰绿色，但加热后变为稳定的亚硝基血色原，呈粉红色。酸性环境、高温和还原剂如葡萄糖、抗坏血酸或异抗坏血酸、烟酰胺等有利于亚硝基肌红蛋白的形成，但磷酸盐会导致肌肉 pH 升高而降低硝酸盐或亚硝酸盐的发色效果。

7. 其他因素

(1) 光线　光线照射可以激活金属氧化酶，长期光线照射使肉表面温度升高，细菌繁殖加快，从而促进高铁肌红蛋白的形成，使肉色变暗。

(2) 冷冻　快速冷冻的肉颜色较浅，主要是由于快速冷冻形成的冰晶小，光线透过率低；而慢速冷冻形成冰晶大，光线折射少，吸收率高，肉呈深红色。

(3) 电刺激和辐照　用电刺激对牛羊肉进行嫩化处理可以改善肉的色泽，使肉色更加鲜艳；辐照保鲜处理也会使肉色更加鲜亮。

(4) 包装　包装方式通过影响肉中的氧气浓度而影响肉的色泽。真空包装使肌红蛋白还原，肌肉呈紫红色，充气包装可通过调节氧气浓度而保持肉的色泽。

(5) 抗氧化剂　抗氧化剂如维生素 E、维生素 C 等可以防止肌红蛋白被氧化成高铁肌红蛋白，并促进高铁肌红蛋白向氧合肌红蛋白转变，可以有效延长肉色的保持时间。

二、影响肉嫩度因素

肉的嫩度又叫肉的柔软性，指肉在食用时口感的老嫩，反映了肉的质地，由肌肉中各种蛋白质结构特性决定。肉嫩的度与肉的硬度（肉的弹性）相对应。通常用剪切力评定肉嫩度，一般在 2.5 ～ 6.0kg，低于 3.2kg 时较为理想。肉的嫩度是评价肉食用品质的指标之一，在评价牛肉、羊肉食用品质时，嫩度指标最为重要。影响肉嫩度的因素很多，宰前和宰后因素对肉的嫩度都有重要影响。宰前影响因素主要有动物种和品种、饲养管理、性别和年龄、肌肉部位等；宰后因素主要有温度、成熟、嫩化处理及烹饪方式等。

1. 物种、品种及性别

动物种类或品种不同，体格大小、肌肉组成等都存在一定差异，肉的嫩度也不同。一般来说，畜禽体格越大其肌纤维越粗大，肉质也越老，如猪和鸡肉一般比牛肉嫩度大，瘤牛肉不如黄牛肉嫩度大。

2. 饲养管理

肉中结缔组织较少的动物，放养的畜禽肉嫩度和风味较好，而肌肉中结缔组织较多的动物，如牛，舍饲时肉的嫩度比较好。采用高能量高蛋白日粮饲养，动物生长速度快，肉的嫩度较好。通常，粗饲料喂养的动物肉质嫩度不如精料喂养的动物。在饲料中添加生长促进剂后，动物肌纤维增粗，肉的嫩度下降。

3. 性别和年龄

一般情况下，公畜的肉较粗糙。如公牛肉的嫩度变化较大，通常低于母牛肉，但公母牛肉都比阉牛肉嫩度差。猪肉情况也大致相同。

动物年龄越小，肌纤维越细，结缔组织的成熟交联越少，肉也越嫩。随着年龄增长，结缔组织成熟交联增加，肌纤维变粗，肉的嫩度下降。

4. 肌肉部位

肌肉生长部位不同，其肌纤维类型构成、活动量、结缔组织和脂肪含量、蛋白酶活性等均不相同，嫩度也因此存在很大差别。一般来说运动多、负荷大的肌肉嫩度较差，如腿部肌肉就比腰部肌肉老。通常以腰大肌嫩度最好。

5. 温度

动物屠宰后的肌肉收缩程度与温度关系密切。不同种类肉对温度的收缩反应不同，猪肉 4℃左右和牛肉 16℃左右时肌肉收缩较少，温度过高或过低都可能发生收缩。温度过低发生冷收缩，温度过则可能发生热收缩，两种情况肉的嫩度都较差。

6．成熟

新鲜肉经过加热会导致肌肉剧烈收缩，嫩度很差，而尸僵期的肌肉处于收缩状态，嫩度最差，它们都不能作为酱卤肉制品的原料肉。原料肉一般都要经过成熟处理。

经过成熟的肉嫩度明显改善，这是因为钙激活中性蛋白酶在熟化过程中降解了一些关键性蛋白质，破坏了原有肌肉结构的支持体系，使结缔组织变得松散、纤维状细胞骨架分解、z线断裂，从而导致肉的牢固性下降，肉就变得柔嫩。

7．烹调加热

在烹调加热过程中，随着温度升高，蛋白质发生变性，肉的嫩度也相应发生改变。烹调加热方式影响肉的嫩度，一般烤肉嫩度较好，而煮制肉的嫩度取决于煮制温度。煮肉时达到中心温度60～80℃肉的嫩度保持较好，随温度升高嫩度下降，但高温高压煮制时，由于完全破坏了肌肉纤维和结缔组织结构，肉的嫩度反而会大大提高。

三、影响肉嫩化因素

肉的嫩化方法很多，物理法、化学法和生物学方法都能达到使肉嫩化的目的，但各种方法适用范围、嫩化效果各不相同，在生产和生活中可以根据实际情况选择应用。

1．酶法

由于蛋白酶可以水解肌肉蛋白质，因此，在肌肉中加入蛋白酶可以起到嫩化效果。目前已开发出多种以蛋白酶为主要功能成分的肉嫩化剂，有粉状、溶液，还有气雾液等。嫩肉剂常用的蛋白酶为木瓜蛋白酶、菠萝蛋白酶和无花果蛋白酶，另外，微生物源蛋白酶、胰蛋白酶等也有很好嫩化效果。

2．电刺激

对刚屠宰后的动物胴体进行电刺激可以改善肉的嫩度，这主要是因为电刺激引起肌肉痉挛性收缩，导致肌纤维结构破坏，同时电刺激加速肌肉的代谢速率，使肌肉尸僵加速，防止了冷收缩，并使成熟时间缩短。电刺激主要用于改善牛羊肉嫩度，而对猪肉嫩化效果并不明显。

3．醋渍法

将肉在酸性溶液中浸泡可以改善肉的嫩度。据试验，溶液pH介于4.1～4.6时嫩化效果最佳，用酸性红酒和醋来浸泡肉较为常见，它不但可以改善嫩度，还可增加肉的风味。

4．压力法

给肉施加高压可以破坏肉的肌纤维中亚细胞结构，使大量Ca^{2+}释放，同时释放出织蛋白酶，一些结构蛋白被水解，从而导致肉的嫩化。

5．钙盐嫩化法

在肉中添加外源Ca^{2+}可以激活钙激活中性蛋白酶，从而加速肉的成熟，使肉达到正常嫩度所需要的成熟时间缩短至一天，并提高来源于不同个体或部位的肌肉嫩度的均一性。钙盐嫩化法通常以$CaCl_2$为嫩化剂，使用时配制成150～250mg/kg的水溶液，用量为肉重的5%～10%，采取肌肉注射、浸渍腌制等方法进行处理，都可以取得良好的嫩化效果。尽管$CaCl_2$嫩化法对肉的嫩化效果很好，但浓度过高或用量过大时肉呈现苦味和金属味，肉的色泽变得不均匀，并且在存放过程中肉色容易加深。

6．碱嫩化法

这是一种起源于中国烹饪业的肉类嫩化方法。用肉重0.4%～1.2%的碳酸氢钠或碳酸钠溶液对牛肉等进行注射或浸泡腌制处理，可以显著提高肉的pH值和保水能力，降低烹饪损失，改善熟肉制品的色泽，促使结缔组织加热变性，而提高肌原纤维蛋白对加热变性的敏感度，显著改善肉的嫩度。

7．其他嫩化法

腌制促使肌球蛋白溶出，提高了肉的胶凝能力和保水性能，肉的嫩度也相应提高；采用机械滚揉、斩拌或嫩肉机破坏肉的物理结构，是目前较为常见的改善肌肉嫩度的工业化生产方法，尤其是在西式肉制品加工中，是不可缺少的关键加工处理工序。

8．肉的嫩度评定

对肉嫩度的主观评定主要根据其柔软性、易碎性和可咽性来判定。柔软性即舌头和颊接触肉时产生触觉，嫩肉感觉软糊而老肉则有木质化感觉；易碎性，指牙齿咬断肌纤维的容易程度，嫩度很好的肉对牙齿无多大抵抗力，很容易被嚼碎；可咽性可用咀嚼后肉渣剩余的多少及吞咽的容易程度来衡量。对肉的嫩度进行主观评定需要经过培训并且有经验的专业评审人员，往往误差较大。

对肉嫩度的客观评定是借助于仪器来衡量切断力、穿透力、咬力、剁碎力、压缩力、弹力和拉力等指标，而最通用的是切断力，又称剪切力。即用一定钝度的刀切断一定粗细的肉所需的力量，以千克为单位。一般来说肉的剪切力值大于4kg时就比较老了，难以被消费者接受。这种方法测定方便，结果可比性强，所以是最为常用的肉嫩度评定方法。

四、影响肉风味因素

肉的风味由肉的滋味和香气组合而成，成分极其复杂，熟肉中发现的与风味有关物质已超过1000种。滋味的呈味物质是非挥发性的，主要靠人舌面味蕾（味觉器官）感觉，经神经传导到大脑反应出味感。香气的呈味物质主要是挥发性芳香物质，主要靠人的嗅觉细胞感受，经神经传导到大脑产生芳香感觉，如果是异味物，则会产生厌恶感和臭味的感觉。生肉一般只有咸味、金属味和血腥味。当肉加热后，风味前体物质相互作用生成各种呈味物质，赋予肉以滋味和芳香味。这些物质主要是通过美拉德反应、脂质氧化和一些物质的热降解这三种途径形成。

1. 美拉德反应

将生肉汁加热或将氨基酸和戊糖一起加热可以产生肉香味，通过测定成分的变化发现，在加热过程中随着大量氨基酸和还原糖消失，一些风味物质随之产生，这就是所谓的美拉德反应，即氨基酸和还原糖之间的产香、生色反应。此反应较复杂，步骤很多，在大多数生物化学和食品化学书中均有叙述，此处不再逐一列出。该反应在 70℃ 以上条件下进行较快，对酱卤肉制品的风味形成起重要作用。

2. 脂质氧化

脂质氧化是产生风味物质的主要途径，不同种类风味差异也主要是由于脂质氧化产物不同所致。肉在烹调时的脂肪氧化（加热氧化）原理与常温脂肪氧化相似，但加热氧化由于热能的存在使其产物与常温氧化大不相同。总的来说，常温氧化产生酸败味，而加热氧化产生风味物质。一些脂肪酸氧化后继续参与美拉德反应生成更多的芳香物质，因为美拉德反应只需要羰基和氨基，脂肪加热氧化产生的各种醛类为其提供了大量的底物。

3. 硫胺素降解

肉在烹调过程中有大量的物质发生降解，其中硫胺素（维生素 B_1）降解所产生的 H_2S（硫化氢）对肉的风味，尤其是对牛肉味生成至关重要。H_2S 本身是一种呈味物质，更重要的是它可以与呋喃酮等杂环化合物反应生成含硫杂环化合物，赋予肉强烈香味，其中 2–甲基–3–呋喃硫醇被认为是肉中最重要的芳香物质。

4. 酶促反应

在成熟、腌制、发酵等过程中，内源及外源蛋白酶和脂酶对肌肉蛋白质、脂类作用，产生小肽、游离氨基酸、游离脂肪酶等小分子化合物，它们不仅本身是重要的滋味呈味物质，同时也是重要的风味前体物，易于参与美拉德反应或被氧化产生香味呈味物质。因此，对于干腌和发酵类肉制品而言，酶促反应是重要的风味物质形成反应。

5. 腌肉风味

亚硝酸盐是腌肉的主要特色成分，它除了具有发色作用外，对腌肉风味也有重要影响。亚硝酸盐（具有抗氧化作用）抑制了脂肪氧化，所以腌肉体现了肉的基本滋味和香味，减少了脂肪氧化所产生的具有种类特色的风味以及过热味。

五、影响肉保水性因素

肉的保水性又称系水力或持水力，指当肌肉受到外力作用时保持其原有水分与添加水分的能力。所谓外力指压力、切碎、冷冻、解冻、贮存、加工等。衡量肌肉保水性指标主要有持水力、失水力、贮存损失、滴水损失、蒸煮损失等，滴水损失是描述生鲜肉保水性最常用的指标，一般为0.5%～10%，最高达15%～20%，最低0.1%，平均在2%左右。肉的保水性是评价肉质的重要指标之一，它不仅直接影响肉的滋味、香气、多汁性、营养成分、嫩度、颜色等食用品质，而且具有重要的经济意义。利用肌肉的系水潜能，在加工过程中可以添加水分，提高产品出品率。如果肌肉保水性能差，就会因肌肉失水而造成巨大经济损失。

影响肌肉保水性因素很多，屠宰前因素包括品种、年龄、宰前运输、囚禁和饥饿、营养水平、身体状况等。屠宰后因素主要有屠宰工艺、胴体贮存、尸僵开始时间、成熟、肌肉部位、脂肪厚度、pH 值变化、蛋白质水解酶活性和细胞结构以及加工条件，如切碎、盐渍、加热、冷冻、融冻、干燥、包装等。

1. 动物种类、品种与基因型

动物种类或品种不同，其肌肉化学组成明显不同，肌肉保水性也受到影响。通常肌肉中蛋白质含量越高，其系水力也越强。

不同种类动物肌肉的保水性有明显差别。一般情况下，兔肉系水力最好，其次为猪肉、牛肉、羊肉、禽肉、马肉。不同品种动物，其肌肉保水性也有差异，一般来说，瘦肉型猪肉的保水性不如地方品种猪，在猪常见品种中，巴克夏和杜洛克猪肉质和保水性较好，长白猪肉保水性较差。

在影响猪肉品质众多基因中，氟烷基因和 RN 基因对保水性影响最大，它们都导致肌肉 pH 偏低、肌肉保水性很差，但前者使宰后早期肌肉 pH 降低，形成 PSE 肉，后者是始终 pH 低于正常值，形成 RSE 肉（即酸肉）。

2. 性别、年龄与体重

性别对肌肉保水性影响因动物种类而异，对牛肉保水性影响较大，而对猪肉保水性无明显影响。肌肉保水性随动物年龄和体重增加而下降，比较而言，体重比年龄对保水性影响更大。

3. 肌肉部位

运动量较大部位，其肌肉保水性也越好。猪的岗上肌肉保水性最好，其余依次是胸大肌 > 腰大肌 > 半膜肌 > 股二头肌 > 臀中肌 > 半键肌 > 背最长肌。

4. 饲养管理

用低营养水平或低蛋白日粮饲养的动物，肌肉保水性较差；在提高日粮中维生素 E、维生素 C 和硒水平，可以维护肌细胞膜的完整性，降低肌肉滴水损失；在饲料中添加镁和铬可以降低 PSE 肉发生率，添加肌酸也可能有此作用，但增加钙浓度作用与此相反；屠宰前在动物日粮中添加淀粉、蔗糖等易吸收的碳水化合物会使肌肉滴水损失增大，在饲养后期提高日粮中蛋白质水平有利于提高肉的保水性。

5. 宰前运输与管理

运输时间和运输期间禁食对动物都是一种应激，较强的应激易导致：PSE 肉的发生，长时间应激还会诱发 DFD 肉。候宰期间采用电驱赶、增加动物运动量或候宰间环境条件差对动物是重要的应激，可能会破坏和抑制动物的正常生理机能，肌肉运动加强，肌糖原迅速分解，肌肉中乳酸增加，ATP 大量消耗，使蛋白质网状结构紧缩，肉的保水性降低。宰前应激可增加宰后早期胴体温度和 pH 的下降速率，是诱发 PSE 和 RST 肉的关键因素，因此，候宰期间应尽量避免使用电刺。

6. 屠宰

屠宰季节影响肉保水性，春、夏季屠宰的猪，胴体容易形成 PSE 肉，背最长肌滴水损失较高。宰前禁食降低肌糖原含量，使肌肉终 pH 值升高，降低肉的滴水损失，但禁食时间过长会加深肉色，宰前禁食 12 ～ 18h 较为适宜。

致昏方式对肉保水性有重要影响，电致昏引起肌肉收缩，保水性下降，高低频结合电致昏处理可减轻致昏对肉质的影响 CO_2 致昏能大幅度降低 PSE 肉的发生率，提高肉的品质。

缩短致昏与戳刺的时间间隔可以减少应激，降低 PSE 肉发生率。动物悬挂放血，肌肉会产生收缩，加速糖酵解，促进 PSE 肉的发生；水平放血则可以降低 PSE 肉的发生，提高肉的保水性。此外，由于屠宰车间温度较高，胴体应在 20 ～ 25min 内离开屠宰线进入冷却间，胴体运送和加工速度缓慢会增大 PSE 肉发生率。

7.pH 值

正常猪肉的终 pH 值为 5.6 ～ 5.8，牛肉为 5.8 ～ 6.0，此时肉保水性处于正常范围。肌肉 pH 值偏低会导致肌肉收缩，甚至蛋白质变性，肉的保水性下降。pH 对系水力影响实质是蛋白质分子的净电荷效应。蛋白质分子所带有的净电荷对系水力有双重意义：一是净电荷是蛋白质分子吸引水分的强有力中心，二是净电荷增加蛋白质分子之间的静电斥力，使结构松散开，留下容水的空间。当净电荷下降，蛋白质分子间发生凝聚紧缩，系水力下降。肌肉 pH 接近蛋白质等电点时 (pH 5.4)，正电荷和负电荷基数接近，肌肉的系水力也最低。处于尸僵期的肉，pH 与肌肉蛋白质的等电点接近，因此保水性很差，不适宜于加工。

8. 冷却与冻结

冷却目的是尽快散失胴体热量，降低胴体温度，控制微生物繁殖，对肉保水性也有重要影响。冷却速率低则糖降解加快，猪肉滴水损失增多；加快冷却速度可以降低肌肉 pH 值的下降速率，减少肌球蛋白的变性和汁液流失，并降低 PSE 肉发生率。但冷却速度过快也可能引起肌肉的冷收缩，对肌肉的持水性不利，如牛肉 -35℃条件下冷却 10h，汁液流失率 7.4%，而正常情况下只有 3.37%。

冻结形成的冰晶会破坏肉的结构和肌细胞膜的完整性；肉在冻藏过程中，温度波动会加速冰晶生长和盐类浓缩，肉的保水性下降，解冻后造成大量汁液损失。冻结速度直接影响冻肉解冻后的保水性能。在不引起冷收缩的情况下，冻结速率越快，解冻损失就越少。

9. 金属离子

肌肉中含有 K^+、Na^+、Ca^{2+}、Mg^{2+}、Zn^{2+}、Fe^{2+} 等多种金属离子，它们以结合或游离状态存在，对肉的保水性影响很大。大部分 Ca^{2+} 与肌动蛋白结合，对肌肉中肌动蛋白具有强烈作用；Mg^{2+} 对肌动蛋白的亲和性则小，但对肌球蛋白亲和性较强。Fe^{2+} 与肉的结合极为牢固，与保水性关系不大。在肌肉中添加磷酸盐等除去 Ca^{2+} 和 Mg^{2+}，可使肌肉蛋白的网状构造分散开，保水性增加。K^+ 含量与肉的保水性呈负相关，而 Na^+ 含量增多使保水性增强。

10. 腌制剂

(1) 食盐　一定浓度食盐具有增强肌肉保水能力的作用。这主要是因为肌原纤维在一定浓度食盐存在下，大量氯离子被束缚在肌原纤维间，增加了负电荷引起的静电斥力，导致肌原纤维膨胀，使保水力增强。另外，食盐提高了离子强度，使大量肌纤维蛋白质溶出，加热时形成凝胶将水分和脂肪包裹起来，使肉的保水性提高。食盐浓度在 4.6%～ 5.8%时保水性最强。

（2）磷酸盐 添加磷酸盐能够显著提高肉的保水性，主要原因如下：磷酸盐可以提高肌肉 pH 值，偏离肌球蛋白等电点；磷酸盐结合肌肉蛋白质中的 Ca^{2+}、Mg^{2+}，解离出与其结合的蛋白质，使蛋白质结构松弛；磷酸盐较低浓度下就具有较高的离子强度，提高肌球蛋白的溶解度；焦磷酸盐和三聚磷酸盐可将肌动球蛋白解离成肌球蛋白和肌动蛋白；聚磷酸盐对肌球蛋白变性有一定的抑制作用。这些作用，都能够从不同方面改善肉的保水性。因此，磷酸盐是重要的肌肉保水剂。

11. 其他因素

贮藏与运输过程中温度波动是造成生鲜肉保水性下降的重要原因，改善肉的贮藏和运输条件对保持肉的系水力至关重要。

胴体劈半工艺、分割方式和分割技艺对肉的保水性也有重要影响。劈半工具不良、劈半或分割技术不高，都会不同程度地破坏肌肉结构，增大肉的汁液损失。与常见的冷分割方式相比，热分割会降低工人劳动强度，但容易引起肌肉蛋白变性而导致汁液损失增加。

在肉中添加碳酸盐等碱性物质也可以提高肉的保水性；在加工过程中添加非肉蛋白或食用胶等可以增强肉的保水性能；低温卤煮有利于降低肉的蒸煮损失。

六、影响肉多汁性因素

多汁性也是肉食用品质的一个重要指标，尤其对肉的质地影响较大，据测算，10%～ 40%肉质地的差异是由多汁性好坏决定的。多汁性评定较可靠的方法是主观评定，现在尚没有较好的客观评定方法。对多汁性较为可靠的评测方法仍然是人为的主观感觉（口感）评定。对多汁性的评判可分为四个方面：一是开始咀嚼时肉中释放出的肉汁多少；二是咀嚼过程中肉汁释放的持续性；三是在咀嚼时刺激唾液分泌的多少；四是肉中的脂肪在牙齿、舌头及口腔其他部位的附着给人以多汁性的感觉。具体影响因素如下：

1. 肉中脂肪含量

在一定范围内，肉中脂肪含量越多，肉的多汁性越好。因为脂肪除本身产生润滑作用外，还刺激口腔释放唾液。脂肪含量多少对重组肉的多汁性尤为重要，据 Berry 等测定：脂肪含量为18%和 22%的重组牛排远比含量为 10%和 14% 的重组牛排多汁。

2. 烹调

一般烹调结束时温度愈高，多汁性愈差，如加热到 60℃结束的牛排就比加热到 80℃的牛排多汁，而后者又比加热到 100℃的牛排多汁。Bower 等人仔细研究了肉内温度从 55℃到 85℃阶段肉的多汁性变化，发现多汁性下降主要发生在两个温度范围，一个是 60 ～ 65℃，另外一个是 80 ～ 85℃。

3. 加热速度和烹调方法

不同烹调方法对肉的多汁性有较大影响，同样将肉加热到70℃，采用烘烤方法肉最为多汁，其次是蒸煮，再是油炸，多汁性最差的是加压烹调。这可能与加热速度有关，加压和油炸速度最快，而烘烤最慢。另外，在烹调时若将包围在肉上的脂肪去掉将导致多汁性下降。

4. 肉制品中可榨出水分

生肉的多汁性较为复杂，其主观评定和客观评定相关性不强，而肉制品中可榨出水分能够较为准确地用来评定肉制品的多汁性，尤其是香肠制品，两者呈较强的正相关。

七、环境因素对肉制品品质影响

肉制品品质包括肉制品的色香味和营养价值、应具有的形态、重量及应达到的卫生指标。肉制品是一种最易受环境因素影响而变质的商品。肉制品从加工出厂到消费的整个流通环节是复杂多变的。因生物、化学、物理因素的影响而变质，这些因素对肉制品品质直接和间接的影响规律是我们对食品进行保护性包装设计的重要依据。

1．光对肉制品品质的影响

光促使肉制品中油脂的氧化反应而发生氧化酸败，引起食品变色、光敏感维生素破坏和蛋白质的变性。要减少或避免光线对食品品质的影响，通过包装直接将光线遮挡、吸收或反射回去，减少或避免光线直接照射食品，同时防止某些有利于光催化反应的因素，如水分、氧气等透过包装材料，从而起到间接的防护效果。

2．氧对肉制品品质影响

氧与肉制品的颜色变化有密切的关系，氧使肉制品中的油脂发生氧化，这种氧化在低温条件下也会发生，油脂氧化产生的过氧化物，不但使食品失去食用价值而且产生异臭和有毒物质，氧也能使食品中的维生素和多种氨基酸失去营养价值。

肉制品包装主要目的之一，就是通过包装手段防止肉制品中的有效成分受氧的影响而造成食品腐败。

3．湿度或水分对肉制品品质影响

水能促使微生物繁殖，能助长油脂氧化，促褐变和色素氧化，水的存在将使一些食品发生某些物理变化，如受潮继而发生结晶，使食品干结硬化或结块，有的食品因吸湿而失去脆性和香味等。对于干燥肉制品来说，控制环境湿度是保证肉制品品质的关键。

4．温度对肉制品品质影响

引起食品变质主要是由于生物性和非生物性两个方面因素，温度对这两方面因素都有很显著的影响。为了有效地减缓温度对肉制品品质的不良影响，现代食品工业中采用食品冷链技术和食品流通中的低温防护技术，可延长肉制品保质期。

第二章

香肠常用加工设备

第一节　切割、破碎及分离机械

在食品加工过程中，经常需要对原料进行切片，去端、切块、切碎等处理，以适应不同类型肉食品的质量要求。故要使用切割机械。

切割过程是利用切刀锋利的刃口对物料作相对运动来达到切断、切碎目的。相对运动的方向基本上分为顺向和垂直两种。为了使被切后物料有固定形状，切割设备中一般应有物料定位机构。它常用在肉类食品物料的加工工序中。

切割机械特点：(1) 成品粒度均匀一致，被切割表面光滑；(2) 消耗功率较小；(3) 只需更换不同形状刀片便可获得不同形状和粒度的成品；(4) 多属中低速运转，噪声较低。

一、斩拌机结构及操作要点

用途：该机的作用是将去皮，去骨的肉块斩成肉糜，并将同时渗入的调味品及用以降温的冰屑一起斩拌，故称作斩拌机。大型斩拌机是午餐肉罐头主要生产设备之一。小型斩拌机可用于加工灌肠、油炸丸子，肉饼、包子等肉料。

分类：斩拌机分真空斩拌机和非真空斩拌机。前者是在负压条件下工作，它具有卫生条件好，物料温升小等优点。后者不带真空系统，在常压下工作。

以国产 GT6D9A 型非真空斩拌机为例介绍其主要结构。

图 2–1 为其外形图。它主要由传动系统、斩刀轴、刀盖、出料转盘、防护罩、电器系统等组成。

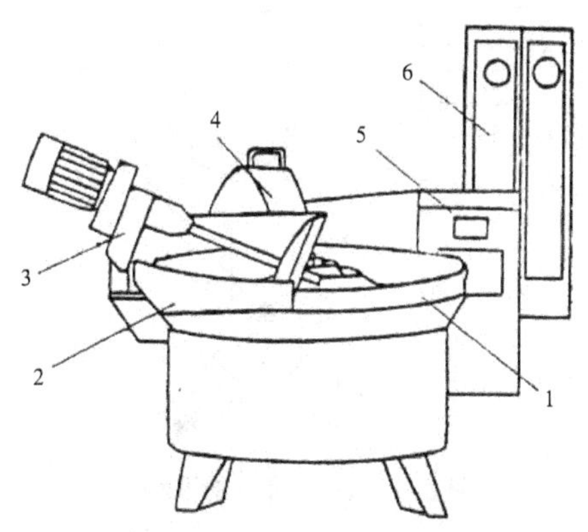

图 2–1　GT6D9A 型斩拌机

1. 斩肉盘　2. 出料槽　3. 出料部件　4. 刀盖　5. 电器系统　6. 启动控制箱

（一）传动系统

该机传动系统如图 2–2 所示，由三台电机分别带动斩肉盘、刀轴和出料转盘。驱动斩肉盘的电机 YDI 的驱动力传递过程为：电机 YDI 经三角带轮 4、3，带动蜗杆轴 n_1 的速度回转。蜗杆 5 传动蜗轮 6，蜗轮 6 通过棘轮机构使斩肉盘 8 单向回转。电机 YD2 经三角带轮 2、1，带动刀轴以 n_2 高速回转。电机 YD3 通过斜齿轮 Z1，Z2，Z3，Z4 减速后带动出料转盘回转。斩肉时出料转盘抬起不转，欲出料时，将出料转盘放下，通过定位块使其和斩肉盘之间保持适当的间隙。此时，装在支架上的水银开关闭合而导通电路，出料转盘回转，将已斩拌好的肉料，经出料槽装入运料车。

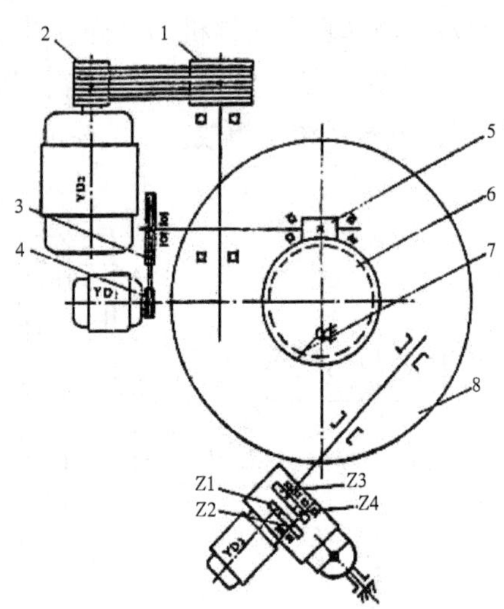

图 2-2 斩拌机传动系统

1.2.3.4 带轮　5. 蜗杆　6. 蜗轮　7. 棘轮机构　8. 斩肉盘

（二）**刀轴装置及斩肉刀**（图 2-3）

按一定顺序安装在刀轴上的数把斩肉刀（该机为 6 把刀）自然要在刀轴上占据一定的长度。然而，刀轴的轴线只能与环形斩肉盘的某一径向平面垂直，故各斩肉刀上最大回转半径的点与斩肉盘内壁的间隙则相互各异。为了防止斩肉刀与斩肉盘的内壁发生干扰，在刀轴上安有若干调整垫片 3。调整时用专用搬手松开螺母 1，通过垫片厚度的增减和斩肉刀上的长六角形孔，可调整斩肉刀与斩肉盘内壁之间的间隙。该间隙一般为 5 毫米左右。

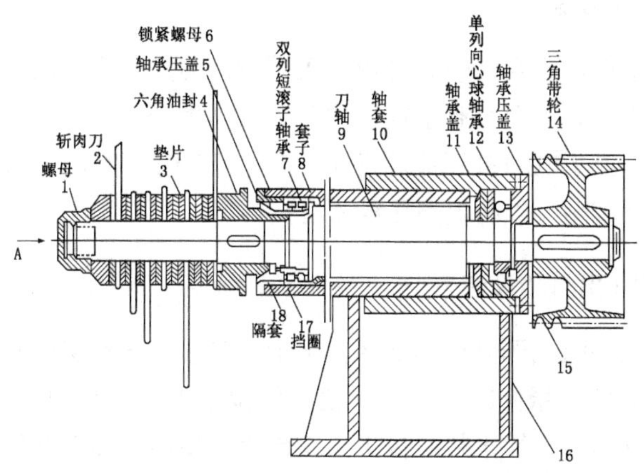

A.斩拌机的刀轴装置

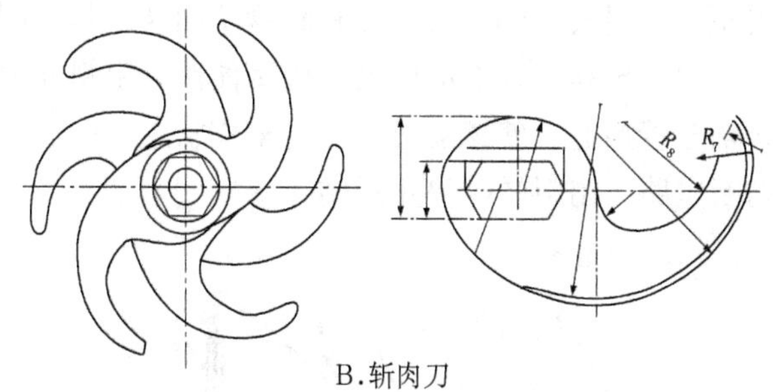

B.斩肉刀

图 2-3　刀轴装置及斩肉刀

1.螺母　2.斩肉刀　3.垫片　4.六角油封　5.轴承压盖　6.锁紧螺母
7.双列短棍子轴承　8.套子　9.刀轴　10.轴套　11.轴承盖
12.单列向心球轴承　13.轴承压盖　14.三角带轮　15.卡环
16.刀轴座　17.档圈　18.隔套

斩肉刀刃口曲线为与其回转中心有一偏心距的圆弧线，故刀刃上各点的滑切角是随回转半径的增加而增加，从而使刀轴所受阻力及阻力矩较为均匀。

（三）刀盖

为了保证安全，斩肉时用刀盖把斩肉刀盖起来，同时也防止肉糜飞溅。刀盖上装有水银保护开关，当揭开刀盖时，水银开关将电路切断（电动机不能启动）。盖上刀盖时，应使盖形螺母与锁紧垫圈密贴，以防电路接触不良。

（四）出料转盘装置

其主要组成部分如图 2–4。整个装置通过固定支座 4 搁置在机架碗形外壳悬伸的心轴上，使之能做上下、左右的空间运动。其工作过程为，欲出料时拉下出料转盘，使出料转盘 7 置于斩肉盘环形槽内。此时，支座上的水银开关导通电路，电机 YD3 运转，经减速器驱动出料转盘轴，带动出料转盘 7 回转，将肉糜从斩肉盘内带出。由于出料挡板 6 的阻挡，肉糜便落入出料斗内。出料后，将转轴套管抬起，使该装置处于待工作状态。此时，水银开关自动切断电路，出料转盘停止运转。

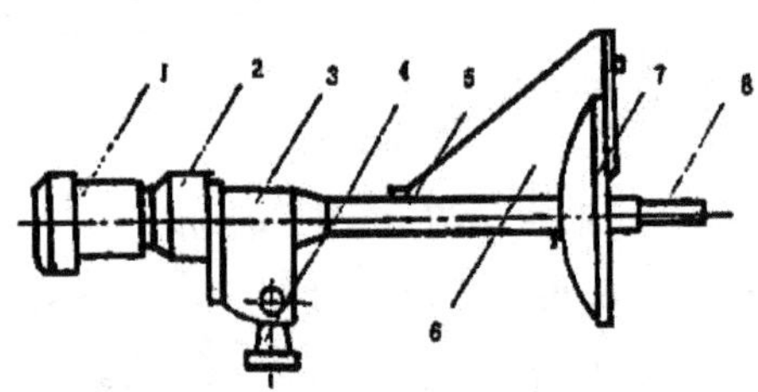

图 2–4　出料转盘装置

1. 电机　2. 减速器　3. 机架　4. 固定座　5. 套轴　6. 出料挡板
7. 出料转盘　8. 转轴套管

（五）斩拌操作要点

1. 斩拌准备

(1) 斩拌机的检查、清洗　在操作之前，要对斩拌机的刀具进行检查。如果使用刀刃部出现磨损的刀具进行斩拌，会破坏脂肪细胞，使乳化性能下降，导致脂肪分离。因此，刀刃部的检查是很重要的。如果每天使用斩拌机，则至少每隔 10 天要磨一次刀。在装刀的时候，刀刃和器皿要留有 2 张牛皮纸厚度的间隙，并注意刀一定要牢固地固定在旋转轴上。如果固定得不牢固，在旋转中；刀就有可能飞出，发生事故。刀刃部检查结束后，还要将斩拌机清洗干净。先用肥皂清洗，再用清水清洗干净。如果是在气温较高的季节，在清洗后，要在器皿中添加一些冰块，对斩拌机进行冷却处理。

(2) 原辅料的预处理　在绞肉作业中，一般瘦肉和脂肪都是分开处理的。绞好的肉馅，也要尽可能做到低温保存。如果离斩拌操作需要一段时间，则要将肉放入冷库保管。调味料和香辛料的准备是按一定配方称量，混合均匀后备用；依据香肠的种类、原料肉的种类和肉的状态不同，水量的添加也要相同。同时还需要事先测定一下原料肉的保水性。水量根据配方而定，但不要使用冰水，而要通过削冰机将冰处理成冰屑后再使用。经常见到有些人将冰块放入旋转的斩拌机中，一边通过刀将冰块捣碎，一边斩肉的情况，这并不是好方法，它会增加斩拌机刀刃的磨损，恶化肉的混合，必须加以避免。斩拌时加水量，一般为每 50kg 原料加水 1.5 ～ 2kg，夏季用冰屑水，斩拌 3min 后把调制好的辅料徐徐加入肉馅中，再继续斩拌 1 ～ 2min；便可出馅。一般斩拌机斩拌总时间约 5 ～ 6min，以原料干湿程度和肉馅是否具有黏性为准。特别是黏性，必须严格掌握，应达到非常有劲，拍起来整体馅也跟着颤动。如果肉馅没有黏性或黏性不足，即说明斩拌不成熟。

2. 斩拌操作

准备就绪后,即可进行斩拌作业。首先将瘦肉放入斩拌机中,注意肉不要集中于一处,宜全面铺开,然后,启动斩拌机。由于畜种或年龄不同,瘦肉硬度也不一样,因此,要从最硬的肉开始,依次放入,这样可以提高肉的黏着性。继而加入水,以利于斩拌。加水后,最初肉会失去黏性,变成分散的细粒子状。但不久黏着性就会不断增强,最终形成一个整体。加冰屑的作用,可保持操作中的低温状态。然后,添加调味料、香辛料,以及其他增量材料等。肉与这些添加材料均匀混合后,会进一步加强肉的黏着力。

脂肪的添加往往是在最后。在添加脂肪时,要一点一点地添加,使脂肪均匀分布,若大块添加,则很难混合均匀,时间花费也较多。在这期间,肉的温度会上升,有时甚至会影响产品质量,必须加以注意。肉和脂肪混合均匀后,应迅速取出。

斩拌注意事项中,还有一个斩拌机容量和实际投入肉量的问题。例如:所使用的斩拌机容积为50kg,原料肉却投入了70kg,以至斩拌时,肉顶到斩拌机的盖,会造成切碎不充分以及肉温上升等问题。因此,要绝对禁止,必须按要求操作。反之,容量为20kg的斩拌机,投入量低于10kg,同样也会出现问题。斩拌前如果肉温为3℃,加入10kg肉斩拌后,肉温会上升到11℃。但如果按机器容量投入20kg,斩拌后肉温最高不超过9℃。另外,肉的分离液也是不同的。投肉量为10kg时,分离液量为3.25%;如投肉量为20kg时,分离液量为2%。也就是说,低于容量要求投肉,对保水力和温度都没有好的影响。必须按机械设计能力,恰当投料,才能保证斩拌效果。

斩拌结束后,将盖打开,清除盖内侧和刀刃部附着的肉。附着在这两处的肉,不可就此放入斩拌过的肉馅内,应该与下批肉一起斩拌。或者在斩拌中途停一次机,将清除下来的肉加到正在斩拌的肉馅内继续斩拌。最后，用肥皂水认真清洗斩拌机，再用清水清洗，然后用干布擦净，将机器盖好。如果清洗不干净，很容易受到细菌的污染。

二、绞肉机结构及操作要点

绞肉机的用途　比较广泛,既可用于午餐肉罐头的肉料加工，也可用于香肠、火腿、肉包、烧麦、肉饼、馄饨、鱼丸，鱼酱等的肉料加工，还可混合切碎蔬菜和料等。

图 2–5 为一种绞肉机的结构。不同机型结构有所差别，但其基本部分和工作原理是一致的。其结构主要由：料斗 1，螺旋供料器 2，十字切刀 3，格板 4，固紧螺帽 5，电动机 6，传动系统及机架等组成。机架为铸铁。

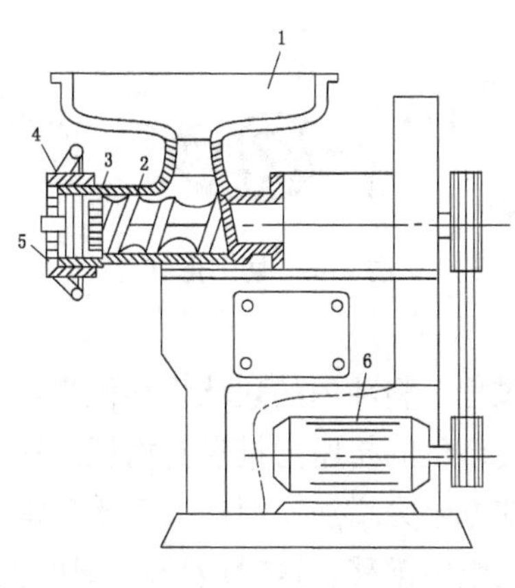

图 2–5　绞肉

1. 料斗　2. 供料器　3. 十字切刀　4. 格板　5. 固紧螺帽　6. 电动机

螺旋供料器 2 的螺距向着出料口（即从右向左）逐渐减小，而其内径向着出料口逐渐增大(即为变节距螺旋)，这样当螺旋旋转时就对物料产生了一定的挤压力，这个力迫使肉料进入格板孔眼以便切割。

在螺旋 2 的末端有一个四方形的突出块，其上装有十字切刀 3(切刀形状见图 2–6)，切刀的四个刀刃与有许多孔眼的格板 4 紧贴，刀口顺着切刀转向安装，当螺旋转动时，带动十字切刀 3 紧贴着格板 4 旋转进行切割。格板 4 由螺帽 5 压紧，以防格板沿轴向移动，影响切割。格板有几种不同规格的孔眼，通常粗绞用直径 8 ～ 10mm 的孔眼，细绞用直径 3 ～ 5mm 的孔眼。粗绞与细绞的格眼，其厚度都为 10 ～ 12mm 普通钢板。粗绞时孔径较大，排料较易，故螺旋供料器的转速可比细绞时快些，但最大不超过 400 转 /min；因为格板上的孔眼总面积一定，即排料量一定，当供料螺旋转速太快时，使物料在切刀附近堵塞，造成负荷突然增加，对电动机有不良的影响。

图 2–6　切刀形状

绞肉机工作过程　料斗内的块状物料依靠重力落到变节距推送螺旋上，由螺旋产生的挤压力推送到格扳。这时因为总的通道面积变小，肉料前方阻力增加，而后方又受到螺旋推挤，迫使肉料变形而从格板孔眼中前移。这时旋转着的切刀紧贴格板把进入格板空眼中的肉料切断。被切断的肉料由于后面肉料的推挤，从格板孔眼中挤出。

十字刀用工具钢制造，刀口要求锋利，使用一个时期后，刀口变钝，此时应调换新刀片或重新修磨，否则将影响切割效率，甚至使有些物料不是切碎后排出，而是由挤压、磨碎后成浆状排出，直接影响成品质量，据有些厂的研究，午餐肉罐头脂肪严重析出的质量事故，往往与此原因有关。

装配或调换十字刀后，一定要把固紧螺母旋紧，才能保证格板不动，否则因格板移动和十字刀转动之间产生相对运动，也会引起对物料磨浆的作用。十字刀必须与格板紧密贴合，不然会影响切割效率。

螺旋供料器在机壁里旋转，要防止螺旋外表与机壁相碰，若稍相碰，马上损坏机器。但它们的间隙又不能过大，过大会影响送料效率和挤压力，甚至使物料从间隙处倒流，因此这部分零部件的加工和安装的要求较高。

绞肉机的生产能力不能由螺旋供料器决定，而由切刀的切割能力来决定。因为切割后的物料必须从孔眼中排出，螺旋供料器才能继续送料，否则，送料再多也不行，相反会产生物料堵塞现象。

第二节　灌肠机械设备

一、灌装填充

灌装填充是香肠制品、盐水火腿、圆火腿等产品加工的必需工序。所用肠衣包括猪、牛、羊小肠或大肠等天然肠衣以及胶原蛋白肠衣、玻璃纸卷、纤维肠衣等人工肠衣（表 2–1）。将肉块或肉糜充填灌装入肠衣时，要根据产品种类选择肠衣，确定适宜的填充方法。

表 2-1 肉制品加工常用肠衣及应用产品

肠衣			应用产品举例
天然肠衣	猪肠衣	小肠	法兰克福香肠、中式腊肠和灌肠
		大肠	色拉米香肠
		直肠	色拉米香肠、肝肠、血肠
		胃、膀胱	水晶肚
	牛肠衣	小肠	色拉米煮熏香肠
		大肠	色拉米香肠
		盲肠、膀胱	午餐肠、通脊火腿、蒙塔德拉香肚
	羊肠衣	小肠	维也纳香肠、中式腊肠
人工肠衣	胶原蛋白肠衣		色拉米香肠、干香肠、中式腊肠
	玻璃纸肠衣		灌装火腿
	纤维素肠衣		压缩火腿、熏香肠
	聚氯乙烯肠衣		灌装火腿、西式香肠、火腿肠

以天然肠衣充填灌装西式蒸煮香肠（维也纳香肠、法兰克福香肠等）、中式腊肠和灌肠时，是利用充填机将肉馅灌入，多采用羊肠或猪肠衣。每根香肠的长度约为 8 ～ 12mm。用手将香肠扭结，再将一串串扭结好的香肠挂在细烟熏杆上进行烘烤或烟熏、蒸煮。若使用自动充填结扎机，则能定量进行填充，效率很高。但是在实际生产中，肠衣质量对产品的形态、操作效率是有影响的，所以，使用好的肠衣（有弹性，粗细长短大致相同，孔洞少，不附着异物），才能生产出质量好的香肠。

天然肠衣是用猪、牛、羊的大肠、小肠等制成的，所以肠衣处理方法是很重要的。首先将盐渍的肠衣取出，放在清水中反复漂洗，然后在水龙头上接一个吸液管，并插入肠衣的一端，用水清洗肠衣的内壁，充分除去黏着在肠衣上的盐分和污物。经水洗后的肠衣，一端盘成一团，用湿布盖上，以防干燥。

填充方法对香肠质量影响很大，在填充时，应尽量使肉馅均匀紧密地灌装到肠衣中，若肠内有气泡，要用针刺放气，结扎时也要注意扎紧捆实。另外还应经常检查、保养填充机，使机器处于最佳工作状态。

过去常用气动灌肠机灌装，并用等间隔结扎机结扎，其特点是操作简单，人造肠衣、天然肠衣都可结扎，占地面积小。但是灌装时必须均匀，若不均匀，充填紧密的地方线绳易迸裂，充填松散的地方产品不成型。这种机器虽然效率较高，但是包装前必须去掉线绳，这样会影响产品质量。另外有一种德国产的不使用线绳结扎的机器，这种填充机设有重量调整装置和速度调整装置，即使在填充进程中也可以进行调节。使用附加装置，也可灌装纤维素肠衣。日本生产出一种自动填充扭结机，该机既可填充维也纳香肠又可填充法兰克福香肠，并可以定量填充扭结。特别是给肉部分，该设备有单独的肉泵，用送料管连接，可连续给肉，非常方便。而美国产的 Frank–A–matic 是一种粘胶肠衣专用的填充机，可用于维也纳香肠和法兰克福香肠。该机也是由填充机的送料管供肉，由料斗式肠衣供给装置自动补充粘胶肠衣进行填充，通过连接链条好的法兰克福香肠送到定数链式输送机上进行自动悬挂用粘胶肠衣填充的维也纳香肠和法兰克福香肠，加热后要并用剥皮机进行剥皮，即作为无皮香肠进行包装。生产维也纳和粗法兰克福香肠几乎都使用偏二氯乙烯类肠衣，采用高频封口，全自动填充结扎机进行填充。这种机器适合于高速大批量生产，每分钟可填充 30 ～ 40 根香肠，经过改进后每分钟可填充 200 多根。并且在运转中，若出现肉馅用完了、封口不良、薄膜补充出现异常等情况，机器的警铃就响，机器会自动停止工作。

过去制作通脊火腿、拉克斯火腿、去骨火腿时，通常用玻璃纸卷，然后用线绳把两端结扎起来，再用粗线绳将表面缠绕紧。但自从使用纤维状肠衣以后，制作方法发生了变化，先在筒状的金属网状模具的一端放上湿透的纤维状肠衣，再把经过腌制、最终整形的肉块卷成圆筒后塞进模具中，再把两端结扎起来。这种方法广泛使用。其优点是设备简单，不需要操作熟练的工人即可进行填充。由于肠衣的性能很好，可以省略卷捆和重新卷捆的工艺，提高了效率。两端结扎有时用4号棉线或麻绳，有时用手结扎。填充结扎时应尽可能提高填充压力，此时还可用细针在肠模的接合部分和有液汁、空气的地方轻轻扎些孔。与手动填充机比，利用压缩空气填充火腿效率更高。压缩火腿是使用机械填充的，通常用灌肠机等填充机将肉块填充到纤维肠衣和偏二氯乙烯等肠衣当中，填充要领和操作注意事项与香肠不同，填充料是肉块和细肉馅，在组织上不均匀，所以不容易填充。特别应该注意的问题是：要尽量防止空气混入肉馅中，以及把没有很好切碎的肉块填充到肠衣中，因为即使用机械行填充，这些问题也很难解决。

二、灌肠机结构

它是将经过真空搅拌后之肉糜倒入盛肉罐内，由活塞作用对肉糜进行挤压，通过出料口灌到人造肠衣或天然肠衣中，形成各种肉肠。灌肠机活塞移动的动力有手摇动，机械传动及油压、水压、气压等，目前多采用油压系统。本机由机座、油泵油路系统、挤肉活塞、盛肉缸等组成，如图2–7所示。操作开始时，将肉糜装满盛肉缸4，盖好顶部盖子2并拧紧螺钉，这时启动电动机13，带动齿轮油泵12，压力油经油路系统推动下活塞15向上升，这时上部活塞16随着上升使肉糜受挤压，从出料口17灌入肠衣内，当缸内的肉糜用完时，转动手柄6控制油路通入下活塞15

上方，由油的压力作用使之下降，这时上部活塞随着下降到底部，完成一个周期的操作。

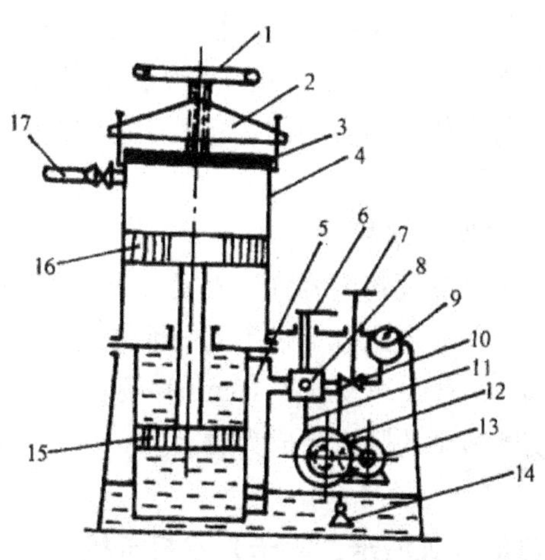

图 2-7　油压式灌肠机示意图

1. 手轮　2. 盖子　3. 压板　4. 盛油缸　5. 出油管　6．7. 手柄　8. 油路分配器　9. 压力表　10. 阀门　11. 回油路　12. 齿轮油泵　13. 电动机　14. 虑油器　15. 下活塞　16. 上活塞　17. 出料口

这种灌肠机操作省力，压力也较稳定，基本上能保证工艺要求，但属于间歇操作。

第三节　打卡机

打卡机分自动双打卡机和台式打卡机两种。自动双打卡机有用 U 型卡、铝线和长城卡的三种打卡机，台式打卡机有不拉伸肠衣的普通台式打卡机和台式拉伸打卡机（用于生产火腿，将肉块压紧后，再行打卡）。

一、普通台式打卡机

生产台式打卡机的国内外工厂很多，有用铝线的，也有用卡钉的，现介绍德国铁诺帕克台式打卡机。它使用的是E系列的U型卡，由于打卡机的型号不同，它们使用的铝卡也不相同。

二、台式拉伸打卡机

本打卡机适合需要将内容物压得紧实的火腿和西式灌肠的打卡。它的操作与普通台式打卡机不同的地方是，被灌制的单根肠需要在打卡端头，富余一段（约10mm）肠衣，供拉紧内容物后，再行打卡，切断多余的肠衣后成为成品。

三、全自动（长城卡、平卡）双打卡机

德国著名厂家保利卡全自动打卡机，该机使用长城卡钉，它可用于生产最小直径的香肠到直径85mm的香肠，若更换机型还可以生产直径大于85mm的大直径香肠，把有收缩性的人造肠衣套在充填管上，然后两个锤卡同步地打在一节香肠的末端和另一节香肠的首端。此设备用电子控制，它比传统的电气和机械系统控制有更好的灵敏性和可靠性，此打卡机通过充填管和脉冲同步电缆把打卡机和连续真空灌肠机联用。打卡机和灌肠机的分份单元是同步的，机械打卡、上结绳和切断肠衣也是同步的。借助设备上的滚轮，该机可随意振动，并校正到与灌肠机的充填出口相应的高度；肠衣切换，通过灌肠机使每节香肠重量恒定。自动肠衣切换装置的作用是通过拉紧剪放松肠衣切换环来调节灌肠的饱满度。双管充填是两个灌肠管交换使用，更换肠衣用的时间可减少到最少的程度，此附加的灌肠管，也可经济地生产环形香肠。气动操作的线绳分配器，其线绳的长度可由香肠的长短来决

定，线绳挂到烟熏架上，可避免出现胀气，污染产品的标志。保利卡打卡机还可以安装一附加打印装置，在打卡过程中，日期和编码可在卡钉上打印出来。

第四节　烟熏干燥设备

一、烟熏炉用途及工作原理

（一）烟熏炉用途

烟熏炉用于各种肠制品及块状肉制品熏烤和蒸煮，从而实现熟化、烟熏、灭菌的工艺目的。目前国内外烟熏炉基本上都采用 PLC 程序（可编程序控制器 Programmable Logic Controller，简称 PLC））控制，通过对工艺程序的选择，可完成冷熏、热熏、干燥和烘烤等功能，并可以方便地进行功能转换。机体采用组合式装配设计，优质不锈钢板为机体内外壳，符合食品卫生要求，壳板之间采用矿棉或硬质聚氨酯发泡塑料充填，绝热性能好，节省能源。

（二）烟熏炉原理

设备采用气体循环原理实现热和烟交换工艺，目的，机组的核心是由进气道、加热机组和出气道组成完善的循环系统。烟与热气的混合气体通过两组在位置上相对的导气管的锥形喷嘴交替进入烟熏室内，由于下部形成的涡流区域，降低了出口的流速，使混合气体以适当的速度平衡而均匀地通过悬挂在烟熏室空间的肉制品，出气速度控制是均匀的，因此能充分利用能源，保证最佳的工艺效果。每个循环程序根据各种产品的工艺条件编制并输入到自动控制系统，完成加热、增湿、加入新鲜空气、烟熏混合四个操作，并且每个程序段都可以分开控制，根据制成品和加工工艺的不同，可按照各自的要求来控制操作程序。

烟熏炉的烟，是由另一分离隔板间所产生。产生烟的方法是用电加热木屑或木粒，但最先进方法是用木棒摩擦产生烟气；经过滤后由风扇送入炉内。好的烟熏炉在隔板间还有降温系统，保证所进烟气温度在 20℃以下，供沙拉米肠冷熏发酵使用。

目前，国内烟熏炉以单门二车、双门四车为主，而国外烟熏炉除上面两种外还有单门四车、单门六车及双门四车等多种。进口的烟熏炉烟气循环强度以及节能电控部分，精确度好于国内，特别是控制元件的灵敏度、使用寿命高，质量好，可延长使用时间。

下面介绍国内一个工厂生产的烟熏炉主要技术参数，供了解国产烟熏炉参考（表 2–2）。

表 2–2　国产烟熏炉的情况

技术参数名称	数据指标
烟熏室容量	4 台烟熏车 (16.3m³)
低压蒸汽	压力 0.2Mpa；耗气量 200kg/h；Dg=50mm；进气管 Dg=32mm
高压蒸汽	压力 0.6Mpa；耗气量 140kg/h；Dg=50mm；进气管 Dg=32mm
压缩空气	压力 0.5Mpa；进气管 Dg=20mm
自来水	压力 0.2Mpa；进气管 Dg=10mm
电源	电压 380V，三相，60Hz；总电功率 10kW
额定温度	烟熏室最高温度 100℃；最高干燥温度 85℃；最高蒸煮温度 95℃
温控方式	PCC 自动控制
外形尺寸	2989mm × 3180mm × 3140mm
重量	4300kg

（三）烟熏设备

大部分西式肉制品如灌肠、火腿、培根等，均需经过烟熏，我国许多传统特色肉制品，如湘式、川式腊肉、沟帮子熏鸡等产品，也要经过烟熏加工，用以提高产品的色、香、味，同时进行二次脱水，以确保产品质量。烟熏炉类型较多，如直火式烟熏塔、自动烟熏炉等。

1．直火式烟熏设备

该设备是在烟熏室内燃放着发烟材料，使其产生烟雾，利用空气自然对流的方法，把烟分散到室内各处。直火式烟熏设备由于依靠空气自然对流的方式，使烟在直火式烟熏室内流动和分散，存在温度差、烟流不匀、原料利用率低、操作方法复杂等缺陷，目前只有一些小型企业仍在使用。

2．自动烟熏炉

烟熏室主要由熏烟发生装置和熏室两部分组成。对烟熏室的要求是温度、发烟和湿度可自由调节，熏室内熏烟能够均匀扩散，通风条件好，并且能够安全防火，使用经济，操作方便。简易的烟熏装置是木质内侧面，四周包上薄铁皮，上部设有可以启闭的排气设备，下部设通风口。大型工厂普遍使用操作条件可以预先设定的现代化熏室。

熏室内的空气由鼓风机强制循环，使用煤气或蒸汽作为热源。自动控制温度，通过循环热风使制品与室内空气同时加热，到中心温度达到要求为止。再用熏烟发生器从熏烟入口导入熏烟，烟熏和加热同步进行。另设有湿度调节装置，调节循环加热的热风，以减少制品损耗，加速制品中心温度的上升。熏制时，熏烟从装置的上部和引进的空气一起送入加热室，由第一加热排管加热，经烟道，由第一扩散壁控制流速和流量，送入熏制室。在熏制室设置有第二加热排管，必要时可启动工作。一部分熏烟从排气管中排出，另一部分通过第二扩散壁送入上部送风室循环使用，由挡板控制。这种强制送风式烟熏室需要熏烟发生装置。锯屑输送机输送的锯屑通过引入的压缩空气定量地送入燃烧室，由加热空气引起锯屑燃烧，产生的烟从上部的送风机经过除尘器送入熏制室（图 2–8)。烟熏装置烟熏时，在烟熏室内悬挂制品量要适当，过多制品之间或制品和室壁之间会相碰，使烟无法通过。这样不但会使制品出现斑驳，影响外观，还会成为腐败的原因；过少就会加快温度变化，使制品易产生烟熏环。制品进入烟熏室后，要进行预干燥后再发烟，烟熏所需的时间和温度，依据制品种类、制造目的或前后的制造工序条件等各种相关问题都是不一样的，需参考制品的制造方法，考虑各种条件做出决定。

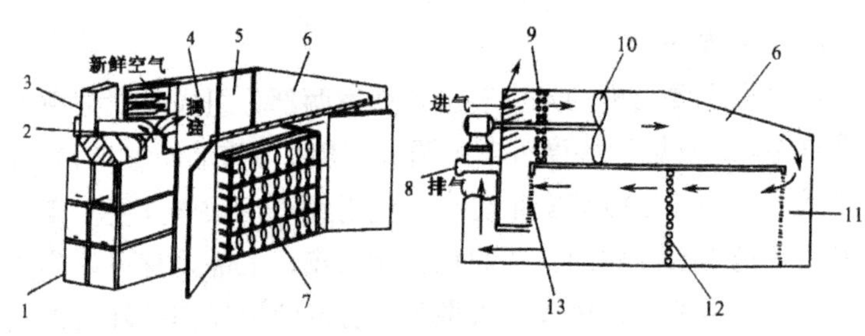

图 2–8　烟熏装置

1. 熏烟发生装置　2. 挡板　3. 排气管　4. 加热室　5. 送风室　6. 烟道　7. 熏制室　8. 熏烟入口　9. 第一加热排管　10. 鼓风机　11. 第一扩散壁　12. 第二加热排管　13. 第二扩散壁

二、隧道式干燥机用途及工作原理

1. 隧道式干燥机用途

XD–1 型网带式干燥机是成批生产用的连续式干燥设备。用于透气性较好的条状、片状和块状物料的干燥，对于脱水蔬菜、肉类等含水率高，而物料温度不允许高的物料尤为适合。该设备具有干燥速度快，蒸发强度高，产品质量好的优点。对于脱水膏状物料，需经造粒机制成棒状后才可干燥。

主要技术参数：干燥室长度 16000mm；网带宽度 1800mm；网带输送速度 60 ～ 600mm/min；铺料厚度 10 ～ 80mm；使用温度 50 ～ 120℃；蒸汽压力 0.3 ～ 0.6MPa；蒸汽耗量 800kg/h；脱水量 360kg/h；设备总功率 27kW；外形尺寸 20000mm × 2100mm × 2200mm；设备总重量 12000kg。

2. 隧道式干燥机结构及原理

(1) 箱体内外壳、换热器、输送网带及链条等均采用不锈钢材料制作，避免了设备长期使用后产生锈蚀对物料造成污染，满足对食品加工的卫生条件。

(2) 干燥室分为两段，每段网带输送速度分别可调，用户可根据生产工艺要求改变输送速度，调整铺料厚度，以满足对不同物料的使用要求。

(3) 干燥室内设翻料装置，使物料在输送过程中起翻动作用，增加物料透气性。

(4) 采用热风强制循环方式，利用离心风机将空气吹过换热器加热，加热后的热空气穿过物料层，完成热量的传递过程。在循环过程中连续地将部分含湿量大的气体通过排气口排出室外，同时补充新空气，以完成对物料的脱水干燥。

第五节 预煮机械与设备

一、预煮目的和预煮机械与设备分类

1. 预煮目的

(1) 破坏原料中多酚氧化酶，保持原料在加工过程中不变颜色。

(2) 排除原料中部分水分，减小原料体积，使原料具有柔软性，方便装罐工序的操作。

(3) 排除原料组织内空气，提高成品真空度。

(4) 破坏物料的原生质，在榨汁时提高出汁率。

(5) 杀灭污染在原料土的部分微生物，提高原料在加工过程中新鲜程度。

(6) 通过预煮，可使表皮蛋白质凝固，使皮与肉脱离，方便除皮操作。

(7) 对于脱水产品，经过预煮后能加快干燥的速度。

由于原料性质和各种成品要求不同，并不是全部物料在任何情况下都要经过预煮，即使需要预煮，其预煮温度和时间也不同，因此，预煮机设计必须满足工艺的主要指标或要求。

2. 肉制品加工过程中蒸煮的目的

有些肉制品是不需要进行加热的，如色拉米香肠类，在家庭食用之前加热的带骨火腿、鲜香肠及培根等。但一般的制品则需要在加工过程中进行加热、蒸煮。肉制品蒸煮加热目的在于：

(1) 使肉粘着、凝固，产生与生肉不同的硬度、齿感、弹力等物理性变化，固定制品形态使制品可以切成片状。

(2) 使制品产生特有的香味、风味。

(3) 稳定肉色。

(4) 消灭细菌，杀死微生物和寄生虫，同时提高制品保存性。

3. 预煮机械与设备的分类

预煮机械设备分为间歇式和连续式两大类。间歇式有预煮槽和夹层锅等，连续式可分为链带式和螺旋式两种，链带式则有刮板带式和斗槽带式，螺旋式有水平和倾斜的两种。

二、夹层锅分类及结构

夹层锅又叫双层锅或双重釜等，常用于物料的烫漂，预煮，调味料的配制及煮制一些浓缩产品。按深度可分为浅型、半深型和深型。按结构有固定式和可倾式。

1. 可倾式夹层锅，如图 2–9 所示。主要由锅体 3、填料盒 1、冷凝水排出管 2、进汽管 5、压力表 6、倾覆装置 7 及排料阀 4 等组成。锅体用轴颈装在支架两边的轴承上，轴颈是空心的，蒸汽管从这里伸入夹层中，周围加隔热填料。冷凝水从夹层最底部排出。倾覆装置上有手轮和涡轮涡杆，涡轮与轴颈固接，当摇动手轮时，可将锅体倾倒和复原，用以卸料。

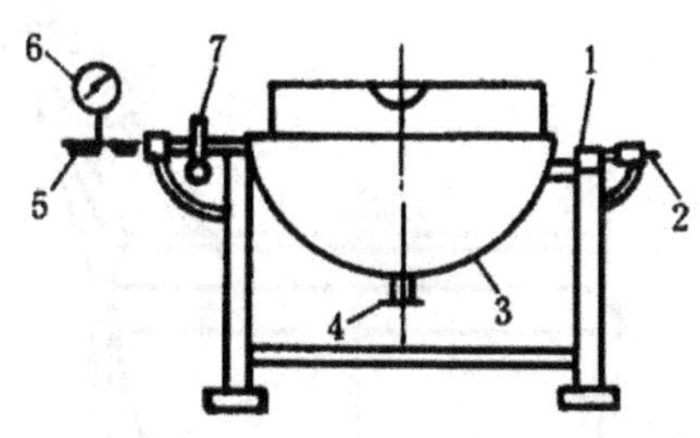

图 2–9　可倾式夹层锅

1. 填料盒　2. 冷凝水排出管　3. 锅体　4. 排料阀　5. 进汽管　6. 压力表　7. 倾覆装置

2. 固定式夹层锅 (图 2–10) 由锅体 5、冷凝水排除阀 4、排料阀 3、进汽管 2 及锅盖 1 组成，因冷凝液排除阀安在壳体上，冷凝液不能完全排出。排料阀在底部，对液态物料的出料比较方便。当锅的容积大于 500L 或用作加热粘性物料时，夹层锅常带有搅拌器称带搅拌器夹层锅，如图 2–11 所示。搅拌器的叶片有桨式和锚式，转速一般为 10 ~ 20r/min。

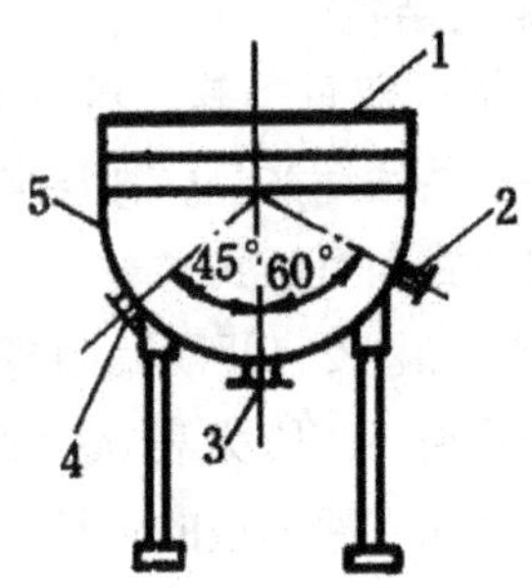

图 2-10　固定式夹层锅

1. 锅盖　2. 进汽管　3. 排料阀　4. 冷凝水排除阀　5. 锅体

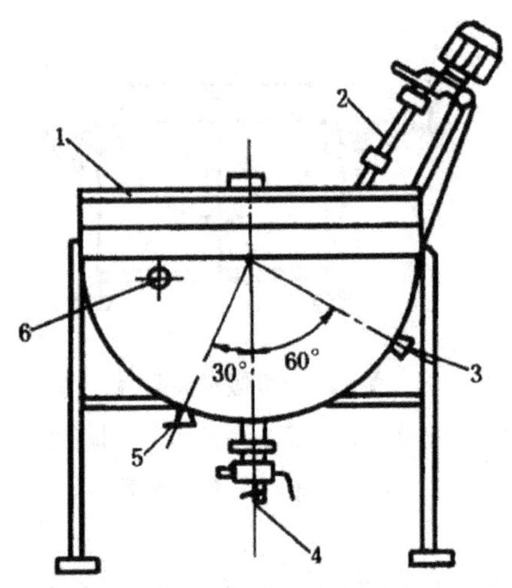

图 2-11　带搅拌器夹层锅

1. 锅盖　2. 搅拌器　3. 蒸汽进口　4. 物料出口　5. 冷凝液出口
6. 不凝气体排出口

三、链带式连续预煮机

链带式连续预煮机构造如图 2-12 所示。它由钢槽、刮板、蒸汽吹泡管、链带和传动装置组成。外壳与钢槽为一体，刮板焊接在链带上，链带背面有支撑。为了减少运行中刮板上有小孔。压轮使链板从水平过渡到倾斜状态。压轮和水平部分的刮板均在煮槽内。煮槽内盛满水。作业时水由送入蒸汽吹泡管的蒸汽进行加热，物料从进料斗随链带移动，并被加热预煮，最后送至末端，由卸料斗排出。蒸汽吹泡管上开有小孔，靠近料口端孔多，靠出料口端孔少，以使物料进入后迅速升高到预煮温度。为防止蒸汽直接冲击物料，小孔出口主要面向两侧，这样还可加快槽内水的循环，水温比较均匀。

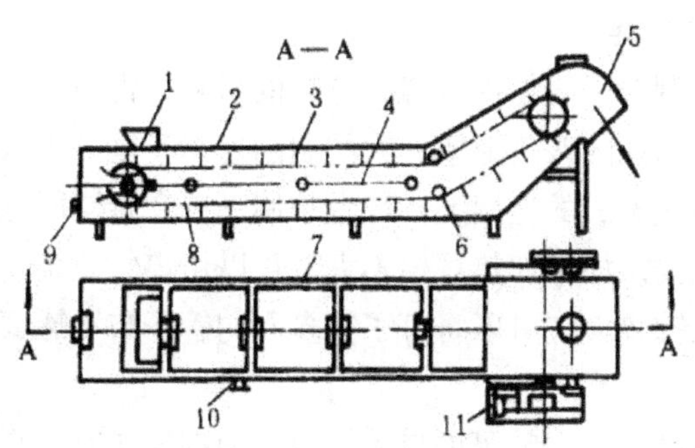

图 2–12　链带式连续预煮机

1. 进料斗　2. 槽盖　3. 刮板　4. 蒸气吹泡管　5. 卸料斗　6. 压轮　7. 钢槽　8. 链带　9. 舱口　10. 溢流管　11. 调速电机

舱口是为了排水排污用的。槽底有一定的倾斜，舱口端较低。倘若物料在入口处受污染，还可以进一步在预煮过程中清洗和杀菌，舱口盖必须密封，同时应便于打开。溢流管是保持水位稳定用的。预煮时间由调速电机或更换传动轮调节链板速度来控制。煮槽上面有槽盖，盖在煮槽边缘的水封槽内，以防蒸汽漏泄。这种设备的特点是能适应多种物料的预煮，不论物料形状是否规则和在水中处于何种状态均可使用。物料经预煮后机械损伤少，其缺点是清洗困难，维修不便，占地面积大。

四、煮制操作要领

加热肉制品分为三大类：一类是低温制品，热加工至中心 68 ～ 72℃或较低，如火腿和香肠；二类是中温加热肉制品，一般中温加工热加工至中心 75 ～ 80℃，也有的热加工至中心 85 ～ 95℃，如西式肝酱、血肠和猪头肉冻、中式灌肠、酱卤制品等；三类高温加热肉制品，高于沸点温度热加工，如中式高温火腿肠和罐制品。这里以低温及中温香肠制品为重点介绍煮制方法。

1．加工器具

热水煮制时一般使用煮罐。煮罐的材料为钢板，但尽可能使用不锈钢板制成的四角形槽。大的制品用竿子垂吊下去，将竿子排挂在二角铁做成的框架上，或者将制品装在金属网笼内，用升降机垂吊下去。如果加热规模不大，可以用煤气燃烧器在罐内加热。如果煮罐较大，可以将打了很多孔的管子布于罐底，用蒸汽加热。

无论哪种方式，都可以自动调温，但在操作时，至少要配置遥测温度计。棒形温度计易被看错，不适合用于监测温度。在加热时，原则上要每隔 5min 或 10min 记录一次温度。煮罐内的温度偏差在有效容积内最低为 1.5℃，最高可达 4.7℃，因此在确定加热工序标准时需要引起注意。蒸制可采用蒸柜，蒸柜内通入蒸汽或电加热产生蒸汽。在现代肉制品加工中，自动式多功能蒸煮设备已广泛采用，设备可按设定好的温度依次完成干燥、烟熏、汽蒸、喷淋水冷等工序。

2．操作要领

在煮制过程中，对于气候、灌制品烘烤情况和装锅的数量，以及锅里溶液多少、温度变化情况都要有很清楚认识。对于使用的淀粉品种和淀粉含量、灌制品直径和灌制品原料以及腌制过程的变化、质量都要了解，这样才能正确地估计出入锅温度和煮制的时间。当然，蛋白质的凝固温度、淀粉糊化温度和细菌杀灭温度与时间也是不能忽视的。

烘烤后的灌制品应立即煮制，不宜搁置过久，否则容易酸败变质。煮制的方法有蒸煮和水煮两种。中式灌肠制品煮制一般用方锅，锅内铺设蒸汽管，锅的大小根据产量而定，小量生产也可用圆锅。煮制时先在锅内加水至锅容量的80%左右，随即加热至90～95℃。有的需放入红曲以拌和后，关闭气阀，保持水温80℃左右，将灌制品一竿一竿地放入锅中，排列整齐。如果数量多，也可堆叠二层或三层。放好后盖上栅栏盘，加上重物压住。根据条件也可采用轨道吊笼，把灌制品放入锅内煮制，以减少体力劳动。根据现代化生产的需要，最好使用自动式烟熏蒸煮炉达到煮制目的。不同品种的灌制品，因煮制时间不同，不宜同锅同炉煮制，煮制期间需用手或棒摇动整排灌制品，使之受热和着色均匀。

灌制品煮制时间因品种而异。用羊小肠灌制的细肠，如小红肠、泥肠等，一般需10～20min；用牛大肠、羊套管或6～7路肠衣灌制的中粗灌制品，如蛋清肠、香雪肠等，约需45min；用牛盲肠制成的特粗肠，如大红肠、舌心肠、蛋心肠等，则需1.5～2h。

由于每次煮制灌制品的数量不尽相等，加之大锅水温又难掌握，因此，灌制品煮熟的标志除时间因素外，尚需再辅以仪表测定和感官鉴定，方能正确断定灌制品是否煮熟。对生产量大的工厂来说，这道工序必须设立出入锅手续，防止交接班降低煮制质量和相互推诿、温度掌握不佳等事故出现。

仪表测定很简单，即取出灌制品一根，将温度计插入中心，其中心温度达到72℃时，证明已煮熟。感官鉴定需有一定实践经验，煮熟的灌制品以手捏着，轻轻用力，感到肠体挺硬，有弹性，切开内部肉馅发干，有光泽；未煮熟的灌制品与此相反，肠体软弱，无弹性，切开内部有黏性，松散，应立即放回锅内，继续煮制。不得将其冷却后再放回锅内，因为淀粉的缘故会使遇热再冷的肠类不再接受熟制，而造成再也煮不熟的后果。

肉制品的种类不同，加热工序也不一样的。一般低温肉制品的加热温度在 70 ～ 80℃。但有时担心蒸煮槽内的温度不均匀，温度就达不到 72℃，因此，72 ～ 75℃是最理想的。为了防止温度上升太快，表面过热，如果设备条件和前后工序允许的话，也可以在前半小时以 76 ～ 78℃、后半小时以 72 ～ 74℃加热。

第六节　杀菌机械设备

一、立式杀菌锅

立式杀菌锅亦称立式杀菌釜，可用于常压或加压杀菌。多用在品种多，批量小的生产中较实用，因而在中小型罐头厂使用较普遍。但从机械化、自动化、连续化生产来看，是发展方向。与立式杀菌锅配套的设备有杀菌篮、电动葫芦、空气压缩机等。

用途：本设备是食品、罐头进行杀菌处理的主要设备。也适用于食品行业（蜜饯粮食加工）进行加压蒸煮及纺织行业进行定型处理。该设备结构合理，密封性好，启闭省力，操作方便，安全可靠，性能稳定，并配有压缩空气管系，以压缩空气的反压力作用，有效地保证罐头不变形，保持食品的原味。如图 2–13 所示为具有两个杀菌篮的立式杀菌锅。其球形上锅盖 4 铰接于锅体后部，上盖周边均布 6 ～ 8 个槽孔，锅体的上周边铰接与上盖槽孔相对应的螺栓 6，以密封盖与锅体。密封垫片 7 嵌入锅口边缘凹槽内。锅盖可借助平衡锤 3 使开启轻便。锅的底部装有“十”字形蒸汽分布管 10 以送入蒸汽，9 为蒸汽入口，喷汽小孔开在分布管的两侧，以避免蒸汽直接吹向罐头。锅内放有装罐头用的杀菌篮 2，杀菌篮与罐头一起由电葫芦吊进与吊出。冷却水由装于上盖内的盘管 5 的小孔喷淋，此处小孔也不能直接对着罐头，以免冷却时冲击罐头。锅盖上装有排气阀、安全阀、压力表及温度计等，锅体底部有排水管 11。上盖与锅体的密封广泛采用如图 3 － 15 所示的自锁斜楔锁紧装置。这种装置密封性能好，操作时省时省力。这种装置有十组自锁斜楔块 2 均布在锅盖边缘与转环 3 上，转环配有几组滚轮装置 5，转环可沿锅体 7 转动自如。锅体上缘凹槽内装有耐热橡胶垫圈 4，锅盖关闭时，转动转环，斜楔块就互相咬紧而压紧橡胶圈，达到锁紧和密封的目的。将转环反向转动，斜楔块分开，即可开盖。

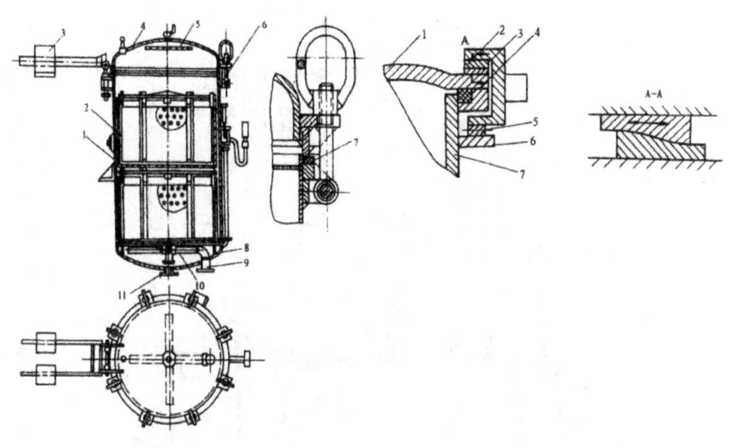

图 2-13　立式杀菌锅及自锁斜楔锁紧装置

1. 锅体　2. 杀菌篮　3. 平衡锤　4. 锅盖　5. 盘管　6. 螺栓　7. 密封垫片　8. 锅底　9. 蒸汽入口　10. 蒸汽分布管　11. 排水管

二、卧式杀菌设备

卧式杀菌锅只用于高压杀菌，而且容量较立式杀菌锅大，因此多用于生产肉类和蔬菜罐头为主的大中型罐头厂。

1. 卧式杀菌锅结构

卧式杀菌锅装置如图 2–14 所示。锅体 17 与锅门(盖)14 的闭合方式与立式杀菌锅相似。锅内底部装有两根平行的轨道，供装载罐头的杀菌车进、出之用。蒸汽从底部进入到锅内两根平行的开有若干小孔蒸汽分布管，对锅内进行加热。蒸汽管在导轨下面。当导轨与地平面成水平时，才能使杀菌车顺利地推进推出，因此有一部分锅体是处于车间地平面以下。为便于杀菌锅的排水，开设一地槽。

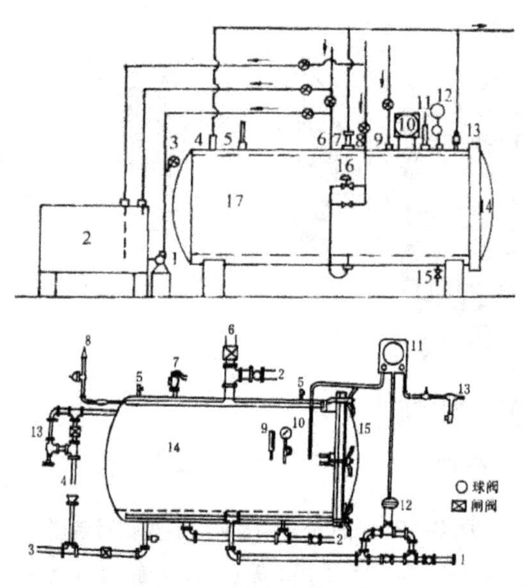

图 2–14　卧式杀菌锅装置

1. 水泵　2. 水箱　3. 溢流管　4.7.13. 放空气管　5. 安全阀　6. 进水管　8. 进气管　9. 进压缩空气管　10. 温度记录　11. 压力表　14. 锅门　15. 排水管　16. 薄膜阀门　17. 锅体

锅体上装有各种仪表与阀门。由于采用反压杀菌，压力表所指示的压力包括锅内蒸汽和压缩空气的压力，致使温度与压力不能对应，因此还要装设温度计。

上述以蒸汽为加热介质的杀菌锅，如图 2–15 卧式杀菌锅所示，在操作过程中，因锅内存在着空气，使锅内温度分布不均，故影响产品的杀菌效果和质量。为避免因空气而造成的温度“冷点”，在杀菌操作过程采用排气的方法，通过安装在锅体顶部的排气阀排放蒸汽来挤出锅内空气和通过增加锅内蒸汽的流动来提高传热杀菌效果来解决。但此过程要浪费大量的热量，一般约占全部杀菌热量的 1/4 ～ 1/3，并给操作环境造成噪音和湿热污染。

图 2–15　卧式杀菌锅

2. 使用方法

（1）准备工作　先将一批罐头装在杀菌车上，再送入杀菌器内，随后将门锁紧，打开排气阀、泄气阀、排水管，同时关闭进水阀和进压缩空气阀。

（2）供汽和排气　将蒸汽阀门打到最大，按规定的排气规程排气，蒸汽量和蒸汽压力必须充足，使杀菌器迅速升温，将杀菌器内空气排除干净，否则杀菌效果不一致。排气结束后，关闭排气阀。当达到所要求的杀菌温度时，关小蒸汽阀，并保持一定的恒温时间。

（3）进气反压　在达到杀菌的温度和时间后，即向杀菌器内送入压缩空气，使杀菌器内的压力，略高于罐头内的压力，以防罐头变形胀裂，同时具有冷却作用。由于反压杀菌，压力表所指示的压力包括杀菌器内蒸汽和压缩空气的两种压力，故温度计和压力计的读数，其温度是不对应的。

（4）进水和排水　当蒸汽开始进入杀菌器时，因遇冷所产生的冷凝水，由排水管排出，随后关闭排水管。在进气反压后，即启动水泵，通过进水管向器内供充分的冷却水，冷却水和蒸汽相遇，将产生大量气体，这时需打开排气阀排气。排气结束再关闭排气阀。冷却完毕，水泵停止运转，关闭进水阀，打开排水阀放净冷却水。

（5）启门出车　冷却过程完成后，打开杀菌器门，将杀菌车移出，再装入另批罐头进行杀菌。

三、回转式杀菌设备

全水式回转杀菌机是高温短时卧式杀菌设备，如图 2-16 全水式回转杀菌机所示，它采用过热水作加热介质，在杀菌过程中罐头始终浸泡在水里，同时罐头处于回转状态，以提高加热介质对杀菌罐头的传热频率，从而缩短杀菌的时间，节省能源。该机杀菌的全过程由程序控制系统自动控制。杀菌过程的主要参数如压力、温度和回转速度等均可自动调节与控制。但这种杀菌设备属间歇式杀菌设备不能连续进罐与出罐。

图 2–16　全水式回转杀菌机

1.GT7C5–B 带水包式杀菌锅

用途：本机为罐装食品进行蒸煮、杀菌、冷却一次性完成全部工作过程的设备，特别适用于包装中固体物比重较大（如易拉罐八宝粥、花生奶）以及各种浓度不同的粘性罐装食品在保持期内不分层、不沉淀。

特点：本机有全自动型和一般型两种。上述设备的物料笼压紧装置均采用国际先进的气动元件，设计合理，整机结构紧凑，运行安全可靠，效率高，具有安装简单、操作容易、维修方便等特点。

2. 全水式回转杀菌机结构

全水式回转杀菌机如图 2–17 所示。全机主要由贮水锅（亦称上锅）、杀菌锅（亦称 1 锅）、管路系统、杀菌篮和控制箱组成。

贮水锅为一密闭的卧式贮罐，供应过热水和回收热水。为减轻锅体的腐蚀，锅内采用阴极保护。为降低蒸汽加热水时的噪声并使锅内水温一致，蒸汽经喷射式混流器后才注入水中。

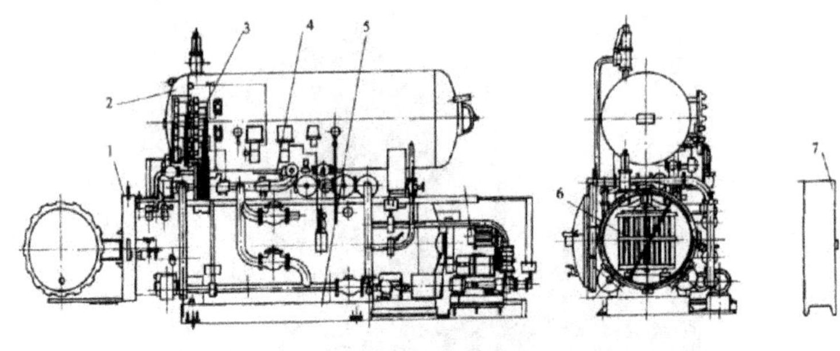

图 2-17　全水式回转杀菌机

1. 杀菌锅　2. 贮水锅　3. 控制管路　4. 水气管路　5. 盘
6. 杀菌锅　7. 制箱

杀菌锅置于贮水锅的下方，是回转杀菌机的主要部件。它由锅体、门盖、回转体和压紧装置、托轮、传动部分组成。锅体与门盖铰接，与门盖结合的锅体端面有一凹槽，凹槽内嵌有 Y 形密封圈，如图 2-18 所示。当门盖与锅体合上后，转动夹紧转圈，使转圈上的 16 块卡铁与门盖突出的楔块完全对准，由于转圈卡铁与门盖及锅体上接触表面没有斜面，因而即使转圈上的卡铁使门盖、锅身完全吻合也不能压紧密封垫圈。门盖和锅身之间有 1mm 的间隙，因此关闭与开启门盖时方便省力。杀菌操作前，当向密封腔供以 0.5MPa 的洁净压缩空气时，Y 形密封圈便紧紧压住门盖，同时其两侧唇边张开而紧贴密封腔的两侧表面，起到良好的密封作用。

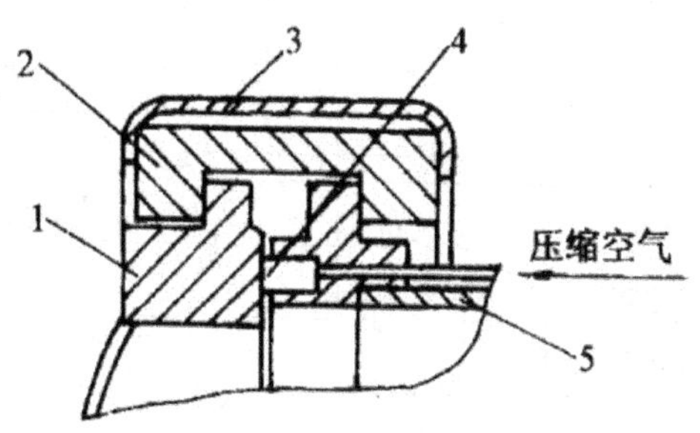

图 2–18　门盖的密封

1. 门盖　2. 卡铁　3. 加紧转圈　4. 密封圈　5. 锅体

回转体是杀菌锅的回转部件，装满罐头的杀菌篮置于回转体的两根带有滚轮的轨道上，通过压紧装置可将杀菌篮内的罐头压紧。回转体是由 4 只滚圈和 4 根角钢组成一个焊接的框架，其中一个滚圈由一对托轮支承，而托轮轴则固定在锅身下部。回转体在传动装置的驱动下携带装满罐头的杀菌篮回转。

驱动回转体旋转的传动装置主要由电动机 P 形齿链式无级变速器和齿轮传动组成。回转体的转速可在 6 ～ 36r/min 内作无级调速。回转轴的轴向密封采用单端面单弹簧内装式机械密封。

在传动装置上设有定位装置，从而保证了回转体停止转动时，能停留在某一特定位置，使得回转体的轨道与运送杀菌篮小车的轨道接合，从杀菌锅内取出杀菌篮。全水式回转杀菌机的工艺流程如图 2–19 所示。

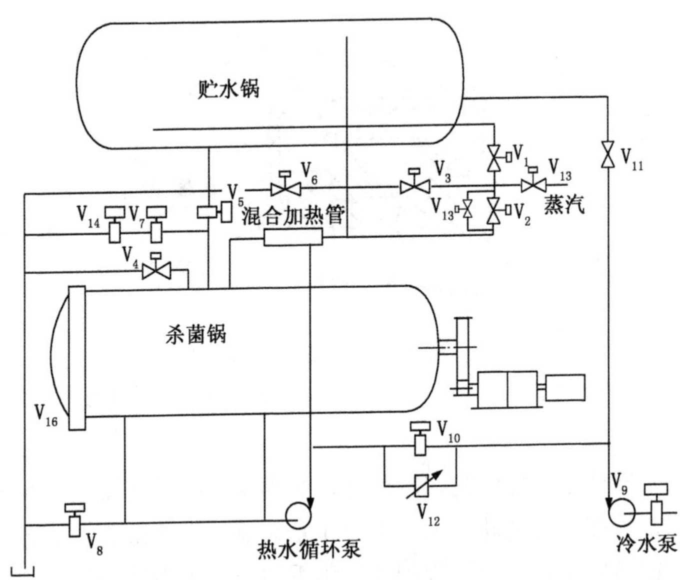

图 2-19　全水式回转杀菌机工艺流程图

V_1—贮水锅加热阀　V_2—杀菌锅加热阀　V_3—连接阀　V_4—溢出阀
V_5—增压阀　V_6—减压阀　V_7—降压阀　V_8—排水阀　V_9—冷水阀
V_{10}—置换阀　V_{11}—上水阀　V_{12}—节流阀　V_{13}—蒸汽总阀
V_{14}—截止阀　V_{15}—小加热阀　V_{16}—安全旋塞

贮水锅与杀菌锅之间用连接阀 V_3 的管路连通。蒸汽管、进水管、排水管和空压管等分别连接在两锅的适当位置，在这些管路上根据不同使用目的安装了不同形式的阀门。循环泵使杀菌锅中的水强烈循环，以提高杀菌效率并使锅内的水温均匀一致。冷水泵用来向贮水锅注入冷水和向杀菌锅注入冷却水。

3. 全水式回转杀菌机杀菌过程分为 8 个操作工序

(1) 制备过热水　第一次操作时，由冷水泵供水，以后当贮水锅水位到达一定位置时液位控制器自动打开贮水锅加热阀 V_1，

0.5MPa 蒸汽直接进入贮水锅，将水加热到预定温度后停止加热。一旦贮水锅水温下降到低于预定的温度，则会自动供汽，以维持预定温度。

（2）向杀菌锅送水　当杀菌篮装入杀菌锅、门盖完全关好，向门盖密封腔内通入压缩空气后才允许向杀菌锅送水。为安全起见，用手按动按钮才能从第一工序转到第二工序。

全机进入自动程序操作，连接阀 V_3 立即自动打开，贮水锅的过热水由于落差及压差而迅速由杀菌锅锅底送入。当杀菌锅内水位达到液位控制器位置时，连接阀立即关闭。

（3）杀菌锅升温　送入杀菌锅里的过热水与罐头换热，水温下降。加热蒸汽送入混合器对循环水加热后再送入杀菌锅。当温度升到预定的杀菌温度，升温过程结束。

（4）杀菌　罐头在预定的杀菌温度下保持一定的时间，小加热阀 V_1，根据需要自动向杀菌锅供汽以维持预定的杀菌温度，工艺上需要的杀菌时间则由杀菌定时钟选定。

（5）热水回收　杀菌工序一结束，冷水泵即自行启动，冷水经置换阀 V_{10} 进入杀菌锅的水循环系统，将热水（混合水）顶到贮水锅，直到贮水锅内液位达到一定位置，液位控制器发出指令，连接阀关闭，将转入冷却工序。此时贮水锅加热阀自动打开，通入蒸汽以重新制备过热水。

（6）冷却　根据产品的不同要求冷却工序有 3 种操作方式：热水回收后直接进入降压冷却；热水回收后，反压冷却 + 降压冷却；热水回收后，降压冷却 + 常压冷却。每种冷却方式均可通过调节冷却定时器来获得。

（7）排水　冷却定时器的时间到达后，排水阀 V_8 和溢出阀 V_4 打开。

（8）启锅　拉出杀菌篮，全过程结束。全水式回转杀菌机是自动控制的，由微型计算机发出指令，根据时间或条件按程序动作。杀菌过程中的温度、压力、时间、液位、转速等由计算机和仪表自动调节，并具有记录、显示、无级调速、低速起动、自动定位等功能。

4. 全水式回转杀菌机特点

由于全水式回转杀菌机在杀菌过程中罐头呈回转状态，且压力、温度可自动调节，具有以下特点：

(1) 杀菌均匀　由于回转杀菌篮的搅拌作用，加上热水由泵强制循环，使锅内热水形成强烈的涡流，水温均匀一致，达到产品杀菌均匀的效果。搅拌与循环方式不同时杀菌锅呈现的温度分布情况如图 2–20 所示。

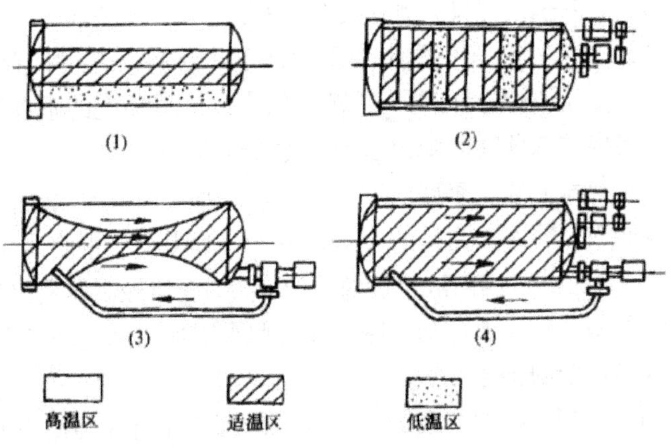

图 2–20　搅拌与循环方式不同时杀菌锅呈现的温度分布情况

(1) 静置式 (2) 回转式 (3) 循环式 (4) 回转循环式

(2) 杀菌时间短　杀菌篮回转，传热效率提高，对内容物为流体或半流体的罐头，更显著。

罐头在回转过程中内容物的搅拌情况如图 2–21 所示。随着转速的增加，杀菌时间缩短。当转速增加到一定限度时，反而使杀菌时间延长。其原因是随着转速的增加，离心力达到一定程度，罐头内容物被抛向罐底，使顶隙位置始终不变，失去了内容物摇动而产生的搅拌作用。另外每种产品都有它的合适转速范围，当超过这一范围时，就会出现热传导反而差的现象。

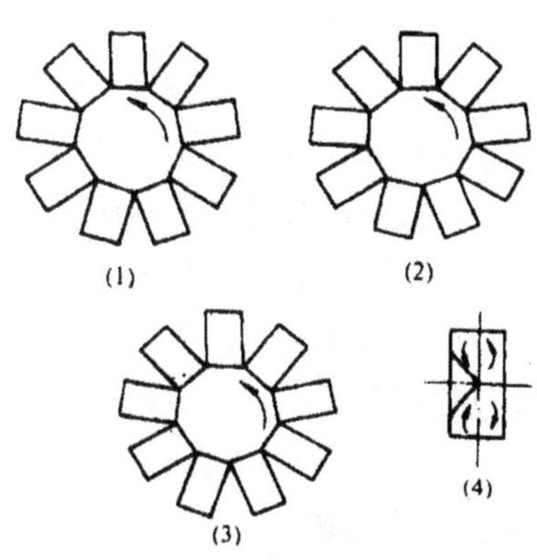

图 2-21 罐头在回转过程中内容物的搅拌情况

(1) 回转速度慢 (2) 回转速度过快 (3) 回转速度适宜

(4) 罐头顶隙在内容物中心移动时发生摇动

在全水式回转杀菌设备中，罐头顶隙度对热传导率有一定影响。顶隙大，内容物搅拌效果就好，热传导就快，然而过大又会使罐头内形成气袋，产生假胖听，因此顶隙要适中。另外，罐头在杀菌篮里的排列方式对杀菌效果也有一定的影响。

(3) 有利于产品质量的提高 由于罐头回转，可防止肉类罐头油脂和胶冻的析出，对高黏度、半流体和热敏性的食品，不会产生因罐壁部分过热形成粘结等现象，可以改善产品的色、香、味，减少营养成分的损失。

(4) 由于过热水重复利用，节省了蒸汽。

(5)杀菌与冷却压力自动调节,可防止包装容器的变形和破损。

全水式回转杀菌机缺点是：设备较复杂；设备投资较大；杀菌过程热冲击较大。

四、淋水式杀菌设备使用及维护

淋水式杀菌机具有结构简单、温度分布均匀、适用范围广等特点而受到各国的普遍重视。我国也引进了这种杀菌机。

淋水式杀菌机是以封闭循环水为工作介质，用高流速喷淋方法对罐头进行加热、杀菌及冷却的卧式高压杀菌设备。其杀菌过程工作温度 20 ～ 145℃，工作压力（0 ～ 0.5）MPa。

淋水式杀菌机可用于果蔬类、肉类、鱼类、蘑菇和方便食品等的高温杀菌，其包装容器可以是马口铁罐、铝罐、玻璃瓶和蒸煮袋等形式。

1. 淋水式杀菌机工作原理

双门形淋水式杀菌机外形简图，淋水式杀菌机工作原理示意图分别如图 2–22、图 2–23 所示。

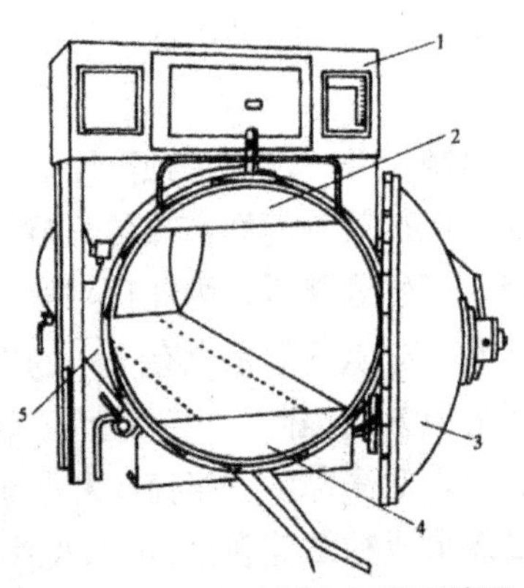

图 2–22 淋水式杀菌机外形简图

1. 控制装置 2. 水分布器 3. 门盖 4. 贮水器 5. 锅体

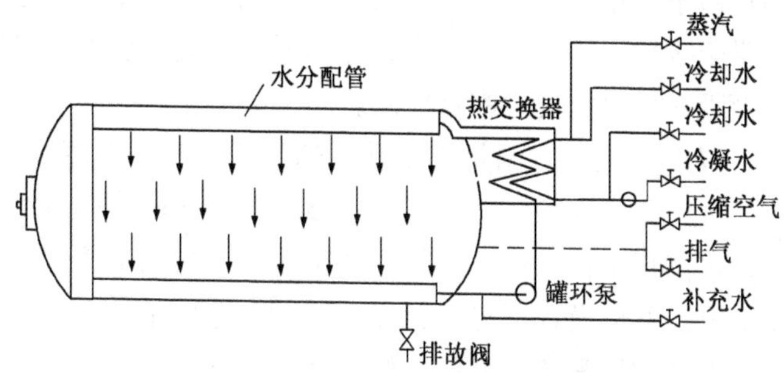

图 2-23 淋水式杀菌机工作原理示意图

在整个杀菌过程中，贮存在杀菌锅底部的少量水（一般可容纳 4 个杀菌篮，存水量为 400L)，利用一台热水离心泵进行高速循环，循环水即杀菌水，经一台焊制的板式热交换器进行热交换后，进入杀菌机内上部的分水系统（水分配器），均匀喷淋在需要杀菌的产品上。循环水在产品的加热、杀菌和冷却过程中依顺序使用。在加热产品时，循环水通过间壁式换热器由蒸汽加热，在杀菌过程时则由换热器维持一定的温度，在产品冷却时，循环水通过间壁式换热器由冷却水降低温度。该机的过压控制和温度控制是完全独立的。调节压力的方法是向锅内注入或排出压缩空气。

淋水式杀菌机的操作过程是完全自动化的，温度、压力和时间由一个程序控制器控制。程序控制器是一种能贮存多种程序的微处理机，根据产品不同，每一程序可分成若干步骤。这种微处理机能与中央计算机相连，实现集中控制。

2. 淋水式杀菌机的特点

(1) 由于采用高速喷淋水对产品进行加热、杀菌和冷却，温度分布均匀稳定，提高了杀菌效果，改善了产品质量。

(2) 杀菌与冷却使用相同的水（循环水），产品没有再受污染的危险。

(3) 由于采用了间壁式换热器，蒸汽或冷却水不会与进行杀菌的容器相接触，消除了热冲击，尤其适用于玻璃容器，可以避免冷却阶段开始时的玻璃容器破碎。

(4) 温度和压力控制是完全独立的，容易准确地控制过压，因为控制过压而注入的压缩空气，不影响温度分布的均匀性。

(5) 水消耗量低，动力消耗小。工作中，冷却水通过冷却塔可循环使用。整个设备配用一台热水泵，动力消耗小。

(6) 设备结构简单，维修方便，循环水量小。

第七节　真空包装机械设备

一、抽真空目的

对于容易氧化变质食品，易于氧化生锈金属制品，形体膨松羽绒及棉麻等都可以采用真空包装。抽真空目的是：①除去空气中的氧，以防止细菌繁衍导致食品腐败，或阻止金属的氧化生锈；②便于密封后加热杀菌，否则空气膨胀会使包装件破裂；③可以缩小膨松物品的体积，便于保存、运输，并节省费用；④防止食品氧化和变质。为了保护内容物和延长保存期，还可在抽真空后再充入其他惰性气体，如二氧化碳和氮气等，称为真空充气包装。真空包装和真空充气包装使用的包装材料有阻气性强的金属铝箔和非金属（如塑料薄膜、陶瓷等）的筒、罐、瓶和袋等容器。在食品和医药的包装中以塑料容器真空包装的应用最为广泛。

二、真空包装机和真空充气包装机的分类

包装是所有肉制品必需工序，其目的是延长肉制品保存期，赋予产品良好外观，提高产品商品价值。肉制品包装总的要求是尽量缩短加工后放置时间，马上进行包装；尽可能选择对光、水

和氧具隔离作用的薄膜材料；针对不同产品商品要求采用适宜的包装方式；严格包装卫生条件。

肉制品包装方法可分为贴体包装和充气包装两大类。详细划分可包括除气收缩包装、真空包装、气调包装、拉伸包装、脱氧剂包装等（表 2-3）。常用方法为真空包装和气调包装。

表 2-3 肉制品包装方法

包装方法	种类	准备机	包装机	包装形式
贴体包装	除气收缩	开口机	结扎包装机	间歇式、连续式
	真空	制袋机	袋包装机	间歇式、连续式
			深拉包装机	连续式（有模型、无模型）
			贴体包装机	间歇式、连续式
	气调		枕状包装机	连续式（横行、纵形）
充气包装	封套		拉伸包装机	连续式

1. 贴体包装

贴体包装方法有二种：一种是把制品装入肠衣后，直接把真空泵的管嘴插入，抽去其中空气，即除气收缩包装法；另一种是把制品放入密封室内，利用真空把肠衣内部的空气排除的真空包装法。

（1）除气收缩包装　是指将制品装入肠衣后，在开口处直接插入真空泵的管嘴，把空气排除的方法。通常是采用铝卡结扎肠衣，所以缺乏密封性。排除空气的目的在于通过排气使制品和肠衣紧紧地贴到一起，从而提高其保存效果。因此，必须采用具有热收性的肠衣，包装后将其放置在热水或热风中，使肠衣热收缩和制品紧贴在一起。所使用的薄膜是具有收缩性的聚偏二氯乙烯，这种薄膜也可以用于直接填充。使用这种肠衣的制品主要有：粗直径的烟熏制品（如背脊火腿、压缩火腿、波罗尼亚香肠、半干香肠）和叉烧肉等。

采用这种包装的制品，通常要进行再杀菌。通过再杀菌，使表面附近的氧分压再次下降，而且可以杀死它表面上污染的微物，所以如果实施适当的包装操作，就会产生与直接填充包装相近的保存效果，所以此方法是一种既简单又方便的包装方法。

除气收缩包装生产线是由打开肠衣的开口机和除气结扎机套布置而成的。利用手动灌肠机进行填充时，需要事先把肠衣一端撑开后再填充，这种利用空气将肠衣撑开的装置称作开口机，而每一根肠类制品填充好后，都需要结扎，在肠衣开口处，插入气用管嘴后，让制品旋转使肠衣扭成结扣，再推入 U 型卡中，同时给 U 型卡旋加压力，使铝卡变形，完成结扎操作，这就是结扎机的作用。在肉品加工先进生产线，连续式结扎机已广为应用。连续式结扎机是在结扎机上装 6 ～ 10 个管嘴，把填充后的肠类制品的开口端插入管嘴里，依次通过扭结区、排气区、结扎区、结束区，然后让其通过热风通道、热水槽使其热收缩。连续结扎机有悬垂式和静置式两种。

(2) 真空包装　真空包装的基本原理是：为了使制品和肠衣紧，贴到一起，在密封室内使其完全排除空气，但当其恢复到正常大气条件下时，制品的容积就收缩，使包装物的真空度变得比密封室内的真空度还低。

制袋用真空包装机是把制品装入真空袋中，然后在真空室内去空气，传统产品大多采用这一包装形式。使用较为广泛的是间歇式真空包装机，但也有在真空室下部装有传送带的可移动式和有两个真空室的回转移动连续式真空包装机。

真空深拉包装机必须使用成型模具，先把薄膜加热，而后再用成型模具冲成容器的形状，再进行真空包装。进行深拉包装时，薄膜容器的形状会比被包制品的形状大，也就是说薄膜容器的表面积比被包制品的表面积大。所以在真空包装时，比制品表面积大出的那部分薄膜就会出现皱褶。通常薄膜容器的表面积比圆形制品表面积大7%左右，比方形制品大16%左右，较为复杂的情况是：同时包装数根法兰克福香肠时，制品的表面积反倒比薄膜容器的大6%左右。为了能让薄膜和制品贴紧，在制品的直径方向上薄膜必须得拉伸，而在制品长的方向上若不出现收缩现象，就不能产生紧贴效果。如果薄膜不能适应这种条件，在该收缩的地方就会出现皱褶，在该拉伸的地方，不能充分拉伸，就会挤压制品使其变形。这些皱褶，还会影响紧贴效果，在皱褶处容易积存从产品中析出的水分，给细菌繁殖提供条件。另外，它还会给产品表面造成凹凸不平，若遇到冲击，薄膜很容易破损，造成真空泄漏。为了消除薄膜表面的皱褶，可以通过包装后热收缩使其表面积减少，从而使皱褶伸展开的方法，也可以使用横竖收缩取得平衡的复合材料结构方法来解决。所用薄膜的厚度是由成型时的深拉比决定的，深拉比越小成型越均匀，薄膜也越薄越好。

包装机生产厂家很多，机型也各有不同，但是其基本构造大致相同。根据加工成型后薄膜所保持的形状，可将包装机分成两种类型：一种是有模型式的，一种是无模型式的。

无模型式包装机的构造为一组成型用的铸模。加热熔化的薄膜通过成型铸模使其冷却，待其尚未完全凝固时就被推出成型铸模，从这时起薄膜就开始收缩。而有模型式包装机是由成型部和真空部组成。这种包装机分为成型铸模为平行排列形和鼓状（筒状）形两种。

作为深拉包装制品有：块状制品、切片制品、法兰克福肠类制品、维也纳香肠等。另外，切片的培根制品也常用有模型鼓状铸模包装机包装。

真空贴体包装形式是利用制品代替包装模子，包装外形就制品的实际形状，不会出现深拉包装那样的皱褶，而且真空度高。

上下薄膜的热粘合是通过被加热呈熔融状态的上薄膜和放制品的下薄膜压合粘接起来的，所以可以抑制从产品中析出的液体。因此，它比其他包装方法所获得的保存效果都好。

通常的贴体包装所使用的底膜的下面，一边吸气一边和加热熔融的上薄膜密封，而且上下薄膜被完全热粘起来。包装肉制品时，要求气密性好，所以使用的底膜和包装机构与普通的贴体包装有所不同。

间歇式真空贴体包装机的真空室由上盖和底容器构成，上盖是可上下升降的热板，底容器也是可上下升降的工作台，工作台带着装有制品的薄膜往下降，然后在底容器的边上盖上薄膜，内部的热板就下降，薄膜就被加热。同时在真空室内进行脱气，薄膜在接近热融点时，上盖的热板就退回原处。接着工作台又升到底容器边上，这时的产品已被薄膜覆盖起来了，然后恢复常压，薄膜一边被拉伸一边沿着制品密封。

为了提高效率，已开发出连续式贴体包装机，它在包装外观和保存性等方面都优于深拉包装机。这种包装机适用于包装火腿肠、培根、香肠，特别是对形状不规则的肉制品包装，更能体现出它的优势。

2. 充气包装

这种包装通常是使用透气性薄膜，并充入非活性气体，大多是采用不同气体组合的气调式。

气体包装的作用是防止氧化和变色，延缓氧化还原电位上升，抑制好气性微生物的繁殖。这种包装形式，由于制品和薄膜不是紧贴在一起，包装的内外有温度差，使包装薄膜出现结露现象，这样就看不到包装内的制品了。如果把已被污染的制品包装起来，由于制品在袋中可以移动，所以会使污染范围扩大，同时袋中的露水有助于细菌繁殖。含气包装只适合于在表面容易析出脂肪和水的肉制品的包装。

气调包装所使用的气体主要为二氧化碳和氮气两种。置换气体的目的是为了排除氧气，充入二氧化碳时，可产生抑菌作用。这是由于二氧化碳的分压增大时，细菌放出的二氧化碳受到抑制，代谢反应受到抑制。一般来讲，氧气浓度在5%以下才有效。即二氧化碳气的置换率为80%（残留氧气的浓度约为4%）时才有效。

各种气体对薄膜的透过率顺序为：氮气＜氧气＜二氧化碳气。根据大气中气体的组成和包装袋内气体的组成关系，可以看到下列现象，充入氮气时，包装袋里的氧气浓度也随之增大，因为有一部分氧气也随着氮气进到包装袋里，所以包装袋的容积变为原来的1.2倍。充入二氧化碳气时，由于二氧化碳的透过率比其他气体都大，所以氧气的进入量比二氧化碳放出的量多，包装袋的容积就变小。而且二氧化碳溶解于制品中的水里会变成碳酸，使其体积减小，直到最后变成近于真空包装的制品那样。这样一来就丧失了含气包装的特性，为了保持适当的包装容积，常采用氮气和二氧化碳混合充入的方法，氮气和二氧化碳的充入比例为6：4或7：3。

气调包装多适用于较高档产品，以及需保持特有外型的产品，而且在延长产品可贮性上的效果也是有限的，需要与加工中其他防腐保鲜方法有机结合。例如包装维也纳香肠时，由于在香肠制品中有空气，即便是进行空气置换，也很难保持厌氧状态，所以在包装前的各项工艺操作进程中必须实施不让微生物污染的卫生操作。另外，在肉制品中总是残留着好氧性的乳酸菌，即使进行了充气包装，其保存期也不会无限期延长，一般不要求长时期保存时才采用气调包装。

根据气体的置换方式可将气调包装机分为两大类，即在大气中往包装袋中充入气体的灌入式包装机，以及先把包装袋抽成真空后，再充入气体的真空式包装机。采用真空式时气体可以充分地进行置换，而灌入式的置换率只有70%～90%，而且不太稳定，从保存性来看，它是不够理想的。尽管如此灌入式置换气体包装仍相当普及，原因是包装能力高达50～80包/min左右，而真空式充气包装方式只有30～40包/min。

真空气体置换式包装分为间歇式和连续式两种。通常是充气结束后，才能真空包装。其薄膜构成和真空深拉包装机用的薄膜一样。

3. 拉伸包装

拉伸包装是一种用托盘作为容器，上面盖上拉伸用薄膜的充气式包装方式。此方式本身没有密封性，而且拉伸薄膜还有水气透过性，所以制品有损耗。由于没有隔气性，所以不能防止褪色，不适合包装那些无着色或切片制品。相反，由于氧气可以通过薄膜，所以适合生肉包装，它可保持生肉的色泽。

这种包装不是很好的保存手段，它只适合于出售当天用的制品包装。最近，有些厂家也采用这种包装，但是从工厂发货到出售可能需要数日时间，所以制品的水分就会蒸发，表面变干燥，结果是霉菌、酵母比细菌更容易发生增殖，所以，进行这种包装时，必须注意使微生物中的霉菌、酵母减少。

拉伸包装所使用的薄膜是可透过水蒸气的薄膜，薄膜厚度为10～20μm，所以内外温度差的影响非常小，也不容易产生结露现象，即使发生也会很快消失，特别是具有可清楚地看到包装内制品的优点。所应用的包装薄膜材料如聚氯乙烯（软质）、收缩聚乙烯、聚偏二氯乙烯等。

4. 加脱氧剂包装

隔绝氧气的方法有脱气收缩、真空、气体置换等。此外还有一种把吸氧物质放入包装袋的方法，其效果与上述方法的效果相同。

一般包装时，即使把氧气排除，也还会有从薄膜表面透进来的氧气存在，想完全隔绝氧气是不可能的。脱氧剂的作用是把透入包装袋内的氧气随时吸附起来，维持袋内氧气浓度在所希望的极限浓度以下，这样就能防止褪色、氧化，抑制细菌繁殖。加脱氧剂还具有成本低，不需要真空和充气结构，也不需要像真空和气体置换那样花很长的时间，包装机的能力可灵活掌握等优点。知道脱氧剂的吸氧量，就能根据包装晶的游离氧量，计算出应加入的脱氧剂量。目前应用的脱氧剂大致有无机化合物和有机化合物两种类型。

三、机械挤压式真空包装机

塑料袋内装料后留一个口，然后用海棉类物品挤压塑料袋，以排除袋内空气，随即进行热封。对于要求不高的真空包装可采用这种包装方法。真空包装蒸煮食品时，当食品温度在60℃以上时，袋内充满水蒸汽，而不是空气，采用此法可以得到近乎真空的包装，故此法又称热封真空包装。

四、腔室式真空包装机

这是目前应用最为广泛的一种真空包装设备。根据结构形式不同，有如下几种：

1. 合式真空包装机

见图2–24，其工作过程为：将人工装好物料的塑料袋放在台面上的承受盘9的腔室内，关闭真空槽盖1后便由限位开关使继电器控制后面的真空包装各工序自动连续地进行下去。各工序所需时间可由定时器任意调节。其真空回路的转换阀6有由电磁阀单体组成的转换阀和复合转换阀。阀座应耐腐蚀。加工包装体的封口宽度一般为3～10mm，长度可达700mm，生产率为12～30袋/min。

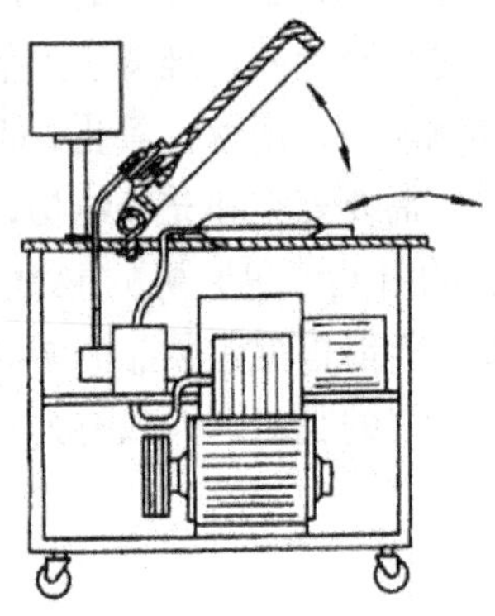

图 2–24　合式真空包装

2. 传送带式真空包装机

见图 2–25，这种包装机适，于连续批量生产，只需人工把装好物料的塑料袋排放在输送带上，其他操作即可自动进行。腔室内有两对封口杆，故每次可封装几个塑料袋，可用于包装肉食品、奶酪块等，真空室长宽尺寸为 950mm × 1010mm，高为 200 ～ 300mm。

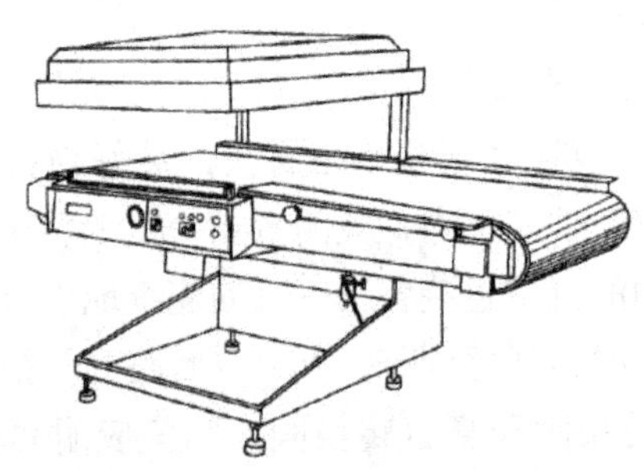

图 2–25　传送带式真空包装

3. 真空收缩包装机

用于需要排除空气、缩小物料体积的如图 2–26 为通用型真空包装机。它有一个容积为 1300mm×850mm×410mm 的真空室，先把膨松的物料，如羽绒和棉麻制品装入塑料袋（由尼龙／聚乙烯复合薄膜制成），然后放入真空室抽气并加热封口。羽绒制品在真空度为 33.3～86.7kPa 时，体积压缩率达 80%～93%，此时包装物外形平整、美观，体积小，便于贮藏和运输。真空泵是真空包装机的主要工作部件，其性能好坏将直接影响到真空度的高低。真空包装机中采用的真空泵主要有两种类型：一种是油浴偏心转子式真空泵，也称滑阀式真空泵，另一种是油浴旋片式真空泵。

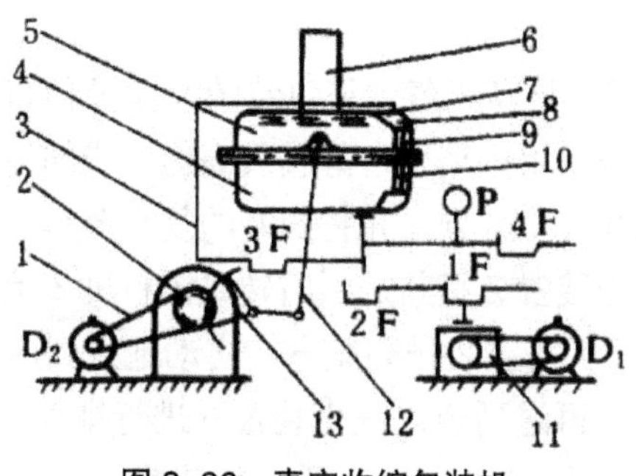

图 2-26　真空收缩包装机

1. 皮带　2. 齿轮　3. 真空管道　4. 底盘　5. 封盖　6. 平整气缸　7. 平整压板　8. 小气室　9. 上热封头　10 下热封头　11. 真空泵　12. 连杆　13. 扇齿轮　1F、2F、3F、4F 电磁控制阀

转子式真空泵一般用于排气量为 500L/min 以上的真空包装机上，而旋转片式真空泵通常用于最小排气量为 300L/min 的包装机。各类真空包装机需用真空泵的容量：小型真空包装机为 300～500L/min，　中型真空包装机为 500～2500L/min，大型真空包装机为 2000～4000L/min。真空泵必须采用真空润滑油进行润滑，否则将严重影响真空泵的性能和使用寿命。

五、高压蒸煮袋包装设备

将装好料（如米饭、肉食品等）、封好口的复合薄膜袋，置于120℃的高温高压蒸汽杀菌设备内处理，这种操作方法称为高压蒸煮袋包装，它可以长期贮存，起到和金属罐头容器同样的作用。因为它是用软包装材料包装食品，所以又称为“软罐”。与金属容器相比，具有下列优点：比金属罐头包装大约减少1/4的包装体积，减少生产车间的包装面积，软罐的质量轻、体积小，抗腐蚀性能好，便于携带，各类生、熟食品和熏烤制品都可以用它包装。特别是军用食品和太空食品的包装，更能显示出它的优越性。制作高压蒸煮袋的复合薄膜要求能耐高温，以便能进行短时杀菌。

图2–27所示是高压蒸煮袋包装的操作过程和采用的成套机械设备。它是一条用铝箔复合薄膜袋高速装袋的生产线，生产能力为每分钟120～160袋。先将制好的复合薄膜空袋存放在空袋箱1中，经输送装置2将其送到回转式装料机3上装填食品，在4的位置，由手工将空袋排列整齐，自动地送到活塞式液体装料机5灌装汤汁，再送到蒸汽汽化装置6进行排气，到热封装置7对复合薄膜袋进行封口，然后到冷却装置8使其封口并马上冷却，再由输送器9将袋送到堆盘10上整齐排列，由杀菌车11送到杀菌锅13内进行高压消毒灭菌。杀菌锅的门上有快速开门装置，由控制台16显示和操作。灭菌后的“软罐”仍由灭菌车推动到卸货架14上，由输送器17使其穿过一个热空气干燥器15或者在简单的烘箱内进行干燥处理。干燥后的高压蒸煮袋由输送器17送到装箱机包装入箱。生产过程中蒸煮袋容易破损，应注意装袋，封口，蒸煮合装箱等各个环节，以尽量防止袋子破损现象发生。

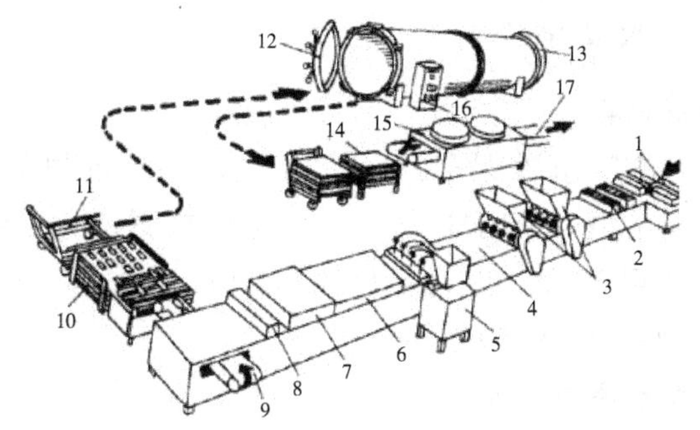

图 2-27　高压蒸煮袋包装的操作过程和采用的成套机械设备

1. 空袋箱　2. 空带输送装置　3.　回转式装料袋　4. 手工排列装置　5. 活塞式液体装料机　6. 蒸气汽化装置　7. 热封装置　8. 冷却装置　9. 输送器　10. 堆盘　11. 杀菌车　12.　杀菌锅门　13. 杀菌锅　14. 卸货架　15. 干燥器　16. 控制　17. 输送器

第八节　肉制品加工设备举例

一、蒸煮香肠加工设备举例

蒸煮香肠加工有两条工艺路线，现以斩拌工艺为例，列出 3000kg/8h 产量生产线所需设备。每种设备提供 1 ～ 3 个厂家生产的设备，只需选用一个厂生产的设备，请参考使用。

（一）蒸煮香肠设备流程

解冻设备→绞肉设备→斩拌设备→灌肠设备→打卡设备→蒸煮、烟熏设备→切片设备→包装设备

（二）主要设备

1. 解冻设备

设备名称：解冻架车（五层）；生产厂：杭州艾博科技工程有限公司；型号：BRJ–V–5；解冻肉放置能力：约 350kg/每架车；洗用台数：10 台；材质：N304 不锈钢；外形尺寸：1500mm × 800mm × 1590mm。

2. 绞肉机选型举例

表 2–4　绞肉机选型举例

设备名称	绞肉机	绞肉机
生产厂家	杭州艾博科技工程有限公司	天津市盛昌食品机械厂
设备型号	BJRJ– Ⅱ	D140
生产能力 (t/h)	1.2 ~ 1.5(鲜肉)	1.2 ~ 1.5(鲜肉)
绞肉细度 (mm)	Φ4 ~ 16(二板一刀)	3.5 ~ 5（二板二刀），7（二板一刀）
电机功率 (kW)	6.5/8	11
需用台数	2	1
外形尺寸 (mm)	1145 × 704 × 1330	1125 × 700 × 1150

另外，天津市盛昌食品机械厂还有可绞冻肉的绞肉 D250A，冻肉绞肉能力 2 ～ 3t/h；丹麦 Wolfking 公司的普通绞肉机 Windelwolf 40，绞肉能力 1 ～ 4t/h，也可参考选用。可绞冻肉的肉机，可以节省解冻时间，提高功率，保证绞肉的卫生质量，但价格高，能源消耗大，如天津盛昌的 D250A 绞肉机，电机功率高达 37kW。

3. 斩拌机

表 2-5　斩拌机选型举例

设备名称	斩拌机	斩拌机
生产厂家	天津肉联浦英食品机械厂	奥地利拉斯卡公司(Laska)
设备型号	200L(新型)	K330
需用台数	2	1
刀组与料盘间距(mm)	1	0.5
刀轴速度(r/min)	500/1500/3000	500/3500/4500
电机功率(kW)	49	112
外形尺寸(mm)	2000×1700×1500	3750×3000×1920
总重量(kg)	4600	4600
其他	有防噪声盖	有防噪声盖

4. 连续真空灌肠机

我国肉类加工厂使用的连续真空灌肠机，几乎都是来自德国的汉德曼、威玛格、福瑞，意大利的 RISCO。现介绍两种连续真空灌肠机技术参数(表 2-6)，一种是威玛格公司生产的双螺杆，一种是福瑞公司生产的叶片式真空灌肠机。最近我国河北省石家庄、辽宁省沈阳陆续生产出真空灌肠扭结机供应市场，也可根据生产需要选用。

表 2-6　真空灌肠机选型举例

设备名称	连续真空灌肠机	连续真空灌肠机
生产厂家	德国威玛格公司	德国福瑞公司
设备型号	ROBThp 10(双螺杆)	Kont 300(叶片式)

续表

设备名称	连续真空灌肠机	连续真空灌肠机
充填能力(直灌,kg/h)	7000	9000
分份重量(g)	5 ~ 60000	5 ~ 10000
分份速度(份/min)	25g：450；50g：410；100g：310；150 ~ 200g：215	25g：540；50g：500；100g：420；150g：300；200g：220
真空系统(m^3/h)	25	3025
肉斗容量(L)	350	3205
电机功率	三相，9.5kW	8.6kW
真空泵电机	三相，1.3kW	三相，1.1kW
外形尺寸(mm)	2525×1290×1940	2360×1255×2160
重量(kg)	1280	1240
附件	扭结装置	扭结装置
需用台数	2	2

5. 打卡机

我国肉类加工厂使用的打卡机，几乎也都是来自德国，主要为德国保利卡和德国铁诺帕克公司生产的，现介绍几种见表 2-7 和表 2-8。我国石家庄、沈阳也相继生产出自动打卡机和各种台式打卡机，可在确定其性能和使用产品后选用。

表 2-7　自动打卡机选型举例

设备名称	自动打卡机	自动打卡机
生产厂家	德国保利卡公司	德国铁诺帕克公司
设备型号	FCA3441	DCA – E200

续表

设备名称	自动打卡机	自动打卡机
卡型	长城卡	U 型卡
适应肠直径 (mm)	Φ65 以下	Φ25–75
卡槽容量	一卷	400 个 / 次
自动上线绳装置	有	有
需用台数	2	2
压缩空气压力 (kPa)	0.6 ~ 0.8	0.6
打卡速度 (节 /min)	最大 140	110

表 2–8　台式打卡机选型举例

设备名称	台式打卡机	台式拉伸打卡机
生产厂家	德国铁诺帕克公司	德国铁诺帕克公司
设备型号	TCN220T	PTN500
用途	适于口径在 120mm 以下肠的打卡，人造肠衣、天然肠衣均可，也适于段状肠衣预打卡。卡钉为 E210、E220、E230、E240	可快捷地拉伸和封全肉制品肠衣用于口径 180mm 以内的圆形蒸煮火腿、培根火鸡及鸡肉制品，适用于 E510、E520、E530、E5
材质	机壳铸铝，其他部位为不锈钢或防锈材料	全不锈钢制作
压缩空气 (MPa)	0.6	0.6
耗气量	3L/ 每次行程	3t/ 每次行程
装卡槽	可容约 250 个 U 型卡	可容约 250 个 U 型卡
使用台数	2	2
其他	净重 13kg，外形尺寸 450mm × 200mm × 800mm	带切割装置

6. 蒸煮锅和烟熏炉

表 2-9 烟熏炉选型举例

设备名称	不锈钢可控温蒸煮锅	不锈钢可控温蒸煮锅
生产厂家	杭州艾普科技工程有限公司	沈阳东方食品机械厂
设备型号	BCST-II	BCST-II
能量	500kg/h	500kg/ 次
蒸气耗量	250kg/h	250kg/h
需要台数	2	2
外形尺寸	2650mm × 1400mm × 1452mm	2650mm × 1400mm × 1452mm
配套	相应的冷却水槽 2 台；相应的蒸煮吊篮；电动葫芦及滑轨	

表 2-10 烟熏炉设备选型举例

设备名称	烟熏炉	烟熏炉
生产厂家	天津盛昌机械厂	德国威玛格公司
设备型号	YX-1024	AERMAT 1 × 4
烟熏间容量	双门 4 台架车	单门 4 台架车
低压蒸汽	压力 2.2MPa；耗量 200kg/h	压力 0.1 ~ 0.2MPa；耗量 120kg/h
高压蒸汽	压力 0.6MPa；耗量～ 40kw/h	压力 0.6 ~ 1.0MPa；耗量 350kg/h
压缩空气	压力 0.5MPa	0.4MPa；用量 2.5m³/h
自来水	压力 0.2MPa；进水管 Dg10mm	0.3 ~ 0.4MPa；R 3/8
电源	10kW 380V	11.2kW 380V 50Hz
额定温度	烟熏间最高温度 100℃，最高干燥湿度 85℃，最高蒸煮温度 95℃	10 ~ 95℃，可附加系统使达到 140℃进行烘烤或焙烤

续表

设备名称	烟熏炉	烟熏炉
温控及时间控制	电脑控制	电脑 MICROMAT-C 型，可贮 99 个程序，F- 值蒸煮方式
外形尺寸	2989mm×3180mm×3140mm	
重量	4.3t	
需要台数	2	2

注意：烟熏炉功能：可烘干、蒸煮、加热、加色、烟熏，进口设备要求带15℃的送风设备，供冷熏用。

7. 切片机

表 2-11　切片机选型举例

设备名称	台式切片机	台式切片机
生产厂家	德国特莱富公司 TREIF	沈阳厚地实业
设备型号	A - CE	HFS - 280
生产能力	最大 400 片 /min(单刀)	42 次 /min
刀片直径 (mm)		Φ400
最大产品长度 (mm)	700	
产品最大截面 (mm)	200×240	
切割厚度 (mm)	0.5 ~ 70(单刀)，0.5 ~ 35(双刀)	0 ~ 25
电机功率 (kW)	2.5	1.1
需用台数	1	4
外形尺寸 (mm)	1840×990×1420	900×700×730
重量 (kg)	280	

8. 连续真空包装机

目前肉制品生产上应用较先进的连续真空包装机为迪西尤年、克维尼亚、莫迪维克三家公司生产的多种型号多种功能的拉伸连续真空封口机。近年来我国也推出国产的连续真空包装机。几种真空包装机技术参数如表 2–12 所示。

表 2–12　真空包装机选型举例

设备名称	连续真空包装机	连续真空包装机
生产厂家	迪西尤年	克维尼亚公司
设备型号	YAC2000E － 325	Tiromatcompact–420
能力		15 冲程 /min
上膜宽度 (mm)	301	410
下膜宽度 (mm)	321	420
最大步径 (mm)	340	500
拉伸深度 (mm)	最大 120	最大 120
装填工位长度 (mm)	665	
保护气体	可充	可充
横向分切	最大 2 行	2 行
压缩空气 (MPa)	0.2 ~ 1.0	
冷却水 (t/h)	200	200
需要台数	1	1

表 2–13　制冰机选型举例

设备名称	制冰机	制冰片机
生产厂家	—	—
设备型号	FM550	PB － 100
产冰能力	550kg/24h	90 ~ 100kg/h

续表

设备名称	制冰机	制冰片机
贮冰量 (kg)	210	
外形尺寸 (mm)	835 × 540 × 665	3000 × 2000 × 2000
功率	7/4 马力　220V	8.25kW
需水量 (L/h)	24	
冷却方式	风冷	水冷

二、火腿肠生产设备举例

火腿肠加工技术是从日本传入的，其主要加工设备，真空充结扎机是日本旭化成和吴羽化工株式会社的产品。火腿肠和低温蒸煮肠不同的地方是两种产品的肠衣和杀菌温度。现以100g/根，6000 ～ 9000kg/8h，例举火腿肠加工设备。只需选用一家的设备即可达到拟定产量。

（一）蒸煮香肠设备流程

解冻设备→绞肉设备→斩拌设备→真空充填结扎设备→杀菌设备

（二）主要设备

1. 解冻架

型号和生产厂家同蒸煮肠。需用台数为 25 台。

表 2-14　解冻架举例

设备名称	解冻架
生产厂家	嘉兴市艾迪尔机械制造有限公司
数量	25

2. 绞肉机

表 2–15 绞肉机举例

设备名称	绞肉机
生产厂家	天津市盛昌机械厂
设备型号	D250A 型绞肉机
螺杆(绞笼)转速	150r/min
电机功率	37kW
生产能力	2 ~ 3t/h(孔板Φ10mm),10 ~ 12t/h(孔板Φ12mm)
外形尺寸	500mm×400mm×(100 ~ 200)mm;(1250+40)mm×1150mm×1670mm

3. 斩拌机

表 2–16 斩拌机举例

设备名称	斩拌机
生产厂家	天津肉联浦英食品机械公司,诸城市新得利食品机械有限责任公司,天津创鑫机械,沈阳东方食品机械等
设备型号	200L 型带防噪声盖(新型)斩拌机或 1 台奥地利拉斯卡公司生产的 K330 型斩拌机

其他内容见蒸煮香肠生产设备例举中的斩拌机说明。

4. 真空充填结扎机

表 2–17 真空充填结扎机举例

设备名称	真空充填结扎机
生产厂家	日本旭化成株式会社生产的 ADP–SH/N2 型

续表

设备名称	真空充填结扎机
设备主要技术参数	安装尺寸 2300mm × 1130mm × 2570mm；充填管尺寸 Φ12 ~ 54mm(杀菌前)；充填长度 30 ~ 320mm(杀菌前)；充填速度 60、80、100 节 /min 或 (40)60、80 节 /min；充填泵型号双叶片或四叶片；生产能力 30kg/min；附件有印刷膜用光电装量、日期打印装置和剪袋装置；高频振荡器频率 40 ~ 44MHz，输出功率 40W；需用台数 4 ~ 5 台。与此设备相近的真空充填结扎机还有日本吴羽化工株式会社提供的 KAP 真空充填结扎机。该机系全不锈钢结构，更换肠衣更加方便。最近该公司又推出一种新型 KAP 真空充填结扎机，充填结扎速度达到 200 节 /min

同时我国航天工业部火箭研究院下属公司推出了两种型号的自动充填结扎机，其中 WJ-100 型自动充填结扎机，是在日本机型基础上进行改进，用双挤空方式挤空结扎处，因而可充填肉块。还有北京航天东方高科技发展有限公司 ZAP-3000 型高速结扎机每分钟 240 根，超高速，高性能操作方便、省人、省电成本低。从普通火腿肠，鸡肉肠，鱼肉肠。

5. 杀菌釜

周口市食品包装机械厂生产的两种杀菌釜技术参数见表 2-14。由于在火腿肠杀菌过程中很容易产生破袋，因而要求在杀菌过程中使用热水杀菌，杀菌加热过程和杀菌后的冷却过程，均需使杀菌釜内压力达到（0.15 ~ 0.2）MPa。当杀菌锅内物料温度到 40℃时，方可逐步减小釜内压力，开启釜门。

表 2-18 杀菌釜选型举例

设备名称	杀菌釜	全自动淋水式杀菌釜
生产厂家	周口市食品包装机械厂	周口市食品包装机械厂
设备型号	GT7C5	GT7C19H
热水罐		工作压力 0.4MPa；设计压力 0.6MPa；最高工作温度 145℃；设计温度 150℃；容积 3.6m³
配合	① 860mm × 1013mm × 905mm 不锈钢笼车 ② 3m³ 热水箱置车间外 ③热水泵，冷水泵 ④ 2V0.6/10 空压机 ⑤ 1m³ 空气贮罐	① 860mm × 1013mm × 905rmn 不锈钢笼车
控制和操作	手动操作	①电脑程控和手动控制 ②电气控制和手动控制
电机功率	未计热水泵和冷水泵电机	18kW
外形尺寸		5750mm × 1800mm × 3800mm
需用台数	2 ~ 3 台	2 台

三、中型肉制品企业设备配套举例

（一）蒸煮香肠设备流程

冻肉切块设备→绞肉设备→搅拌设备→盐水注射机→真空滚揉机→斩拌机→冰片机→真空定量灌装自动扭结机→打卡设备→蒸煮、烟熏设备→真空包装设备→杀菌设备

（二）主要设备

表 3-19 中型肉制品企业设备配套清单

序号	名称	功率	生产能力	规格型号	数量
1	瑞邦机械冻肉切块机	4kW	500kg/h	RDQ–500 1400×750×1400mm	1
2	绞肉机	5.5kW	500kg/h	JR–500/JR–1500 680 ×500×1020 mm	1
3	搅拌机	5.5kW	500kg/h	JB–500 1395×900×1450	1
4	盐水注射机	4.6kW	500kg/h	YZ–72 1300×1300×1845	1
5	真空滚揉机	5kW	1200L	GB–1200–1 2010×1590×1865	1
6	斩拌机	12kW	80L	ZB–80 2100×1400×1650	1
7	冰片机	3.55kW	60kg/h	BPC25L 1200×800×1000	1
9	真空定量灌装自动扭结机	5.5kW	1000kg/h	ZYG–300 1500×1400×2000	1
10	定量灌装自动双卡机（附件：空气压缩机）	575L/min	30 根 /min	ZYD–60 1800×640×1400	1
11	电脑自动蒸熏炉	10kW	500kg/h	QZX–500 2400×1510×2600	1
12	连续真空包装机	2.5kW	2 ～ 5 次 /min	2230*1200*880	1
13	真空包装机	2.5kW	180（次 /h）	DZ–600 1400×750×960	2

续表

序号	名称	功率	生产能力	规格型号	数量
14	不锈钢气垫密封卧式杀菌锅	0.25MPa	300kg/ 次	1000 型	1
15	方便小车		100kg	650×500×400	2
16	挂肠车		250kg/ 车	1000×1000×1980	4
17	标准肉车		200kg/ 车	RC−200−1 630×640×710	4
18	火腿模具		1.0kg,	外形尺寸不等	200
19	分割肉案板			2400×1200×800	2
20	灌肠工作台			2000×950×800	2
21	不锈钢货架			3000×850×1800	2
22	鱼肉采肉机	1kW	300kg/h	YCR−300 800×450×1500	1
23	精滤机	1.5kW	300kg/h	YJL−300 1000×600×1100	1
24	肉丸成型机	1.1kW	300kg/h	YJL−300 1000×600×1100	1
25	全不锈钢台秤			称量范围：30kg 显示分度值：1/2g	4
26	系列电子计数秤			显示分度值：0.1/0.2/0.5/1g	4
27	JZF2F7.0 氟里昂压缩机冷凝机组	4kW	制冷量为 9.3kW	S6F−30.2 鼓风式冷冻机（电机为 YZL112M−4 型 4KW 电机）	2

根据该设备清单可以配套出中型肉制品加工厂的设备生产线，从序号 15−27 为工作器具配套生产设备，可供参考。

第三章

原辅料及包装材料

第一节　原料肉

一、原料肉类型

不同的原料肉及原料肉不同组成，可用于不同类型香肠生产，从而使产品具有各自特点。掌握原料肉中蛋白质、脂肪、水分、胶原蛋白、色素物质含量以及原料肉持水性、黏着性，对于合理选用加工条件以及进行配方设计具有很大指导作用。

原料肉中蛋白质与水分比及脂肪与瘦肉比是十分重要参数，涉及产品保水性、质构、色泽和乳化特点。充足的盐溶性蛋白质含量和溶出量，尤其是肌球蛋白含量和溶出量对香肠均相乳化凝胶体的形成具有重要作用。通常用黏着性表示肉所具有的乳化脂肪和保持水分能力，也泛指使瘦肉粒黏合在一起能力。黏着性高，产品黏弹性、切片性、质构均匀性及产品得率高。骨骼肌具有良好的黏着性，随着脂肪含量升高，黏着性不断下降。牛骨骼肌具有很好的黏着性，头肉、颊肉和猪瘦肉及其碎肉具有中等黏着性，脂肪含量高的肉、非骨骼肌肉及一般猪肉边角料、牛肉边角料、牛胸肉、横膈膜肌等的黏着性很低。另外，动物内脏组织虽然具有一定的营养价值，但几乎没有黏着性，在香肠加工中通常用做填充肉而酌情选用。

原料肉预处理过程对产品质量也有影响。用僵直之前热鲜肉加工的香肠与用成熟后肉加工的香肠相比，具有较高硬度和多汁感，但包装产品水分流失较大，产品滋味和香味较差。利用冷冻之后原料，尤其是用冷冻时间较长原料加工香肠，则产品风味差、持水性差、得率低，并且产品色泽发暗。此外，原料肉的微生物学特性不仅影响产品的卫生品质，对食用品质和营养品质也具有很大影响。

（一）猪肉类

1. 猪的经济类型

猪的品种有 100 多种，按其经济类型可分为脂用型、肉用型、腌卤型（加工型）三种。

（1）脂用型　这类猪的胴体脂肪含量较多。但因人们对脂肪需求的下降，其销路不好，另外，在肉类加工中，肥膘越多，肉的利用率越低，成本越高，越缺乏竞争力。这类品种猪有东北猪，新金猪和哈白猪。

（2）肉用型　肉用型猪介于脂用型猪和加工型中间，肥育期不沉积过多的脂肪，瘦肉多，肥膘少，无论是消费者、销售者或肉品加工厂都乐于选用。这类品种如丹麦长白猪、改良的约克夏猪和金华猪。

（3）加工型　这类猪与前两者相比，肥肉更少，瘦肉更多，可利用于加工肉制品的肉更多，是肉制品加工厂首选猪种。从丹麦引进的兰德瑞斯猪，其身躯长，身体匀称，臀部丰满，肥肉少，瘦肉多，用于加工的肉比例高，且生长快，繁殖率高，是一种较理想的加工型猪。

2. 我国地方猪种类型

我国幅原辽阔，各地区农业生产条件和耕作制作的差异，以及社会经济条件的不同，为猪种的形成提供了不同条件，经过长期的选育形成了许多优良猪种。根据猪种的起源、生产性能的外形特点，结合当地的自然环境、农业生产和饲养条件，将我国的猪种大致分为以下六个类型。

(1) 华北型　华北型猪分布最广，主要在淮河、秦岭以北，包含东北、华北和内蒙古自治区，以及陕西、湖北、安徽、江苏等四省的北部地区。特点是体质健壮，骨骼发达，体躯较大。一般膘不厚，但板油较多，瘦肉量大，肉味香浓，近年来，由于大型华北猪成熟慢，饲料消耗大，已逐渐趋于减少。

(2)华南型　华南型猪主要分布在云南省的西南和南部边缘，广西壮族自治区，广东省的偏南大部分地区以及福建省的东南，一般体躯较短、矮、宽、圆、肥。早期生长发育快，肥育脂化早，早期易肥。肉质细致，体重 75 ～ 90kg，屠宰率平均可达 70%，肥膘 4 ～ 6cm。

(3) 华中型　华中型猪分布于长江和珠江三角洲间的广大地区。体形基本与华南型猪相似，体质较疏松，背较宽，骨骼较细，体躯较华南型猪大，额部多有横纹，皮毛疏松，肉质细致，生长较快，成熟早，如浙江金华猪、广东大白花猪、湖南的宁乡猪和湖北的蓝利猪。

(4) 江海型　江海型猪又称华北、华中过渡型猪，主要分布于汉水和长江中下游。外形特征介于华北、华中型之间，经济成熟，小型 6 个月可达 60kg 以上，大型可达 100kg，屠宰率达 70%左右。如太湖流域的太湖猪、浙江虹桥猪、上海的枫泾猪等均属这一类型。

(5) 西南型　西南型猪主要分布在云贵高原和四川盆地。猪种体质外形基本相同，腿较粗短，额部多旋毛或横行皱纹，毛以全黑的和“大白”的较多。

(6) 高原型　高原型猪主要分布于青藏高原，体型小，紧凑，四肢发达，皮较厚，毛密长，鬃毛发达而且富有弹性。

3. 几种肉用型猪杂交利用品种

(1) 大白猪(大约克夏猪)作父本　用大白猪作父本与太湖

猪进行两品种杂交。

（2）长白猪（兰德瑞斯猪）作父本　用长白猪作父本进行两品种或三品种杂交，一代杂种猪，在良好的饲养条件下，可得到较高的生长速度、较好的饲料利用率和较多的瘦肉。例如长白猪与嘉兴黑猪或东北民猪杂交，一代杂种猪肥育期日增重可达600g以上，胴体瘦肉率47%～50%；长白猪与北京黑猪杂交，一代杂种猪日增重600g以上，胴体瘦率50%～55%；长白猪与约×金（约克夏公猪配金华母猪杂种母猪杂交）杂种母猪杂交，其杂种猪胴体瘦肉率58%。

（3）杜洛克猪作父本　用杜洛克猪作父本与地方猪种进行两品种杂交，一代杂种猪日增重500～600g，胴体瘦肉率50%左右。用杜洛克作父本与培育猪种进行两品种交或三品种杂交，其杂种猪日增重600g以上，胴体瘦肉率56%～62%。例如，杜洛克与荣昌猪杂交，一代杂种猪胴体瘦肉率50%左右；与上海白猪杂交，一代杂种猪胴体瘦肉率60%。

（4）汉普夏猪作父本　汉普夏猪与长×本（长自公猪配本地母猪）杂种母猪杂交，其杂种猪体重在20～90kg阶段，饲养期需110～116天，日增重6009以上，胴体瘦肉率50%以上。

（5）三江白猪作父本或母本　三江白猪与哈白、苏白和大约克夏等猪正反杂交，在日增重方面均呈现杂种优势。

（6）湖北白猪作母本　用杜洛克猪、汉普夏猪、大约克夏猪、长白猪作父本，分别与湖北白母猪杂交，其一代杂种猪体重在20～90kg阶段，日增重分别为611g、605g、596g、546g，每千克增重耗配合饲料分别为3.41kg、3.45kg、3.48kg、3.42kg，胴体瘦肉率分别为64%、63%、62%、61%。

（7）浙江中白猪作母本　以杜洛克猪作父本，浙江中白猪作母本进行杂交，其一代杂种猪175日龄体重达90kg，在20～90kg体重阶段，平均日增重700g，每1kg增重耗配合饲料 3.3 kg 以上，胴体瘦肉率 61.5%。

4．我国培育猪种

（1）新淮猪

育成于江苏省淮阴地区，主要分布在江舒省淮阳和淮河下游地区。它具有适应性强、产仔数较多、生长发育较快、杂交效果较好等特点，以青绿饲料为主，搭配少量配合饲料的饲养条件下，饲料利用率较高。

①外貌特征　头稍长，嘴平直微凹，耳中等大小，向前下方倾垂，背腰平直，腹稍大但不下垂，臀略斜，四肢健壮，被毛除体躯末端有少许白斑外，其他均呈黑色。成年公猪体重 230 ～ 250kg，体长 150 ～ 160cm；成年母猪体重 180 ～ 190kg，体长 140 ～ 145cm。

②生长肥育性能　从 2 月龄到 8 月龄，肥育猪日增重 490g，每千克增重消耗配合饲料 365kg、青饲料 2.47kg。肥育猪体重 90kg 时屠宰，屠宰率 71%，背膘厚 3.5cm，眼肌面积 25cm^2，腿臀占胴体重 25%。胴体瘦肉率 45%左右。

③繁殖性能　性成熟较早。公猪于 103 龄，体重 24kg 时即开始有性行为，母猪于 93 日龄，体重 21kg 时初次发情。初产仔数 10 头以上，成活仔数十头；3 胎以上经产母猪产仔数 13 头以上，成活仔数 11 头以上。

④杂交利用　在中等饲养水平下，用内江猪与新淮猪进行两品种杂交，其杂种猪 180 日龄体重达 90kg，60 ～ 180 日龄日增重 560g。用杜 × 二（杜洛克公猪配二花脸母猪）杂种公猪配新淮母猪，其三品种杂种猪日增重 590 ～ 700g，屠宰率 72%以上，腿臀比例 27%。

（2）湖北白猪

湖北白猪分布于湖北省武昌、汉口一带。为适应国内市场和外贸需要，于 1978 年开始培育，1986 年基本育成。

①外貌特征　被毛白色，头稍轻直、两耳前倾稍下垂，背腰平直，体躯较长。腿臀丰满，肢蹄结实，乳头6对。成年公猪体重250～300kg，母猪体重200～250kg。

②生长肥育性能　在良好饲养条件下，6月龄体重达90kg，20～90kg阶段日增600～650g，饲料利用率为3.5以下，90kg屠宰率为75%。眼肌面积为30～34cm^2，腿臀比例为33%，胴体瘦肉率55%～62%。

③繁殖性能　3月龄小公猪体重40千克时出现性行为。母猪初情期在3～3.5月龄，4～4.5月龄性成熟，7.5～8个月龄适宜配种，发情周期20天，发情持续期为3～5天。钢产仔猪平均95～10.5头、经产在12头以上。

④主要优缺点　该猪含有大白猪血统1/2，长白猪血统1/4、所以具有大白、长白猪品种特殊，生长发育快，省饲料，胴体品质好，瘦肉率高。其繁殖性能好于大白和大白，发情明显，不易漏配。湖北白猪是在夏季炎热地区培育而成的，具有耐热性，夏季容易饲养。

⑤杂交利用　用湖北白猪作母本，以杜洛克、汉普夏为父本，杂种猪20～90kg阶段日增重分别为600g、605g，饲料利用效率分别为3.41和3.45。胴体瘦肉率为64%和63%。

(3) 汉中白猪

培育于陕西省汉中地区，主要用苏白猪、巴克夏猪和汉江黑猪培育而成。现有种猪1万头左右，主要分布于汉中市、汉中县、南郑县和城固县等地。汉中白猪具有适应性强、生长较快、耐粗饲和胴体品质好等特点。

①外貌特征　头中等大，面微凹，耳中等大小，向上向外伸展。背腰平直，腿臀较丰满，四肢健壮。体质结实，结构匀称，被毛全白。成年公猪体重210～220kg，体长145～165cm；成年母猪体重145～190kg，体长140～150cm。

②生长肥育性能　体重 20 ～ 90kg 阶段，日增重 520g，每千克增重消耗配合词料 3.6kg。体重 90kg 居宰，屠宰率 71% ～ 73%，胴体瘦肉率 47%。

③繁殖性能　小公猪体重 40kg 左右时出现性行为，小母猪体重 35 ～ 40kg 时出现初情。公猪 10 月龄，体重 100kg；母猪 8 月龄，体重 90kg 时开始配种。母猪发情周期一般为 21 天，发情持续期，初产母猪 4 ～ 5 天，经产母猪 2 ～ 3 天。初产仔数平均 9.8 头，经产仔数 11.4 头。

④杂交利用　汉中白猪与荣昌猪进行正反杂交，其杂种猪日增重 610 ～ 690g，每千克增重消耗配合词料 3.12kg。体重 90kg 屠宰，屠宰率 70%以上。用杜洛克猪作父本与汉中白猪杂交、其杂种猪日增重 642g，瘦肉率 55%左右。

（4）浙江中白猪　主要分布于浙江省。

①外貌特征　全身白色，体型中等，头颈较轻，面部平直或微凹，耳中等大小呈前倾和稍下垂，背腰较长，腹线较平直，臀部肌肉丰满。

②生产肥育性能　190 日龄体重达 90kg，生长肥育期日增重 520 ～ 600g，90kg 屠宰时，屠宰率为 73%，胴体瘦肉率为 57%。

③繁殖性能　浙江中白猪初情期在 5.5 ～ 6 月龄，8 月龄适于配种，初产仔猪 9 头，经产 12 头左右。

④主要优缺点　浙江中白猪是由长白猪、大约克和金华猪杂交培育而成，具有长白猪和大约克的某些优良特性，胴体瘦肉率高，胴体品质好。体质健壮，繁殖 力高，这些又优于长白和大约克。该猪在气候炎热的浙江省培育而成，又含有本地金华猪血统，因此表现出耐高温、高湿气候环境的性能。

⑤杂交利用　浙江中白猪是生产瘦肉猪的优良母本，与杜洛克公猪交配，其杂交后代生长快，175 日龄达 90kg，体重在

20～90kg阶段，平均日增重达700g，饲料利用率在1∶3.3。90kg时屠宰，胴体瘦肉率为61.5%。

（5）上海白猪

主要由大约克猪、苏白猪和太湖猪培育而成，主要分布在上海市郊。特点是生长较快，产仔较多，适应性强，胴体瘦肉率较高。

①外貌特征　体型中等偏大，体质结实。头面平直或微凹，耳中等大小略向前倾。背宽，腹稍大，腿臀较丰满。全身被毛为白色。成年公猪体重250kg左右，体长167cm左右，母猪体重177kg左右，体长150cm左右。

②生长肥育性能　体重20～90kg阶段，日增重615.30g左右，每千克增重消耗配合饲料3.62kg。体重90kg屠宰，平均屠宰率70%，眼肌面积26 cm^2，腿臀比例27%，胴体瘦肉率52.5%。

③繁殖性能　公猪多在8～9月龄，体重100kg以上开始配种。母猪初情期为6～7月龄，发情周期19～23天，发情持续期2～3天。母猪多在8～9月龄配种。初产仔数9头左右。3胎以上产仔数11～13头。

④杂交利用　用杜洛克猪或大约克猪作父本与上海白猪杂交，杂种猪体重20～90kg阶段，日增重700～750g，每千克增重消耗配合饲料3.1～3.5kg克。杂种猪体重90kg，屠宰胴体瘦肉率60%以上。

（6）三江白猪

三江白猪是我国培育的第一个瘦肉型品种。1973年由红兴隆农管局农科所、东北农学院等单位，在黑龙江省红兴隆农场开始育种，1983年由农业部验收，现在主要分布在东北三江平原地区。

①外貌特征　三江白猪全身被毛白色，头轻嘴直，耳下垂，背腰平宽，腿臀丰满，四肢结实，蹄质坚实，具有瘦肉型

的体质结构，乳头7对，排列整齐，大小适中。成年公猪体重250～300kg。母猪体重200～250kg。

②生长肥育性能 生后6个月龄体重达90kg，平均口增重500g以上，饲料利用率为3.5。90kg体重屠宰，背膘厚3.25cm，腿臀比例为29.5%，胴体瘦肉率为58.6%，眼肌面积为29cm^2。

③繁殖性能 三江白猪性成熟早，4月龄时开始发情，发情明显，受胎率高。极少发生繁殖疾患。初产仔猪平均10.2头，经产一般13头。

④主要优缺点 二江白猪是我国高寒地区培育的品种，含有东北民猪血缘、比一般猪耐寒，胴体瘦肉率高。

⑤杂交利用 因为三江白猪是用长白猪和东北民猪杂交后培育成的品种，所以应尽量不再与长白猪和东北民猪杂交，以免影响杂交效果。可与苏白、哈白和大约克等猪进行正反交，效果都较好，呈现出杂种优势。以三江白猪为母本与杜洛克杂交，一代杂种日增重650g，饲料利用率为3.28。

（二）牛肉类

肉用牛主要品种黄牛，分布广，各省市自治区均有饲养，黄牛主要产区是内蒙古自治区和西北各省，近年来山东、河南也大量引进国外牛种进行饲养。我国肉用牛品种主要有：

1. 蒙古牛

蒙古牛是我国分布较广、头数最多的品种，原产于内蒙古兴安岭的东南两麓，主要分布在内蒙古自治区，以及华北北部、东北西部和西北一代的牧区和半农牧区。比较知名的品种有：

（1）乌珠穆沁牛 该种牛产于内蒙古锡林郭勒盟东西乌珠穆沁旗，特别是乌拉盖河流域的牛最好。乌牛的特点可概述为“五短一长”，即颈短、四肢短、身体长。牛的体形方正，体质结实，肌肉丰满，肉质肥嫩。

（2）三河牛　三河牛产于内蒙古呼伦贝尔盟北部、海拉尔及三河一带，它是该地区牛种多元杂交改良而成。三河牛体型宽大，耐寒，耐粗饲，觅食能力强，生长快，出肉率高。

2．华北型黄牛

华北型黄牛产于黄河流域的平原地区和东北部分地区，是肉用牛的主要品种，以肉质优良闻名中外。华北牛又可按不同产区和特点分为：

（1）秦川牛　秦川牛又称关中牛，主产秦岭以北、渭河流域的关中平原。秦川牛体躯高大结实，役用力强，肉用价值高。平均最大挽力，公牛 398kg，母牛 252kg；出肉率 53.65%（代骨），净肉率 45.03%。肉质细嫩，肌肉发达，前躯发育良好，公牛体重 650kg。这是我国培育的优良品种之一。

（2）南阳牛　南阳牛分布在河南省西南部山区，又有山地牛和平原牛两种；按体型大小可分高脚牛、矮脚牛、短角牛三种类型。南阳牛体型高大，结构坚实，肌肉丰满，肉质良好，易于育肥；出肉率 40%～45%；毛色多为黄、黄红、米黄、草白等；公牛体重 750kg，母牛 500kg。

（3）鲁西牛　鲁西牛原产于山东西部济宁、菏泽地区。除役用外还可以向国外出口。鲁西牛体躯高大而短，骨骼细、肌肉发达，具有肉牛的体型；皮毛以黄红色、淡黄色居多，草黄色次之，少数为黑褐色和杂色。鲁西牛耐粗饲，育肥性能好，肉质细嫩，肌纤维间脂肪沉积良好，呈美丽的大理石状。经育肥出肉率 55%，净肉率 45%。

3．华南型黄牛

华南型黄牛产于长江流域以南各省，皮毛以黑色居多，黄色较少，身躯较蒙古牛、华北牛小，而且越往西越小。华南型牛以浦东脚牛为最大，各部肌肉丰满，胸部特别发达，出肉率较高。

4．牦牛

牦牛又称藏牛，原产于西藏、青海、四川甘孜州、阿坝州和凉山州等，被誉为“高原之舟”。我国现有牦牛 1230 万头，占世界牦牛总数的 85%。牦牛是我国高寒牧区特有的牛种，大多属原始型，基本上无人通过育肥得到育肥的牦牛。牦牛因生长在高海拔缺氧情况下，其血红蛋白比普通黄牛高出 50%～100%，另外，蛋白质含量比一般牛肉高出 2%～3%，脂肪含量也较一般牛肉低，加之牦牛在无污染的雪域(海拔 3000～6000m)高原生长，无任何污染，牦牛肉也是一种很好的绿色食品。但牦牛肉肉质较粗，色泽暗红，给牦牛肉加工带来一定的困难。

（三）羊肉类

我国羊的品种有绵羊和山羊，绵羊多为皮、毛、肉兼用，经济价值较高，是我国羊的主要品种。1981 年我国羊的总产量为 18.773 万只，其中绵羊为 10.846 万只，占总数的 57.8%，余者为山羊。

绵羊的产区比较集中，主要产于西北和华北地区，新疆、内蒙古、青海、甘肃、西藏、河北六省区约占全国绵羊总头数的 75%。绵羊按其类型大致可分为四种：蒙古绵羊、西藏绵羊、哈萨克羊和改良种羊，其中以蒙古绵羊最多。原产于内蒙古自治区，现在分布全国各地。蒙古绵羊一般为白色，但多数在头部和四肢有黑色，所以又叫黑头羊。公羊有角，母羊无角，尾有多量脂肪，呈圆形而下垂，又叫肥尾羊。公羊体重 40～60 kg，母羊 25～45kg。肉质良好。

山羊多为肉皮兼用，适应性强，全国各省均有饲养。山羊有蒙古山羊、四川铜羊、沙毛山羊、青山羊。山羊主要分布在新疆、山西、河北、四川等省的山区和丘陵地带，平原农业区也有少量饲养。

（四）兔肉类

兔的品种很多，目前我国饲养量较多的肉兔品种有新西兰兔、日本大耳兔、加利福尼亚兔、青紫蓝兔等。兔肉营养丰富，每100g肉中含蛋白质19.7g、脂肪2.2g左右，为高蛋白、低脂肪肉类，适合肥胖病人和心血管病人食用。另外，对高血压病人来说，因兔肉的胆固醇含量很少，而卵磷脂却含量较多，具有较强的抑制血小板黏聚作用，可阻止血栓的形成，保护血管壁，从而起到预防动脉硬化的作用。卵磷脂是儿童和青少年时期大脑和其他器官发育所不可缺少的营养物质。

兔肉性凉味甘。有补中益气、止渴健脾、凉血解毒之功效。常用于羸弱、胃热呕吐、便血等。但脾胃虚寒者忌食。

（五）鸡肉类

养鸡业在农牧业生产中十分重要，肉用鸡生长快，饲喂的饲料少，出肉率高，占躯体重的80%左右，是肉制品加工重要原料。

肉用鸡的品种有山东九斤黄、江苏狼山鸡、上海浦东鸡、广东惠阳鸡、江西泰和鸡、福建禾田鸡、辽宁庄河鸡、云南武定鸡、成都黄鸡、峨眉黑鸡、兴文乌骨鸡等。从国外引进的鸡品种有白洛克鸡、罗斯鸡、澳大利亚黑鸡、新波罗鸡、洛岛红鸡、来杭鸡、星布罗鸡等。

（六）鸭肉类

鸭肉味美，营养丰富，是中国人最喜欢的肉食之一。鸭的优良品种有北京鸭、上海门鸭、绍兴麻鸭、高邮鸭、香鸭、樱桃谷鸭等。北京的北京烤鸭，南京的盐水鸭，成都的樟茶鸭、乐山的甜皮鸭、重庆白石驿板鸭都是人们乐意接受的鸭肉制品。

（七）鹅肉类

养鹅是我国农村重要的副业，也是人们获得肉类的重要来源。鹅虽不如鸭肉鲜美、细嫩，但鹅肉多且瘦，用于烤制和红烧，别有风味。香港烤仔鹅深受当地居民的欢迎，近来在国内经营这类产品的作坊也在不断增加。鹅类较有名的品种有广东狮头鹅、清远鹅，江苏太湖鹅，浙江东白鹅、灰鹅等。

二、原料肉分级

1. 猪肉分级

猪肉分级标准各国不同，我国基本上按肥膘定级。使用猪肉时可分为鲜躯体肉、冻躯体肉和冻分割肉，鉴定这些肉的规格等级依据如下：

（1）无皮鲜、冻片猪肉等级，分为三个等级：一级（脂肪厚度 1.0 ～ 2.5cm）、二级（脂肪厚度 1.0 ～ 3.0cm）、三级（脂肪厚度 >3.0cm）。分级依据是以鲜片猪肉第六、第七肋骨中间平行至第六胸椎棘突前下方除皮后的脂肪厚度为准。一般猪肉除规定脂肪层厚度外，还有其他质量要求。

（2）部位分割冻猪肉，按冻结后肉表层脂肪厚度分为三级：去骨前腿肉一级（表层脂肪最大厚度≤ 2.0cm）、二级（表层脂肪最大厚度 2.0 ～ 2.6cm）、三级（表层脂肪最大厚度 >2.6cm）。去骨后腿肉一级（表层脂肪最大厚度≤ 2.0cm）、二级（表层脂肪最大厚度 2.0 ～ 2.6cm）、三级（表层脂肪最大厚度 >2.6cm）。大排二级（表层脂肪最大厚度 2.0 ～ 2.6cm）、三级（表层脂肪最大厚度 >2.6cm）。带骨方肉二级（表层脂肪最大厚度 2.0 ～ 2.6cm）、三级（表层脂肪最大厚度 >2.6cm）。分部位分割冻猪肉除按上述脂肪层厚度鉴定等级外，还要看肉的部位。

2. 牛肉分级

牛躯体较大，一般分割为四分体。鲜四分体牛肉是宰后牛躯体经过晾或冷却后的牛肉。冻四分体，指经过冻结工艺过程的四分体带骨牛肉。四分体质量：一级≥ 40kg、二级≥ 30kg、三级≥ 25kg。

(1) 一级肉　肌肉发育良好，骨骼不外露，皮下脂肪由肩至臀部布满整个肉体，在大腿部位有不显著的肌膜露出，在肉的横断面上脂肪纹明显。

(2) 二级肉　肌肉发育完整，除脊椎骨、髋骨、坐骨节处外，其他部位略有突出现象，皮下脂肪层在肋和大腿部有显著肌膜露出，腰部切面上肌肉间可见脂肪纹。

(3) 三级肉　肌肉发育中等，脊椎骨、髋骨及坐骨结节稍有突出，由第八肋骨至臀部布满皮下脂肪，肌肉显出，颈、肩、胛、前肋部和后腿部均有面积不大的脂肪层。

(4) 四级肉　肌肉发育较差，脊椎骨突出，坐骨及髋骨结节明显突出，皮下脂肪只在坐骨结节、腰部和肋骨处有不大面积。

3. 羊肉分级

羊肉有山羊肉和绵羊肉两种。鲜冻躯体羊肉躯体质量：绵羊一级≥ 15kg、二级≥ 12kg、三级≥ 7kg，山羊一级≥ 12kg、二级≥ 10kg、三级≥ 5kg。

一级肉　肌肉发育良好，骨不突出，皮下脂肪密集地布满肉体，但肩颈部脂肪较薄，骨盆腔布满脂肪。

二级肉　肌肉发育良好，骨不突出，肩颈部稍有凸起，皮下脂肪密集地布满肉体，肩部无脂肪。

三级肉　肌肉发育尚好，只有肩部脊椎骨尖端凸起，皮下脂肪布满脊部，腰部及肋部脂肪不多，尾椎骨部及骨盆处没有脂肪。

四级肉　肌肉发育欠佳，骨骼显著突出，坐骨及髋骨结节明显突出，皮下脂肪只在坐骨结节、腰部和肋骨处有不大面积。

4. 兔肉分级

我国家兔肉分级，除根据肥度外，还根据重量。

(1) 一级肉　肌肉发育良好，脊椎骨尖不突出，肩部和臀部有条形脂肪，肾脏周围可有少数脂肪或无脂肪，每只净重不低于1kg。

(2) 二级肉　肌肉发育中等，脊椎骨尖稍突出，每只净重不低于0.5kg。

5. 鸡肉分级

(1) 一级肉　肌肉发育良好，胸骨不显著，皮下脂肪布满尾部和背部，胸部和两侧有条形脂肪。

(2) 二级肉　肌肉发育完整，胸骨尖稍显，尾部有如翅上的中断条形皮下脂肪。

(3) 三级肉　肌肉不甚发达，胸骨尖显露，仅尾部有如翅上的中断条形皮下脂肪。

6. 鸭肉分级

(1) 一级肉　肌肉发育良好，胸骨尖不显著，除腿和翅外，皮下脂肪布满全体，尾部脂肪显著。

(2) 二级肉　肌肉发育完整，胸骨尖稍显，除腿、翅和胸部外，皮下脂肪布满全体。

(3) 三级肉　肌肉不甚发达，胸骨尖露出，尾部的皮下脂肪不显著。

7. 鹅肉分级

(1) 一级肉　肌肉发育良好，胸骨尖不显著，除腿和翅外，皮下脂肪布满全体，尾部脂肪显著。

(2) 二级肉　肌肉发育完整，胸骨尖稍显，除腿、翅和胸部外，皮下脂肪布满全体。

(3) 三级肉　肌肉不甚发达，胸骨尖露出，尾部的皮下脂肪不显著。

三、原料肉选择

1. 选择要求

我国肉制品生产的原料主要是猪肉，其次是牛肉、羊肉、禽肉以及杂畜肉。肉制品用肉应符合如下基本要求：

(1) 原料必须经兽医卫生检验合格，符合肉制品加工卫生要求，不新鲜的肉和腐败肉禁止使用。并要求屠宰放血良好，刮毛干净或剥皮良好，摘净内脏，除去头、蹄、尾、生殖器官，修净伤斑。用牲畜的头、蹄、内脏加工肉制品时，也必须是质量完好，合乎卫生条件。

(2) 要按照产品特点、质量标准来选择原料，同时将原料肉按蛋白质、脂肪、水分含量分成等级，以利于设计各种肉制品的配方和预测最终产品的营养成分，并根据 pH 值优选原料肉，以保证制品的风味特点和规格质量。

(3) 要合理利用原料，做到既符合卫生条件和质量标准，又能充分发挥原料肉的使用价值和经济价值。

2. 各部位原料肉的合理利用

(1) 大排肌肉　大排肌肉在上海一带称大排骨，北京称通脊，还有称外脊。它是猪的腰背部。脊椎骨（俗称龙骨）上面附有一条圆而长的一块通脊肉，其上覆盖着一层较厚的肥膘。这块肉不仅是猪身上质地最嫩的肉，且全系瘦肉，质量最好。这块肉还可以加工灌制品、叉烧等，其脊背脂肪可加工成肥膘丁，用于灌制品。

(2) 后腿　后腿瘦肉多，肥肉和筋腱都比较少，它可加工成各种产品，是用途最广的原料，如制作西式熏腿、中式火腿、肉松、香肠、灌制品、肉干、肉脯等。

(3) 前腿（夹心）　前腿肉基本上是瘦肉，但切开肉体内层，带有夹层脂肪，筋膜含量较多。因此，前腿肉和后腿肉一样，可作为各种肉制品的原料。

(4) 方肉　方肉又称奶面、肋条。它是割去脊背大排骨后的一块方形肉块。这块方肉一层肥一层瘦，肥瘦相间，共有5层，俗称五花肉。中式酱汁肉、酱肉、走油肉以及西式培根等都是用方肉作为原料。

（5）奶脯　方肉下端是奶脯，没有瘦肉，肉质较差，不能作肉制品，只能熬油。

（6）颈肉　颈肉又名槽头肉。肥瘦难分，肉质差，可做肉馅原料和低档灌制品。

（7）蹄膀　前蹄膀又名前肘子，瘦肉多，皮厚，胶质重，为肴肉、扎蹄、酱肘子、走油蹄膀的原料。后蹄膀肥肉多，较前蹄膀大，用途同前蹄膀。

（8）脚爪　前脚爪，爪短而肥胖，比后脚爪好；后脚爪肉少，质较差。前后脚爪都可抽去蹄筋，成为一种珍贵肉制品的原料。牛、羊肉的分档规格和用途，基本上和猪肉相同。

3．原料肉pH值及PSE和DFD肉的应用

在肉制品加工中，原料肉的pH起着重要的作用，它直接影响着原料肉的保水性。产品中腌制剂的含量、风味和贮藏期，产品的柔嫩性和蒸煮损失取决于保水性。而保水性取决于pH，原料肉的pH在高于5.8时，则保水性较好。正常动物肌肉pH约为7.2，宰后24h后肌肉pH可降到5.8或更低。如果宰后45min肉的pH低于5.8，肉会变得多汁、苍白，风味和保水性差，这种肉称为PSE肉；相反，如果宰后24h，其pH仍高于6.2，肉会变成暗色，硬且易于腐败，这种肉称为DFD肉。在生产各类肉制品时，原料肉首先要按pH进行分类。同时，测定原料肉的pH还可以帮助我们确保原料肉质量，以便加工成高质量的肉制品。

（1）pH值　pH是影响原料肉及肉制品质量的重要因素，它对原料肉及肉制品的颜色、嫩度、风味、保水性和货架期都有一定的影响。pH是衡量原料肉质量好坏的一个重要标准。然而肉制品的质量在很大程度上又取决于原料肉的质量，所以 pH 是一个影响肉制品质量的决定性因素。

在肉制品加工中，原料肉的 pH 起着重要的作用，它直接影响着原料肉的保水性。产品中腌制剂的含量、风味和贮藏期，产品的柔嫩性和蒸煮损失取决于保水性，而保水性取决于 pH，原料肉的 pH 在高于 5.8 时，则保水性较好。pH 再增加，保水性将更好。

pH 较高的缺点是将使产品中的腌制剂含量减少。因此，在生产各类肉制品时，原料肉首先要按 pH 进行分类。同时，测定原料肉的 pH 还可以帮助我们确保原料肉的质量，以加工成高质量的肉制品。

pH 的测定方法有两种：一是用 pH 试纸；二是用带玻璃电极的 pH 仪。pH 试纸中显色物质最终所呈现的颜色决定于 pH。玻璃电极是依靠测定电极与参比电极之间的电位差测定 pH 的。

在原料肉及肉制品的质量鉴定方面，pH 的测定能为我们提供很有价值的信息，如果肉与肉制品的 pH 与正常值差别很大，其质量常常存在问题，甚至于腐败。相反，如果肉与肉制品的 pH 正常，其质量会达到相应指标，并且其良好的卫生状况及应有的货架期均可得到保证。

(2) PSE 肉（苍白、软质、汁液渗出肉） 这种现象以猪肉最为常见。其识别特征是肉色苍白，质地柔软，几乎软塌，表面渗水。出现这种情况的原因是糖元消耗迅速，致使猪宰杀后肉酸度迅速提高(pH 下降)。当胴体温度超过 30℃时，就使沉积在肌原纤维蛋白上的肌浆蛋白变质，从而降低其所带电荷及保水力。因此，肉品随肌纤维的收缩而丧失水分，使肉软化。又因肌纤维收缩，大部分射到肉表面的光线就被反射回来，使肉色非常苍白，即使有肌红蛋白色素含量也不起作用。

PSE 肉在蒸煮和熏烤过程中失重迅速，致使加工产量下降。

另外，PSE 肉的肌原纤维蛋白保水力低，这是因为肌原纤维蛋白被变质的肌浆蛋白所覆盖，其可溶性比正常肉中的蛋白要低。

在屠宰时，对应激敏感的猪往往会表现出 PSE 现象。这种易感性显然是有遗传性的。但如果外界环境太恶劣，所有猪都可不同程度地出现 PSE 现象。当猪受应激条件影响时，就往往消耗糖元，很快产生乳酸积存在组织中，而不像正常猪那样可通过循环系统排除。猪在宰前细心照料（休息），击晕恰当，并且宰后快速冷却以避免肌浆蛋白变质，可在一定程度上减轻 PSE 现象。

（3）DFD 肉（色深、质硬、干燥肉） 有时候肉的颜色会异常深。产生这种情况的原因是牲畜在宰杀前就已完全耗尽其能量（糖元），屠宰后就不再有正常能量可利用，使肌肉蛋白保留了大部分电荷和结合水，肌肉中含水分高使肌原纤维膨胀，从而吸收了大部分射到肉表面的光线，使肉呈现深色。

深色肉的质地“发黏”，由于 pH 较高，因而保水力较强。在腌制和蒸煮过程中水分损失也少，但盐分渗透受到限制，从而改善了微生物的生长条件，结果大大缩短了保存期。深色肉经常有未腌制色斑。牛肉和猪肉都会出现 DFD 现象。

应注意，DFD 肉切不可与成年畜肉或自然存在深色素的肉相混淆。

DFD 肉不适合生产块状膜制包装的火腿（在 2℃时、7 天之内发生腐烂）、小包装火腿（在 2℃、2 ～ 3 天之内变质）、生肠和腌制品，适合生产肉汁肠、火腿肠、烤肉和煎肉。

四、原料肉冷冻与解冻

1. 冷却肉

冷却主要用于肉的短时间保存。冷却肉无论是香味、外观和营养价值都很少变化，所以在短途运输中经常被采用。经过冷却的肉表面形成一层干膜，从而阻止微生物增长，可延长保存时间。

冷却肉加工方法是肉进库前库温应保持在－2℃，肉进库后库温维持在0℃左右。猪肉冷却时间为24h，肉在冷却库内应吊挂，肉片与肉片之间应保持3～5cm的距离，不能互相接触，更不能堆积在一起，否则接触处常有细菌生长而发黏，并有一种陈腐气味。由于库温在0℃左右容易生长霉菌，所以一般采用冷风机吹风，使库内保持干燥，防止霉菌滋生。冷却肉如不能及时加工利用，应移入冷藏间贮存。冷藏间温度为－3℃（传统方法为0～－1℃，国外有些专家认为－3℃优于－1℃），相对湿度应为85%～90%，保鲜期限最高可达50天（主要取决于屠宰加工的卫生情况，污染愈少的，保鲜期愈长）。

2．冻结肉

肉的冻结方法常用的有两种：即两步冻结法和一次冻结法。

（1）两步冻结法　两步冻结法的第一步是按上述方法将鲜肉冷却，再进行结冻。这种方法能保持肉的冷冻质量，鲜肉经过产酸，肉质较嫩而味道鲜美，但所需冷库空间较大，结冻时间较长。目前国内各肉联厂仍然采用这种方法，因为先经过冷却，肉的深部余热已经散发出来，这样可以减少后腿骨骼附近及肥厚部分因有一定温度而发生深部肌肉酸败，同时也能保证产品的嫩度和风味。

（2）一次冻结法　一次冻结法与前者不同的是，肉在结冻前无需经过冷却，但要经过4h晾肉，使肉内余热略有散发，并沥去表面水分。再将肉放进结冻间，吊挂在－23℃下冻结24h即成。用这种方法冻结的肉，可以减少水分蒸发，减少干耗，缩短结冻时间。

但在结冻时肉尸常会收缩变形，液汁流失较多。

3．冻肉解冻

用作加工的原料肉，以冷却肉和鲜肉为最好。但当鲜肉不能满足时，也需利用一部分冻肉。冻肉在加工之前，先经过解冻。

解冻就是冻肉中冰晶吸收热再融化的过程。解冻时肉温应徐徐上升，缓慢解冻，使溶解的组织液重新被细胞吸收，逐渐恢复至新鲜肉的原状和风味。高温解冻虽然速度较快，但溶化的组织液不能完全被细胞吸收而有所流失。解冻过程不仅外界环境、温度适合细菌生长，而且从肉中渗出的组织液含有丰富的营养成分，也为细菌提供了良好的繁殖条件。所以，解冻肉应立即加工，否则易发生腐败、变质。国内目前通用的解冻法是空气解冻法和流水浸泡解冻法。

（1）空气解冻法　将冻肉悬挂在肉架上，利用自然气候加强通风，任其自然解冻。有的加工单位设有专门的解冻间，可以调节温度、湿度和风量，并装有紫外线灯消毒。一般解冻间温度控制为 12 ～ 15℃，相对湿度为 50%～ 60%。解冻时间为 15 ～ 24h，当肉的深部温度达到 0℃时即可。此法优点是解冻后肉汁流失较少，有利于保持肉的质量；缺点是解冻时间长，肉的色泽较差。

（2）流水浸泡解冻法　流水浸泡解冻法是目前各肉制品加工厂普遍采用的解冻方法。将冻肉放入专用的泡肉池内，自来水由池底层注入，再由池面溢出。此方法所需设备简单，解冻快，用水省，成本低。但肉中可溶性营养素有所流失，且肉易被细菌污染，肉的色泽和质量均较差。但由于表面吸收水分可使总质量增加 2%～ 3%。

4. 冷冻肉出现异常现象及其处理

（1）发黏　发黏现象多见于冷却肉。其产生原因是由于吊挂冷却时肉尸互相接触，降温较慢，通风不好，招至明串珠菌、细球菌、无色杆菌或假单孢菌在接触处繁殖，并在肉表面形成黏液样物质，手触有黏滑感，甚至有黏丝，同时还发出一种陈腐气味。这种肉如发现较早，无腐败现象，在洗净风干后，发黏现象消失后，或者经修割后即可加工使用。

（2）异味　是腐败以外污染的气味，如鱼腥味、脏器味等。如异味较轻，修割后再经煮沸试验，试验无异味者，可作为肉制品原料。

（3）哈喇味　脂肪在受高温、空气、光照、潮湿、水分、微生物等作用后，发生水解和氧化，使其色泽变黄，气味刺鼻，滋味苦涩，一般仅在表层，修净后可供食用。有时在修去发黄的表层之后，下层仍有哈喇味，遇到这种情况，应修割至不显哈喇味为止。

（4）干枯　冻肉存放过久，特别是多次反复融冻，肉中水分丧失，干枯，严重者味同嚼蜡，形如木渣，营养价值低，已不宜做肉制品原料。

（5）发霉　霉菌在表面上生长，经常形成白点或黑点。小白点是由分枝孢霉菌所引起，抹去后不留痕迹，可以使用；小黑点是由芽枝霉菌所引起，一般不易抹去，有时侵入深部。如黑点不多，可修去黑点部分，其他如青霉、曲霉、刺枝霉、毛霉等也可以在肉表面生长，形成不同色泽的霉斑。使用前都要洗刷修割干净。

（6）深层腐败　深层腐败常见于股骨部肌肉，大多数是由厌氧芽孢菌引起的，有时也发现其他细菌，一般认为这些细菌是由肠道侵入的或放血时污染的，随血液转移至骨骼附近。由于骨膜结构疏松，为细菌特别是厌氧菌的繁殖扩散提供了条件。加以腿部肌肉丰厚，散热较慢，而使细菌得以繁殖形成腐败。这种腐败由于发生在深部，检验时不易发现。因此，必须注意屠宰加工中的卫生，宰后采取迅速冷却，可以减少这种变质现象。

（7）发光　在冷库中常见肉上有磷光，这是由一些发光杆菌引起的。肉上有发光现象时一般没有腐败菌生长，一旦有腐败菌生长磷光便消失。发光的肉经卫生清除后，可供使用。

（8）变色　肉的色泽变化除一部分由于生化作用外，常常是某些细菌所分泌的水溶性或脂溶性的黄、红、紫、绿、褐、黑等色素的结果。变色肉如无腐败现象，可进行卫生清除和修割后利用。

第二节　调味品

调味料是指为了改善肉食品风味、赋予食品特殊味感(咸、甜、酸、苦、鲜、麻、辣等)、使食品鲜美可口、增进食欲而添加食品中的天然或人工合成物质。主要作用是改善制品滋味和感官性质，提高制品质量。

一、咸味剂

咸味是许多食品基本味。咸味调味料是以氯化钠为主要呈味物质一类调味料的统称，又称咸味调味品。

1. 食盐

食盐素有“百味之王”美称，其主要成分是氯化钠。纯净的食盐，色泽洁白，呈透明或半透明状；晶粒一致，表面光滑而坚硬，晶粒间缝隙较少(按加工工艺分为原盐、复制盐2种，复制盐应洁白干燥，呈细粉末状)；具有正常的咸味，无苦味、涩味，无异嗅。

食盐具有调味、防腐保鲜、提高保水性和黏着性等重要作用。但高钠盐食品会导致高血压，新型食盐代用品有待深入研究与开发。

中国肉制品的食盐用量。腌腊制品6%～10%，酱卤制品3%～5%，灌肠制品2.5%～3.5%，油炸及干制品2%～3.5%，粉肚（香肚）制品3%～4%。同时根据季节不同，夏季用盐量比春、秋、冬季要适量增加0.5%～1.0%左右，以防肉制品变质，延长保存期。

2. 酱油

酱油是我国传统调味料，优质酱油咸味醇厚，香味浓郁。具有正常酿造酱油的色泽、气味和滋味，无不良气味。不得有酸、苦、涩等异味和霉味，不得浑浊，无沉淀，无异物，无霉花浮膜。富有营养价值、独特风味和色泽。酱油含有十几种复杂化合物，其成分为盐、多种氨基酸、有机酸、醇类、酯类、自然生成的色泽及水分等。

肉制品加工中选用的酿造酱油浓度不应低于 22 波美度（波美度（°Bé）是表示溶液浓度的一种方法。把波美比重计浸入所测溶液中，得到的度数就叫波美度），食盐含量不超过 18%。

酱油的作用：

(1) 赋味　酱油中所含食盐能起调味与防腐作用；所含的多种氨基酸（主要是谷氨酸）能增加肉制品的鲜味。

(2) 增色　添加酱油的肉制品多具有诱人的酱红色，是由酱色的着色作用和糖类与氨基酸的美拉德反应产生。

(3) 增香　酱油所含多种酯类、醇类具有特殊的酱香气味。

(4) 除腥腻　酱油中少量乙醇和乙酸等具有解除腥腻的作用。另外，在香肠等制品中酱油还有促进成熟发酵的良好作用。

3. 豆豉

豆豉（音 chǐ）是一种用黄豆或黑豆泡透蒸（煮）熟，发酵制成的食品，是我国传统发酵豆制品。

豆豉以黄豆或黑豆为原料，利用毛霉、曲霉或细菌蛋白酶分解豆类蛋白质，通过加盐、干燥等方法制成的具有特殊风味的酿造品。豆豉是中国四川、江南、湖南等地区常用的调味料。

豆豉作为调味品，在肉制品加工中主要起提鲜味、增香味的作用。豆豉除做调味和食用外，还是一味中药。

二、鲜味剂

鲜味剂是指能提高肉制品鲜美味的各种调料。鲜味物质广泛存在于各种动植物原料之中，其呈鲜味主要成分是各种酰胺、氨基酸、有机酸盐、弱酸等。

（1）味精　味精学名谷氨酸钠。味精为无色至白色柱状结晶或结晶性粉末，具特有的鲜味。味精易溶于水，无吸湿性，对光稳定，其水溶液加温也相当稳定，但谷氨酸钠高温易分解，酸性条件下鲜味降低。是食品烹调和肉制品加工中常用的鲜味剂。在肉品加工中，一般用量为0.02%～0.15%。除单独使用外，宜与肌苷酸钠和核糖核苷酸等核酸类鲜味剂配成复合调味料，以提高效果。

（2）肌苷酸钠　肌苷酸钠又叫5'–肌苷酸钠，肌苷磷酸钠，肌苷酸钠是白色或无色的结晶性粉末，性质比谷氨酸钠稳定，与L–谷氨酸钠合用对鲜味有相乘效应。肌苷酸钠鲜味是谷氨酸钠的10～20倍，一起使用，效果更佳。在肉中加0.01%～0.02%的肌苷酸钠，与之对应就要加1/20左右的谷氨酸钠。使用时，由于遇酶容易分解，所以添加酶活力强的物质时，应充分考虑之后再使用。

（3）鸟苷酸钠、胞苷酸钠和尿苷酸钠　这三种物质与肌苷酸钠一样是核酸关联物质，鸟苷酸钠是将酵母的核糖核酸进行酶分解。胞苷酸钠和尿苷酸钠也是将酵母的核酸进行酶分解后制成的。它们都是白色或无色的结晶或结晶性粉末。其中鸟苷酸钠是蘑菇香味的，由于它的香味很强，所以使用量为谷氨酸钠的1%～5%就足够。

（4）鱼露　鱼露又称鱼酱油，它是以海产小鱼为原料，用盐或盐水腌渍，经长期自然发酵，取其汁液滤清后而制成的一种咸鲜味调料。鱼露颜色为橙黄和棕色，透明澄清，有香味、带有鱼膻味、无异味为上乘质量。由于鱼露是以鱼类作为生产原料，所以营养十分丰富，蛋白质含量高，其呈味成分主要是呈鲜物质肌苷酸钠、鸟苷酸钠、谷氨酸钠、琥珀酸钠等；咸味是以食盐为主。鱼露在肉制品加工中的应用主要起增味、增香及提高风味的作用。

三、甜味剂

甜味剂是以蔗糖等糖类为呈味物质一类调味料的统称，又称甜味调味品。甜味调料肉制品加工中应用的甜味料主要是蔗糖、饴糖、红糖、冰糖、蜂蜜、葡萄糖，以及淀粉水解糖浆等。糖在肉制品加工中赋予甜味并具有矫味、去异味、保色、缓和成味、增鲜、增色作用。

（1）蔗糖　蔗糖是常用的天然甜味剂，甜度仅次于果糖。果糖、蔗糖、葡萄糖的甜度比为 4 ∶ 3 ∶ 2。肉制品中添加少量蔗糖可以改善产品的滋味，并能促进胶原蛋白的膨胀和疏松，使肉质松软、色调良好。蔗糖添加量在 0.5%～1.5%左右为宜。

（2）饴糖　饴糖主要是麦芽糖(50%)、葡萄糖(20%)和糊精(30%)混合而成。饴糖味甜柔爽口，有吸湿性和黏性。肉制品加工中常用作烧烤、酱卤和油炸制品的增色剂和甜味剂。饴糖以颜色鲜明、汁稠味浓、洁净不酸为上品。宜用缸盛装，注意存放在阴凉处，防止酸化。

（3）蜂蜜　蜂蜜是花蜜中蔗糖在转化酶作用下转化为葡萄糖和果糖，葡萄糖和果糖之比基本近似于 1 ∶ 1。蜂蜜是一种淡黄色或红黄色的黏性半透明糖浆，温度较低时有部分结晶而显混浊，黏稠度也加大。蜂蜜可以溶于水和酒精中，略带酸性。蜂蜜在肉制品加工中的应用主要起提高风味、增香、增色、增加光亮度及增加营养的作用。

（4）葡萄糖　葡萄糖甜度约为蔗糖的 65%～75%，其甜味有凉爽之感，适合食用。葡萄糖加热后逐渐变为褐色，温度在 170℃以上，则生成焦糖。葡萄糖在肉制品加工中的使用量一般为 0.3%～0.5%。葡萄糖若应用于发酵香肠制品，其用量为 0.5%～1.0%，因为它提供发酵细菌转化为乳酸所需要的碳源。在腌制肉中葡萄糖还有助发色和保色作用。

四、其他调味品

（1）醋　食醋是以谷类及麸皮等经过发酵酿造而成，含醋酸 3.5%以上，是肉和其他食品常用酸味料之一。醋可以促进食欲，帮助消化，亦有一定的防腐去膻腥作用。

（2）料酒　料酒是肉制品加工中广泛使用的调味料之一。有去腥增香、提味解腻、固色防腐等作用。

（3）调味肉类香精　调味肉类香精包括猪、牛、鸡、鹅、羊肉、火腿等各种肉味香精，系采用纯天然的肉类为原料，经过蛋白酶适当降解成小肽和氨基酸，加还原糖在适当的温度条件下发生美拉德反应，生成风味物质，经超临界萃取和微胶囊包埋或乳化调和等技术生产的粉状、水状、油状系列调味香精。如猪肉香精、牛肉香精等。可直接添加或混合到肉类原料中，使用方便，是日前肉类工业上常用的增香剂，尤其适用于高温肉制品和风味不足的西式低温肉制品。

第三节　香辛料

一、天然香辛调味料

天然香辛料是某些植物的果实、花、花蕾、皮、叶、茎、根。它们具有辛辣和芳香风味成分。它的作用是赋予产品特有的风味，抑制或矫正不良气味，增进食欲，促进消化。许多香辛料有抗菌防腐作用、抗氧化作用、同时还有特殊生理药理作用。常用的香辛料如下：

（1）大茴香　大茴香是木兰科植物八角茴香的果实，多数为八瓣，故又称八角，北方称大料，南方称唛头。八角果实含精油2.5%～5%，其中以茴香脑为主(80%～85%)。有独特浓烈的香气。鲜果绿色，成熟果为深紫色，暗而无光，干燥果为棕红色，并具有光泽。八角是酱卤肉制品必用的香料，有压腥去膻，增加肉的香味和防腐的作用。

（2）小茴香　小茴香别名茴香、香丝菜，为伞形科植物茴香的成熟果实，含精油3%～4%，主要成分为茴香脑和茴香醇，占50%～60%。果为卵状，长圆形，长4～8mm，具有5棱，有特异香气，全国各地普遍栽培。秋季采摘成熟果实，除去杂质，晒干。

小茴香在肉制品加工中是常用的香料，以粒大、饱满、色黄绿、鲜亮、无梗、无杂质为上品。是肉制品加工中常用的调香料，有增香调味、防腐除膻的作用。

（3）花椒　花椒为芸香科植物花椒的果实。花椒果皮含辛辣挥发油及花椒油香烃等，主要成分为柠檬烯、香茅醇、萜烯、丁香酚等，辣味主要是山椒素。在肉品加工中，整粒多供腌制肉制品及酱卤汁用；粉末多用于调味和配制五香粉。使用量一般为0.2%～0.3%。花椒不仅能赋予制品适宜的辛辣味，而且还有杀菌、抑菌等作用。

（4）肉蔻　豆蔻别名圆豆蔻、白豆蔻、紫蔻、十开蔻，为姜科植物肉豆蔻果实。肉蔻由肉豆蔻科植物肉蔻果肉干燥而成。肉蔻含精油5%～15%。皮和仁有特殊浓烈芳香气，味辛略带甜、苦味。豆蔻不仅有增香去腥的调味功能，亦有一定抗氧化作用。可用整粒或粉末，肉品加工中常用作卤汁、五香粉等调香料。

（5）桂皮　桂皮为樟科植物肉桂的树皮及茎部表皮经干燥而成。桂皮含精油1%～2.5%，主要成分为桂醛，约占80%～95%，另有甲基丁香酚、桂醇等。桂皮用作肉类烹饪用调味料，亦是卤汁、五香粉的主要原料之一，能使制品具有良好的香辛味，而且还具有重要的药用价值。

(6) 砂仁　砂仁为姜科植物砂仁的果实，一般除去黑果皮（不去果皮的叫苏砂）。砂仁含香精油 3%～4%，主要成分为龙脑、右旋樟脑、乙酸龙脑酯、芳梓醇等。具有樟脑油的芳香味。砂仁在肉制品加工中去异味，增加香味，使肉味鲜美可口。含有砂仁的制品，食之清香爽口，风味别致。

(7) 草果　为姜科植物草果的果实　草果又称草果仁、草果子。味辛辣，具特异香气，微苦。含有精油、苯酮等，可用整粒或粉末。在肉制品加工中具有增香、调味作用。

(8) 丁香　丁香为桃金娘科植物丁香干燥花蕾及果实，丁香富含挥发香精油，具有特殊的浓烈香味，兼有桂皮香味。丁香是肉品加工中常用的香料，对提高制品风味具有显著的效果，但丁香对亚硝酸盐有分解作用。在使用时应加以注意。

(9) 月桂叶　又名桂叶、香桂叶、香叶、天竺桂。月桂叶为樟科月桂树的叶子，含精油 1%～3%，主要成分为桉叶素，约占 40%～50%，此外，还有丁香酚等。有近似玉树油的清香香气，略有樟脑味，与食物共煮后香味浓郁。肉制品加工中常用作矫味剂、香料，用于原汁肉类罐头、卤汁、肉类、鱼类调味等。

(10) 鼠尾草　鼠尾草又叫山艾，是唇形科植物鼠尾草的叶子，约含精油 2.5%，其特殊香味主要成分为侧柏酮，此外有龙脑、鼠尾草素等。主要用于肉类制品，亦可作色拉调味料。

(11) 胡椒　胡椒为胡椒科植物胡椒的果实，有黑胡椒、白胡椒两种。胡椒的辛辣味成分主要是胡椒碱、佳味碱和少量的嘧啶。胡椒性辛温，味辣香，具有令人舒适的辛辣芳香，兼有除腥臭、防腐和抗氧化作用。在我国传统的香肠、酱卤、罐头及西式肉制品中广泛应用。

(12) 葱　葱别名大葱、葱白。为百合科植物葱的鳞茎及叶。

常用作调味料，具有一定的辛辣味，鳞茎长圆柱形，肉质鳞叶白色，叶圆柱形中空，含少量黏液。全国各地均有栽培，洗净去根鲜用。

在肉制品中添加葱，有增加香味，解除腥膻味，促进食欲，并有开胃消食以及杀菌发汗的功能。广泛用于酱制、红烧类产品，特别是生产酱肉制品时，更是必不可少的调料。

(13) 洋葱　洋葱又名葱头、玉葱、胡葱，为百合科植物洋葱的鳞茎。叶似大葱，浓绿色，管状长形，中空，叶鞘不断肥厚，即成鳞片，最后形成肥大的球状鳞茎。鳞茎呈圆球形、扁球形或其他形状即葱头。其味辛、辣、温，味强烈。洋葱皮色有红皮、黄皮和白皮之别。洋葱以鳞片肥厚、抱合紧密、没糖心、不抽芽、不变色、不冻者为佳。洋葱有独特的辛辣味，在肉制品中主要用来调味、增香，促进食欲等。

(14) 蒜　蒜为百合科植物大蒜的鳞茎，其主要成分是蒜素，即挥发性的二烯丙基硫化物，如丙基二硫化丙烯、二硫化二丙烯等。因其有强烈的刺激气味和特殊的蒜辣味，以及较强的杀菌能力，故有压腥去膻、增加肉制品蒜香味及刺激胃液分泌、促进食欲和杀菌的功效。

(15) 姜　姜属姜科植物姜的根茎，姜具有独特强烈的姜辣味和爽快风味。其辣味及芳香成分主要是姜油酮、姜烯酚和姜辣素及柠檬醛、姜醇等。具有去腥调味、促进食欲、开胃驱寒和减腻与解毒的功效。在肉品加工中常用于酱卤、红烧罐头等的调香料。

(16) 陈皮　陈皮为芸香科植物柑橘的果皮。在 10 ～ 11 月份成熟时采收剥下果皮晒干所得。中国栽培的柑橘品种甚多，其果皮均可做调味香料用。陈皮在肉制品生产中用于酱卤制品，可增加复合香味。

(17) 孜然　孜然又名藏茴香、安息茴香。为伞形科植物孜然的果实。果实有黄绿色与暗褐色之分，前者色泽新鲜，子粒饱满，具有独特的薄荷、水果状香味，还带有适口的苦味，咀嚼时有收敛作用。果实干燥后加工成粉末可用于肉制品的解腥。

（18）百里香 百里香别名麝香草，俗称山胡椒。为原形科百里香的全草。干草为绿褐色，有独特的叶臭和麻舌样口味，带甜味，芳香强烈。夏季枝叶茂盛时采收，洗净，剪去根部，切段，晒干。将茎直接干制或再加工成粉状，用水蒸气蒸馏可得1%～2%精炼油。全草含挥发油0.15%。挥发油中主要成分为香芹酚，有压腥去膻的作用。

（19）檀香 檀香别名白檀、白檀木，为檀香科植物檀香干燥心材。成品为长短不一的木层或碎块，表面黄棕色或淡黄橙色，质致密而坚重。檀香具有强烈的特异香气，且持久，味微苦。肉制品酱卤类加工中用作增加复合香味自香料。

（20）甘草 甘草别名甜草根、红苷草、粉草。为豆科植物甘草的根状茎及根。根状茎粗壮味甜，圆柱形，外皮红棕色或暗棕色。秋季采摘，除去残茎，按粗细分别晒干，以外皮紫褐紧密细致、质坚实而重者为上品。甘草中含6%～14%草甜素（即甘草酸）及少量甘草苷，被视为矫味剂。甘草在肉制占中常用作甜味剂。

（21）玫瑰 玫瑰为蔷薇科植物玫瑰的花蕾。以花朵大、瓣厚、色鲜艳、香气浓者为好。5～6月份采摘含苞未放的花蕾晒干。花含挥发油（玫瑰油），有极佳的香气。肉制品生产中常用作香料。也可磨成粉末掺入灌肠中，如玫瑰肠。

（22）姜黄 姜黄别名黄姜、毛姜黄、黄丝郁金，为姜科植物姜黄根状茎。根状茎粗短，圆柱形，分枝块状，丛聚呈指状或蛹状，芳香，断面鲜黄色，冬季或初春挖取根状茎洗净煮熟晒干或鲜时切片晒干。

姜黄中含有0.3%姜黄素及1%～5%的挥发油，姜黄素为一种植物色素，可做食品着色剂，挥发油含姜黄酮，二氢姜黄酮、姜烯、桉油精等。在肉制品加工中有着色和增添香味的作用。

(23) 芫荽子　芫荽子别名胡荽子、香荽子、香菜子。为伞形科植物芫荽的果实。夏季收获，晒干。芫荽子主要用以配咖喱粉，也有用作酱卤类香料。在维也纳香肠和法兰克福香肠加工中用作调味料。

其他常用的香辛料还有白芷、山萘等。传统肉制品加工过程中常用由多种香辛料（未粉碎）组成的料包经沸水熬煮出味或同原料肉一起加热使之入味。

二、天然混合香辛料

天然混合香辛料是将数种香辛料混合起来，使之具有特殊的混合香气。代表性品种有：咖喱粉、辣椒粉、五香粉。

(1) 咖喱粉　咖喱粉是一种混合香料。主要由香味为主的香味料、辣味为主的辣味料和色调为主的色香料三部分组成。一般混合比例是：香味料 40%，辣味料 20%，色香料 30%，其他 10%。具体做法并不局限于此，不断变换混合比例，可以制出各种独具风格的咖喱粉。通常是以姜黄、白胡椒、芫荽子、小茴香、桂皮、姜片、辣根、八角、花椒、芹菜子等研磨成粉状配制，称为咖喱粉。颜色为黄色，味香辣。肉制品中咖喱牛肉干、咖喱肉片、咖喱鸡等即以此做调味料。

(2) 五香粉　五香粉系由多种香辛料植物配制而成的混合香料。常用于中国菜，常用茴香、花椒、肉桂、丁香、陈皮五种原料混合制成，有很好的香味。其配方因地区不同而有所不同。

配方一：花椒 18%，桂皮 43%，小茴香 8%，陈皮 6%，干姜 5%，大茴香 20% 配成。

配方二：花椒、八角、茴香、桂皮各等量磨成粉配成。

配方三：阳春砂仁 100g，去皮草果 75g，八角 50g，花椒 50g，肉桂 50g，广陈皮 150g，白豆蔻 50g，除豆蔻砂仁外，均炒后磨粉混合而成。

（3）辣椒粉 辣椒粉主要成分是辣椒，另混有茴香、大蒜等，红色颗粒状，具有特殊辛辣味和芳香味。七味辣椒粉是一种日本风味的独特混合香辛料，由7种香辛料混合而成。它能增进食欲，帮助消化，是家庭辣味调味佳品。下面是七味辣椒粉两个配方。

配方一：辣椒50g，麻子3g，山椒15g，芥籽3g，陈皮13g，油菜籽3g，芝麻5g。

配方二：辣椒50g，芥籽3g，山椒15g，油菜籽3g，陈皮1g，绿紫菜2g，芝麻5g，紫苏子2g，麻子4g。

现代化肉制品则多用已配制好的混合性香料粉（五香粉、麻辣粉、咖喱粉等）直接添加到制品原料中；若混合性香料粉经过辐照，则细菌及其孢子数大大降低，制品货架寿命会大大延长；对于经注射腌制的肉块制品，需使用萃取性单一或混合液体香辛料。这种预制香辛料使用方便、卫生，是今后发展趋势。

三、提取香辛料

随着人民生活水平的不断提高，香辛料生产和加工技术得到进一步发展。现在的香辛料已经从过去单纯用粉末，逐渐走向提取香辛料精油、油树脂，即利用化学手段对挥发性精油成分和不挥发性精油成分进行抽提后调制而成。这样可将植物组织和其他夹杂物完全除去，既卫生又方便使用。

提取香辛料根据其性状可分为：液体香辛料、乳化香辛料和固体香辛料。

（1）液体香辛料 超临界提取的大蒜精油、生姜精油、姜油树脂、花椒精油、孜然精油、辣椒精油、大茴香精油、小茴香油树脂、丁香精油、黑胡椒精油、肉桂精油、十三香精油等产品均为提取的液体香辛料。

液体香辛料特点是有效成分浓度高，具有天然、纯正、持久的香气，头香好，纯度高，用量少，使用方便。

（2）乳化香辛料　乳化香辛料是把液体香辛料制成水包油型的香辛料。

（3）固体香辛料　固体香辛料是把水包油型乳液喷雾干燥后经被膜物质包埋而成的香辛料。

第四节　添加剂

添加剂是指食品在生产加工和贮藏过程中加入的少量物质。添加这些物质有助于食品品种多样化，改善其色、香、味、形，保持食品的新鲜度和质量，并满足加工工艺过程的需求。肉品加工中经常使用的添加剂有以下几种：

一、发色剂

（1）硝酸盐　硝酸盐是无色结晶或白色结晶粉末，易溶于水。将硝酸盐添加到肉制品中，硝酸盐在微生物作用下，最终生成 NO，后者与肌红蛋白生成稳定的亚硝基肌红蛋白络合物，使肉制品呈现鲜红色，因此把硝酸盐称为发色剂。

（2）亚硝酸钠　亚硝酸钠是白色或淡黄色结晶粉末，亚硝酸钠除了防止肉品腐败，提高保存性之外，还具有改善风味、稳定肉色的特殊功效，此功效比硝酸盐还要强，所以在腌制时与硝酸钾混合使用，能缩短腌制时间。亚硝酸盐用量要严格控制。2007年我国颁布的《食品添加剂使用卫生标准》(GB2760—2007) 中对硝酸钠和亚硝酸钠的使用量规定使用范围如下：肉类罐头，肉制品；最大使用量：硝酸钠 0.5g/kg，亚硝酸钠 0.15g/kg；最大残留量（以亚硝酸钠计）：肉类罐头不得超过 0.05g/kg；肉制品不得超过 0.03g/kg。

二、发色助剂

肉发色过程中亚硝酸被还原生成 NO。但是 NO 的生成量与肉的还原性有很大关系。为了使之达到理想的还原状态，常使用发色助剂。

（1）抗坏血酸、抗坏血酸钠　抗坏血酸即维生素 C，具有很强的还原作用，但是对热和重金属极不稳定，因此一般使用稳定性较高的钠盐，肉制品中的使用量为 0.02%～0.05%。

（2）异抗坏血酸、异抗坏血酸钠　异抗坏血酸是抗坏血酸的异构体，其性质与抗坏血酸相似，发色、防止褪色及防止亚硝胺形成的效果，几乎相同。

（3）烟酰胺　烟酰胺与抗坏血酸钠同时使用形成烟酰胺肌红蛋白，使肉呈红色，并有促进发色、防止褪色的作用。

三、着色剂

着色剂又称色素，可分为天然色素和人工合成色素两大类。中国允许使用的天然色素有：红曲米、姜黄素、虫胶色素、红花黄色素、叶绿素铜钠盐、β－胡萝卜素、红辣椒红素、甜菜红和糖色等。实际用于肉制品生产中以红曲米最为普遍。

食用合成色素是以煤焦油中分离出来的苯胺染料为原料而制成的，故又称煤焦油色素和苯胺色素，如胭脂红、柠檬黄等。食用合成色素大多对人体有害，其毒害作用主要有三类：使人中毒、致泻、引起癌症，所以使用时应按照 GB 应该尽量少用或不用。中国卫生部门规定：凡是肉类及其加工品都不能使用食用合成色素。

（1）人工着色剂（化学合成着色剂）　人工着色剂常用的有苋菜红、胭脂红、柠檬黄、日落黄、亮蓝等。人工着色剂在使用限量范围内使用是安全的，其色泽鲜艳、稳定性好，适于调色和复配。价格低廉是其优点，但安全性仍是问题。

（2）天然着色剂　天然着色剂是从植物、微生物、动物可食部分用物理方法提取精制而成。

天然着色剂的开发和应用是当今世界发展趋势，如在肉制品中应用愈来愈多的焦糖色素、红曲米、高粱红、栀子黄、姜黄色素等。天然着色剂一般价格较高，稳定性稍差，但比人工着色剂安全性高。

①红曲米　红曲米是以大米为原料，采用红曲霉液体深层发酵工艺和特定的提取技术生产的粉状纯天然食用色素，其工业产品具有色价高、色调纯正、光热稳定性强、pH 适应范围广、水溶性好，同时具一定的保健和防腐功效。肉制品中用量为 50 ～ 500mg/kg。

②高粱红　高粱红是以高粱壳为原料，采用生物加工和物理方法制成，有液体制品和固体粉末两种，属水溶性天然色素，对光、热稳定性好，抗氧化能力强，与天然红等水溶性天然色素调配可成紫色、橙色、黄绿色、棕色、咖啡色等多种色调。肉制品中使用量视需要而定。

③焦糖　焦糖又称酱色或糖色，外观是红褐色或黑褐色的液体，也有的呈固体状或粉末状。可以溶解于水以及乙醇中，但在大多数有机溶剂中不溶解。焦糖水溶液晶莹透明。溶解的焦糖有明显的焦味，但冲稀到常用水平则无味。焦糖的颜色不会因酸碱度的变化而发生变化，并且也不会因长期暴露在空气中受氧气的影响而改变颜色。焦糖在 150 ～ 200℃的高温下颜色稳定，是中国传统使用的色素之一。焦糖在肉制品加工中的应用主要是为了增色，补充色调，改善产品外观的作用。

四、防腐剂

防腐剂是对微生物具有杀灭、抑制或阻止生长作用的食品添加剂。作为肉制品中使用的防腐剂必须具备下列条件：对人体健康无害；不破坏肉制品本身的营养成分；在肉制品加工过程中本身能破坏而形成无害的分解物；不损害肉制品的色、香、味。目前《食品添加剂卫生标准》中允许在肉制品中使用的防腐剂有山梨酸及其钾盐、脱氢乙酸钠和乳酸链球菌素等。

防腐保鲜剂分化学防腐剂和天然保鲜剂，防腐保鲜剂经常与其他保鲜技术结合使用。

1. 化学防腐剂

化学防腐剂主要是各种有机酸及其盐类。肉类保鲜中使用的有机酸包括乙酸、甲酸、柠檬酸、乳酸及其钠盐、抗坏血酸、山梨酸及其钾盐、磷酸盐等。许多试验已经证明，这些酸单独或配合使用，对延长肉类货架期均有一定效果。其中使用最多的是乙酸、山梨酸及其盐，乳酸钠和磷酸盐。

(1)乙酸　1.5%的乙酸就有明显抑菌效果。在3%范围以内，因乙酸的抑菌作用，减缓了微生物的生长，避免了霉斑引起的肉色变黑变绿。当浓度超过3%时，对肉色有不良作用，这是由酸本身造成的。如采用3%乙酸加3%抗坏血酸处理时，由于抗坏血酸的护色作用，肉色可保持很好。

(2)乳酸钠　乳酸钠使用目前还很有限。美国农业部(USDA)规定最大使用量为4%。乳酸钠的防腐机理有两个：乳酸钠的添加可减低产品的水分活性；乳酸根离子对乳酸菌有抑制作用，从而阻止微生物的生长。目前，乳酸钠主要应用于禽肉的防腐。

(3) 山梨酸钾　山梨酸钾在肉制品中的应用很广。它能与微生物酶系统中的硫基结合，破坏许多重要酶系，达到抑制微生物增殖和防腐的目的。山梨酸钾在鲜肉保鲜中可单独使用，也可和磷酸盐、乙酸结合使用。

(4) 磷酸盐　磷酸盐作为品质改良剂发挥其防腐保鲜作用。磷酸盐可明显提高肉制品的保水性和黏着性，利用其螯合作用延缓制品的氧化酸败，增强防腐剂的抗菌效果。

2. 天然保鲜剂

天然保鲜剂一方面安全上有保证，另一方面更符合消费者的需要。目前国内外在这方面的研究十分活跃，天然保鲜剂是今后保鲜剂发展的趋势。

（1）茶多酚　主要成分是儿茶素及其衍生物，它们具有抑制氧化变质的性能。茶多酚对肉品防腐保鲜以三条途径发挥作用：抗脂质氧化、抑菌、除臭味物质。

（2）香辛料提取物　许多香辛料中如大蒜中的蒜辣素和蒜氨酸，肉豆蔻所含的肉豆蔻挥发油，肉桂中的挥发油以及丁香中的丁香油等，均具有良好的杀菌、抗菌作用。

（3）细菌素　应用细菌素如 Nisin 对肉类保鲜是一种新型的技术。Nisin 是由乳酸链球菌合成的一种多肽抗菌素，为窄谱抗菌剂。它只能杀死革兰氏阳性菌，对酵母、霉菌和革兰氏阴性菌无作用，Nisin 可有效阻止肉毒杆菌的芽孢萌发。它在保鲜中的重要价值在于它针对的细菌是食品。

五、保水剂

磷酸盐　已普遍地应用于肉制品中，以改善肉的保水性能。国家规定可用于肉制品的磷酸盐有三种：焦磷酸钠、三聚磷酸钠和六偏磷酸钠。它可以增加肉的保水性能，改善成品的鲜嫩度和黏结性，并提高出品率。

（1）焦磷酸钠　焦磷酸钠（1%水溶液 pH 为 10）为无色或白色结晶，溶于水，水中溶解度为 11%，因水温升高而增加溶解度。能与金属离子配合，使肌肉蛋白质的网状结构被破坏，包含在结构中可与水结合的极性基因被释放出来，因而持水性提高。同时焦磷酸盐与三聚磷酸盐有解离肌动球蛋白的特殊作用，最大使用量不超过 1g/kg。

（2）三聚磷酸钠　三聚磷酸钠（1%水溶液 pH 为 9.5）为白

色颗粒或粉末，易溶于水，有潮解性。在灌肠中使用，能使制成品形态完整、色泽美观、肉质柔嫩、切片性好。三聚磷酸钠在肠道不被吸收，至今尚未发现有不良副作用。最大使用量应控制在2g/kg以内。

(3) 六偏磷酸钠　六偏磷酸钠(1%水溶液pH为6.4)为玻璃状无定型固体(片状、纤维状或粉末)，无白色，易溶于水，有吸湿性，它的水溶液易与金属离子结合，有保水及促进蛋白质凝固作用。最大使用量为1g/kg。

各种磷酸盐可以单独使用，也可把几种磷酸盐按不同比例组成复合磷酸盐使用。实践证明，使用复合磷酸盐比单独使用一种磷酸盐效果要好。混合的比例不同,效果也不同。在肉品加工中，使用量一般为肉重的0.1%～0.4%，用量过大会导致产品风味恶化，组织粗糙，呈色不良。焦磷酸盐溶解性较差，因此在配制腌液时要先将磷酸盐溶解后再加入其他腌制料。由于多聚磷酸盐对金属容器有一定的腐蚀作用,所以使用设备应选用不锈钢材料。此外，使用磷酸盐可能使腌制肉制品表面出现结晶，这是焦磷酸钠形成的。预防结晶的出现可以通过减少焦磷酸钠的使用量。

六、增稠剂

增稠剂又称赋形剂、黏稠剂，具有改善和稳定肉制品物理性质或组织形态、丰富食用的触感和味感的作用。增稠剂按其来源大致可分为两类：一类是来自于含有多糖类的植物原料；另一类则是从蛋白质的动物及海藻类原料中制取的。增稠剂的种类很多，在肉制品加工中应用较多的值物性的增稠剂，如淀粉、琼脂、大豆蛋白等；动物性增稠剂，如明胶、禽蛋等。这些增稠剂的组成成分、性质、胶凝能力均有所差别，使用时应注意选择。

1. 淀粉

淀粉的种类很多,不同的淀粉会有不同作用,主要有以下几点。

(1) 提高黏结性　保证产品切片不松散。

(2) 增加稳定性　淀粉可作为赋形剂，使产品具有弹性。

(3) 乳化作用　淀粉可束缚脂肪，缓解脂肪带来的不良影响，改善口感、外观。

(4) 提高持水性　淀粉的糊化，吸收大量的水分，使产品柔嫩、多汁。

(5) 包埋作用　改性淀粉中的 β－环状糊精，具有包埋香气的作用，使香气持久。

(6)增强制品的感官性能，保持制品的鲜嫩，提高制品的滋味。

通常情况下，制作肉丸等肉糜制品时使用马铃薯淀粉，加工肉糜罐头时用玉米淀粉，制作肉丸等肉糜制品时用小麦淀粉。肉糜制品的淀粉用量视品种而不同，可在 5%～50% 的范围内，如午餐肉罐头中约加入 6%淀粉，炸肉丸中约加入 15%淀粉，粉肠约加入 50%淀粉。高档肉制品则用量很少，并且使用玉米淀粉。

2. 大豆分离蛋白

大豆分离蛋白是大豆蛋白经分离精制而得到的蛋白质，一般蛋白质含量在 90% 以上，由于其良好的持水性、乳化性、凝胶形成性以及低廉的价格，在肉制品加工中得到广泛的应用，其作用如下。

(1) 改善肉制品的组织结构　大豆分离蛋白添加后可以使肉制品内部组织细腻，结合性好，富有弹力，切片性好。在增加肉制品的鲜香味道的同时，保持产品原有的风味。

(2) 乳化作用　大豆分离蛋白是优质的乳化剂，可以提高脂肪的用量。

(3) 提高持水性　大豆分离蛋白具有良好的持水性，使产品更加柔嫩。

3. 酪蛋白

酪蛋白能与肉中的蛋白质结合形成凝胶，从而提高肉的保水性。在肉馅中添加 2%时，可提高保水率 10%；添加 4%时，可提高 16%。如与卵蛋白、血浆等并用效果更好。酪蛋白在形成稳定的凝胶时，可吸收自身重量 5～10 倍水分。用于肉制品时，可增加制品的黏着性和保水性，改进产品质量，提高出品率。

4．明胶

明胶是用动物的皮、骨、软骨、韧带、肌膜等富含胶原蛋白的组织，经部分水解后得到的高分子多肽的高聚合物。明胶的外观为白色或淡黄色，是一种半透明、微带光泽的薄片或粉粒，有特殊的臭味，类似肉汁。明胶受潮后极易被细菌分解，明胶不溶于冷水，但加水后则缓慢吸水膨胀软化，吸水量约为自身质量的 5～10 倍。明胶在热水中可以很快溶解，形成具有黏稠度的溶液，冷却后即凝结成固态状，成为胶状。明胶不溶于乙醇、乙醚、氯仿等有机溶剂，但可溶解于乙酸、甘油。明胶在水中的含量一般达到 5%左右，才能形成凝胶，明胶胶冻具有柔软性、富于弹性，口感柔软，胶冻的溶解与凝固温度约为 25～30℃。明胶形成的胶冻具有热可逆性，加热时熔化，冷却时凝固，这一特性在肉制品加工中常常有所应用，如制作水晶肴肉、水晶肚等常需用明胶可做出透明度高的产品。明胶在肉制品加工中的作用概括起来有以下四方面：营养、乳化、黏合保水、稳定、增稠、胶凝等作用。

5．琼脂

琼脂为多糖类物质，主要为聚半乳糖苷。琼脂为半透明白色至浅黄色薄膜带状或碎片、颗粒及粉末；无臭或略有特殊臭味；口感黏滑；表面皱缩、微有光泽、质轻软而韧、不易折，完全干燥品易碎；不溶于冷水，但是冷水中可吸水 20 倍而膨润软化，溶于沸水，冷却后 0.1%以下含量可成为黏稠液，0.5%即可形成坚实的凝胶，1%含量在 32～42℃时可凝固，该凝胶具有弹性；琼脂在开始凝胶时，凝胶强度随时间延长而增大，但完全凝固后因脱水收缩，凝胶强度也下降。琼脂凝胶坚固，可使产品有一定形状，但其组织粗糙、发脆、表面易收缩起皱。尽管琼脂耐热性较强，但是加热时间过长或在强酸性条件下也会导致胶凝能力消失。

6．卡拉胶

卡拉胶系半乳糖及脱水半乳糖组成的多糖类硫酸酯的钙、钾、钠、铵盐。卡拉胶为白色或淡褐色颗粒或粉末、无臭或微臭、无味或稍带海藻味。溶于80℃水，如用乙醇、甘油、饱和蔗糖水浸润则易分散于水中。卡拉胶与30倍水煮沸10min冷却即成胶体，与蛋白质反应起乳化作用，乳化液稳定。干品卡拉胶性质稳定，长期存放也不降解，在中、碱性溶液中稳定，其最适pH为9.0，此时即使加热也不水解。凝固强度比琼脂低，但透明度好。

卡拉胶作为增稠剂、乳化剂、调和剂、胶凝剂和稳定剂使用，《食品添加剂使用卫生标准》规定：卡拉胶可按生产需要适量用于各类食品。可与多种胶复配，如添加黄原胶可使卡拉胶凝胶更柔软、更黏稠、更具弹性；与魔芋胶相互作用形成一种具弹性的热可逆凝胶；在肉制品加工中，加入卡拉胶，可使产品产生脂肪样的口感，可用于生产高档、低脂的肉制品。

7．黄原胶

黄原胶是一种微生物多糖，由纤维素主链和三糖侧链构成。黄原胶可作为增稠剂、乳化剂、调和剂、稳定剂、悬浮剂和凝胶剂使用。《食品添加剂使用卫生标准》规定：在肉制品中最大使用量为2.0g/kg。在肉制品中起到稳定作用，结合水分、抑制脱水收缩。

使用黄原胶时应注意：制备黄原胶溶液时，如分散不充分，将出现结块。除充分搅拌外，可将其预先与其他材料混合，再边搅拌边加入水中。如仍分散困难，可加入与水混溶性溶剂如少量乙醇。黄原胶是一种阴离子多糖，能与其他阴离子型或非离子型物质共同使用，但与阳离子型物质不能配伍。其溶液对大多数盐类具有极佳的配伍性和稳定性。添加氯化钠和氯化钾等电解质，可提高其黏度和稳定件。

七、抗氧化剂

有油溶性抗氧化剂和水溶性抗氧化剂两大类，国外使用的有30种左右。

1. 油溶性抗氧化剂

油溶性抗氧化剂能均匀地溶解分布在油脂中，对含油脂或脂肪的肉制品可以很好地发挥其抗氧化作用。油溶性抗氧化剂包括丁基羟基茴香醚、二丁基羟基甲苯和没食子酸丙酯，另外还有维生素 E。

(1) 丁基羟基茴香醚　又名丁基大茴香醚，简称 BHA。其性状为白色或微黄色蜡样结晶性粉末，带有特异的酚类的臭气和有刺激性的味。BHA 除抗氧化作用外，还有很强的抗菌力。在直射光线长期照射下色泽会变深。

(2) 二丁基羟基甲苯　又叫 2，6- 二叔丁基对甲酚，3，5- 二叔丁基 -4- 羟基甲苯，简称 BHT。为白色结晶或结晶粉末，无味，无臭，不溶于水及甘油，可溶于各种有机溶剂和油脂。对热相当稳定，与金属离子反应不会着色。具有升华性，加热时有与水蒸气一起挥发的性质。BHT 的抗氧化作用较强，耐热性好，在普通烹调温度下影响不大。一般多与丁基羟基茴香醚（BHA）并用，并以柠檬酸或其他有机酸为增效剂。

BHT 最大用量为 0.2g/kg。使用时，可将 BHT 与盐和其他辅料拌均匀，一起掺入原料肉内；也可将 BHT 预先溶解于油脂中，再按比例加入肉品或喷洒、涂抹在肠体表面；也可用含有 BHT 的油脂生产油炸肉制品。

(3)没食子酸丙酯简称 PG　系白色或淡黄色晶状粉末，无臭，微苦。易溶于乙醇、丙酮、乙醚，难溶于脂肪与水，对热稳定。

没食子酸丙酯对脂肪、奶油的抗氧化作用较BHA或BHT强，三者混合使用时效果更佳；若同时添加柠檬酸0.01%，既可做增效剂，又可避免避金属着色。在油脂、油炸食品、干鱼制品中加入量不超过0.1g/kg(以脂肪总重计)。

(4) 维生素E　系黄色至褐色几乎无臭的澄清黏稠液体。溶于乙醇而几乎不溶于水。可和丙酮、乙醚、氯仿、植物油任意混合。对热稳定。天然维生素E有α、β、γ等七种异构体。α－生育酚由食用植物油制得，是目前国际上唯一大量生产的天然抗氧化剂，在奶油、猪油中加入0.02%～0.03%维生素E，抗氧化效果十分显著。其抗氧化作用比BHA、BHT的抗氧化力弱，但毒性低得多，也是食品营养强化剂。

2. 水溶性抗氧化剂

应用于肉制品中的水溶性抗氧化剂主要包括抗坏血酸、异抗坏血酸、抗坏血酸钠、异抗坏血酸钠等。这四种水溶性抗氧化剂，常用于防止肉中血色素的氧化变褐，以及因氧化而降低肉制品的风味和质量等方面。

(1) L－抗坏血酸及其钠盐　L－抗坏血酸，别名维生素C。其性状为白色或略带淡黄色的结晶或粉末，无臭，味酸，易溶于水。遇光色渐变深，干燥状态比较稳定，但水溶液很快被氧化分解，特别是在碱性及重金属存在时更促进其破坏。L－抗坏血酸应用于肉制品中，有抗氧化作用、助发色作用，和亚硝酸盐结合使用，有防止产生亚硝胺作用。L－抗坏血酸钠是抗坏血酸的钠盐形式，其性状为白色或带有黄白色的粒、细粒或结晶性粉末，无臭，稍咸。较抗坏血酸易溶于水，其水溶液对热、光等不稳定。L－抗坏血酸钠应用于肉制品中作助发色剂，同时还可以保持肉制品的风味，增加制品的弹性；还有阻止产生亚硝胺的作用，这对于防止亚硝酸盐在肉制品中产生致癌物质—二甲基亚硝胺，具有很大意义。其用量以0.5g/kg为宜，先溶于少量水中，然后均匀添加。制作肉制品，可将抗坏血酸钠盐溶于稀薄的动物明胶中，喷雾于肉表面。

（2）异抗坏血酸及其钠盐　异抗坏血酸及其钠盐是抗坏血酸及其钠盐的异构体，极易溶于水，其使用及使用量均同抗坏血酸及其钠盐。此外，抗氧化剂还有愈疮树脂、茶多酚、儿茶素、卵磷脂和一些香辛料，如丁香、茴香、花椒、桂皮、甘草和姜等。

第五节　辅助性材料及包装

一、植物性辅料

在香肠生产中，常添加一些植物性辅料，其中以淀粉的应用最为广泛。研究表明，将淀粉加入肉制品中，对肉制品保水性和肉制品的组织结构均有良好作用。淀粉的这种作用是由于在加热过程中淀粉颗粒吸水膨润、糊化造成的。淀粉颗粒糊化温度比肉中蛋白质的变性温度高，因此淀粉糊化时，肌肉蛋白质的变性已经基本完成，并形成了网状结构，此时淀粉颗粒夺取了存在于网状结构中结合不够紧密的水分，并将其固定，因而使制品的保水性提高；同时，淀粉颗粒因吸水而变得膨润而富有弹性并起到黏合剂的作用，可使肉馅黏合、填塞孔洞，使产品富有弹性，切面平整美观，具有良好的组织形态。

另外，在加热煮制时，淀粉颗粒可以吸收熔化成液态的脂肪，从而减少脂肪的流失，提高成品率。不过，添加大量淀粉的肉制品在低温贮藏时极易产生淀粉的老化现象。

二、肠衣

在香肠加工过程中，肠衣主要起加工模具、容器及商品性能展示作用。肠衣直接与肉基接触，首先，必须安全无毒、肠衣中化学成分不向肉中迁移且不与肉中成分发生反应；其次，肠衣必须有足够的强度，以达到安全包裹肉料、承受灌装压力、经受封口与扭结应力的作用；第三，肠衣还需具有一定的收缩和伸展特性，能容许肉料在加工和贮藏中的收缩和膨胀；第四，肠衣还需具有较强的冷、热稳定性，在经受一定的冷、热作用后，不变形、不起皱、不发脆、不断裂。除此之外，根据产品特点，有的肠衣需要有一定的气体通透性，有些肠衣则需要有较好的气密性。

肠衣主要分为两大类，即天然肠衣和人造肠衣。过去灌肠制品的生产，都是使用富有弹性的动物肠衣，随着灌肠制品发展，动物肠衣已满足不了生产需要，因此世界上许多国家都先后研制了人造肠衣。

（一）天然肠衣

即动物肠衣。动物从食管到直肠之间的胃肠道、膀胱等都可以用来做肠衣，这种肠衣具有较好的韧性和坚实性，能够呈受一般加工条件下所产生作用力，具有优良收缩和膨胀性能，可以与包裹的肉料产生基本相同的收缩与膨胀。常用的天然肠衣有牛、羊、猪的小肠、大肠、盲肠，猪直肠，牛食管，牛、猪的膀胱及猪胃等。刮除黏膜后经盐腌或干燥而制成。天然肠衣是可食的，可透水透氧，进行烟熏，具有良好的柔韧性，是传统的肠类制品的灌装材料，但它的直径和厚度不完全相同，有的甚至弯曲不齐，对灌制品的规格和形状有不良影响。此外，如果保管不善也会遭虫蛀，出现穿孔、异味、哈喇味，也不能在自动灌肠机上进行自动扭节和定量灌装，需花费很多人工用线绳分节。

天然肠衣一般采用干制或盐渍两种方式保藏。干制肠衣在使用前需用温水浸泡，使之变软后再用于加工；建议在使用盐渍肠衣前用清水充分浸泡清洗，除去肠衣内外表面的残留污物及降低肠衣含盐量。

现将常用的猪、羊、牛小肠，猪、牛大肠和猪膀胱的要求列出，供选择。

1. 猪小肠

品质要求：清洁，新鲜，无异味，呈白色、乳白色、黄白色、灰白色等。分路标准：按直径分成七个路。一路直径24～26mm；二路直径26～28mm；三路直径28～30mm；四路直径30～32mm；五路直径32～34mm；六路直径34～36mm；七路直径36mm以上。

扎把要求：小把每把2根，每根长5～12m，节头不超过3个，每节不得短于1m；大把每把长91.5m，节头不超过18个，每节不得短于1.37m。装箱要求，每桶600把，1300根。

2. 猪大肠

品质要求：清洁，新鲜，无杂质，气味正常，毛圈完整，呈白色或乳白色。

分路标准：按直径分成三个路。一路直径60mm以上；二路直径50～60mm；三路直径45～50mm。

扎把要求：每根长1.15～1.5m，每把5根。每桶装100把，500根。

3. 羊小肠

品质要求：肠壁坚韧，无痘疔，新鲜，无异味，呈白色、青白色或灰白色、青褐色。

分路标准：按其直径分成六个路。一路直径22mm以上；二路直径20～22mm；三路直径18～20mm；四路直径16～18mm；五路直径14～16mm；六路直径12～14mm。扎把要求：按每根31m，3根1把，总长93m，节头不超过16个，每节不得短于1m。每桶500把，1500根。

4．牛小肠

品质要求：要求新鲜，无痘疔、破洞，气味正常，呈粉白色或乳白色、灰白色。

分路标准：按其直径分成四个路。一路直径45mm以上；二路直径40～45mm；三路直径35～40mm；四路直径30～35mm。

扎把要求：每根长25m，节头不超过7个，每节不得短于1m。每桶装200把，总长5000m。

5．牛大肠

品质要求：清洁，无破洞，气味正常，呈粉白色或乳白色、灰白色、黄白色。分路标准：按肠衣直径大小分成四个路。一路直径55mm以上；二路直径45～55mrn；三路直径35～45mm；四路直径30～35mm。

扎把要求：按每根25m，节头不超过13个，每节不短于0.5m扎把。每桶150把，总长3750m。

6．干制猪膀胱

品质要求：清洁，无破洞，带有尿管，无臊味，呈黄白或黄色、银白色。

分路标准：按折叠后长度分为四个路。一路35cm以上；二路30～35cm；三路25～30cm；四路15～20cm。

扎把要求：按每10个扎为1把，每箱装200把，2000个。盐渍肠衣最佳贮存温度为0～10℃。肠衣桶应横倒放在木架上，每周翻动1次，使桶内卤水活动，保证肠衣质量。定期抽查，如有盐卤漏失、盐蚀变质等情况出现，应及时进行处理。干制肠衣的贮存，应以防虫蛀、鼠咬、发霉变质为中心，贮存库须保持干燥通风，温度最好保持在20℃以下，相对湿度50%～60%，要专库专用，要避免高温、高湿，不要与有特殊气味的物品放在一起，以防串味。

在加工香肠制品之前，应按产品的规格要求，选择对路的肠衣，在每批产品中，务求肠衣规格一致，粗细相同。肠衣选择后进行浸泡清洗。浸泡清洗的目的是洗去肠衣表面的污物，使盐渍肠衣脱盐，干制肠衣吸水浸软，以便挑选使用；盐渍肠衣应内外翻转洗涤，干肠衣则不用翻转清洗内面。凡用牛大肠制成的大口径直形灌肠,必须将牛大肠肠衣,按成品规定的长度,并考虑烘烤、煮制、烟熏后长度的收缩程度，将肠衣剪断，并用线绳结紧其一端。牛大肠在烘烤、煮制、烟熏时收缩率为 10%～15%。

天然肠衣通常用木桶保存，温度一般在 3～10℃，应尽可能避免放在潮湿处，最好不放在氨制冷的冷库内。盐渍肠衣在使用前，要在清水中反复漂洗，充分除去肠衣表面上的盐分及污物。干制肠衣则应用温水浸泡，使其变软后使用。

（二）人造肠衣

人造肠衣主要包括胶原肠衣、纤维素肠衣和塑料肠衣。近年来，人造肠衣发展迅速，主要原因是人造肠衣卫生、尺寸规格符合标准，可以保证定量填充；方便印刷、价格低廉、使用中损耗较小。包装材料的材质、特性直接影响被灌装肉馅料的保质期，在大批量生产中，可以有效地降低生产成本。近年来国产塑料材料的种类很多，引进国外的包装材料和设备较多，对肉制品加工业的进步起到重要的作用，缺点是不能食用。

1. 胶原肠衣

胶原肠衣是以家畜的皮、肠、腱等作为原料，经石灰水浸泡、水洗，稀盐酸膨润，用机械破坏胶原纤维，经均质变为糊状，然后用高压喷嘴制出各种尺寸的肠衣，经干燥而成。

胶原肠衣透气性好、可以烟熏和蒸煮、规格统一、品种多样、卫生、比天然肠衣结实、适合机械化生产和打卡、可大量生产。胶原肠衣分为可食及不可食两种，可食的适于制作维也纳香肠、早餐肠、热狗肠及其他各种蒸煮肠；不可食的胶原肠衣较厚，且直径较大，主要用于风干肠生产。

套缩的胶原肠衣在使用前不用浸泡，打开包装即可使用。普通型胶原肠衣需要在灌装前进行浸泡，即在20～25℃，10%～15%盐水中浸泡5～15min。随着盐水浓度增加，肠衣柔韧性和打卡性会得到提高。灌肠时，相对湿度应保持在40%～50%，以防肠衣干裂，热加工时，同样应注意干裂问题。

2. 纤维素类肠衣

（1）纤维素肠衣　纤维素肠衣是用短棉绒、纸浆作为原料制成的无缝筒状薄膜。这种肠衣具有韧性、收缩性、着色性，肠衣规格统一、卫生，具有透气透湿性，可烟熏，表面可以印刷，机械强度好，适合高速灌装和自动化连续生产。

此种肠衣不可食。在使用前不需要进行处理，可直接灌装。主要用于制作热狗肠、法兰克福肠等小直径肠类。熟制后用冷水喷淋冷却，然后去掉肠衣，再包装。

（2）纤维肠衣　纤维肠衣是用纤维素黏胶再加一层纸张加工而成。机械强度较高，可以打卡；对烟具有通透性，对脂肪无渗透；不可食用，但可烟熏，可印刷；在干燥过程中自身可以收缩。这种肠衣在使用之前应先浸泡（印刷的浸泡时间应长些），应填充结实（填充时可以扎孔排气），烟熏前应先使肠衣表面完全干燥，否则烟熏颜色会不均匀，熟制后可以喷淋或水浴冷却。这种肠衣适用于加工各式冷切香肠、各种干式或半干式香肠、烟熏香肠及熟香肠和通脊火腿等。

（3）纤维涂层肠衣　纤维涂层肠衣是用纤维素黏胶、一层纸张压制，并在肠衣内面涂上一层聚偏二氯乙烯而成。此种肠衣阻隔性好，在贮存过程中可防止产品水分流失，加强了对微生物的防护；收缩率高，外观饱满美观，可以印刷；但不能烟熏、不可食用。使用前应先用温水浸泡，灌装时应填充结实（不能扎孔），可以蒸煮达到所需的中心温度，然后用冷水喷淋或水浴冷却。适用于各类蒸煮肠。使用此种肠衣的产品，不需要进行二次包装。

（4）玻璃纸肠衣 玻璃纸是一种再生胶质纤维素薄膜。玻璃纸具有吸湿性、阻气性、阻油性、易印刷、可与其他材料层黏合、强度较高等特点。将玻璃纸卷成筒状，糨糊黏结，用小线绳将一端系上，即成玻璃纸肠衣，这种肠衣成本比天然肠衣低，性能比天然肠衣好，只要操作得当，几乎不出现破裂现象。

3. 塑料肠衣

（1）聚偏二氯乙烯肠衣 利用氯乙烯和偏二氯乙烯共聚物制成的筒状或片状的肠衣。其特点是无味无臭，很低的透水、透气、透紫外光性能，具有一定的热收缩性，可耐121℃湿热高温，可以印刷，机械灌装性能好，安全卫生，因此，这类肠衣已被广泛应用。聚偏二氯乙烯肠衣适合于高频热封灌装生产的火腿、香肠（如火腿肠、鱼肉肠等）。生产这种肠衣的厂家以日本的吴羽化学、旭化成，美国的陶氏为代表。这种肠衣也大量用于高温灭菌制品的常温保藏。

（2）聚酰胺肠衣 聚酰胺肠衣也称尼龙肠衣，是用尼龙6加工而成的单层或多层肠衣。单层产品具有透气、透水性，一般用于可烟熏类和剥皮切片肉制品。多层肠衣具有不透水、不透气，可以印刷，不被酸、油、脂等腐蚀，不利于真菌和细菌生长，在蒸煮过程中还可以收缩，具有较强的机械强度和弹性，可耐高温杀菌等特性。使用前应先用30℃水浸泡，灌装时要填充结实（不可扎孔），蒸煮后可喷淋或水浴冷却。适用于制作各种熟制的香肠、黑香肠、肝香肠、头肉肠、快速切片肠、鱼香肠等。

（3）聚酯肠衣 聚酯肠衣不透气、不透水；可以印刷；具有很高的机械强度；不被酸、碱、油脂、有机溶剂所侵蚀；易剥离。分为收缩性和非收缩性两种。收缩性的肠衣，热加工后能很好地和内容物黏合在一起，可用于非烟熏、熏煮香肠类、禽肉卷、熏煮火腿、切片肉类、新鲜野味、鱼等的包装及深冻食品的包装等。此外，还有专门用于包装烤制肉制品的聚酯膜，如用于烤鸡的包装膜。薄膜也可用于微波食品、半成品的包装等。聚酯肠衣使用前不需要水浸，灌装时要灌结实，但不能扎孔；灌装后，为了保证肠衣收缩，应把肠放入 95℃以上的热水中保持几秒钟。熟制时温度 80 ～ 85℃，熟制后应喷淋或水浴冷却。非收缩性的肠衣主要用于包装生鲜肉类和生香肠等不需加热的肉品。

三、包装袋

1. 真空袋

主要用于中式香肠、中式腊肉、非蒸煮型的生肉制品，或牛肉干、肉脯等产品的包装，材质为 PA/PE(尼龙聚乙烯)、PA/AL/PE。一般 PA(尼龙)薄膜层厚度约 15μm，PE(聚乙烯层 40 ～ 60μm，AL(铝箔)约 7mm。

2. 蒸煮袋

能用于 121℃杀菌的软包装食品用的四方袋分为透明袋和铝箔袋，普通型和隔绝型。目前蒸煮袋使用的包装材料见表 3–1。

表 3–1 蒸煮袋类型及结构

形态	类型	材料构成
透明袋	普通型	PE/CPP(聚酯/聚丙烯)(12μm/70μm)
		PET/SPE(聚酯/特殊聚乙烯)(12μm/70μm)
		PA/CPP(尼龙/聚丙烯)(15μm/70μm)
		PET/PA/CPP(聚酯/尼龙/聚丙烯)(12μm/15μm/70μm)
	隔绝型	PA/PVDC(或 PE–EVOH)/CPP (15μm/15μm/50μm)(尼龙/聚偏二氯乙烯或乙烯–乙烯醇共聚物/聚丙烯)

续表

形态	类型	材料构成
		PET/PVDC(或 PE-EVOH)/CPP (12μm/15μm/50μm) SPA/CPPZ(特殊尼龙/聚丙烯)(15μm/70μm)
铝箔袋	隔绝型	PET/AL/CP 聚酯/铝箔/聚丙烯(12μm/9μm/70μm) PA/AL/CPP 尼龙/铝箔/聚丙烯(15μm/9μm/70μm)
深拉伸透明	普通型	盖：PET/CPP(聚酯/聚丙烯) OPP/CPP(拉伸聚丙烯/未拉伸聚丙烯) 底：CPP/PA(聚丙烯/尼龙)
	隔绝型	盖：PET/PVDC 或 PE-EVOH 共聚物/CPP 聚酯/聚偏二氯乙烯或乙烯－乙烯醇共聚物/聚丙烯 (OPP/PVDC 或 PE/EVOH 共聚物)/CPP 拉伸聚丙烯/聚偏二氯乙烯/或乙烯－乙烯醇共聚物/未拉伸聚丙烯 底：(CPP/PVDC 或 PE-EVOH 共聚物)/PA 聚丙烯/聚偏二氯乙烯(或乙烯－乙烯醇共聚物)尼龙
透明盘	普通	聚丙烯单体
	隔绝型	盘：CPP/PVDC/CPP(聚丙烯/聚偏二氯乙烯/聚丙烯) 盖:PET/PVDC/CPP(聚酯/聚偏二氯乙烯/聚丙烯)
铝箔盘	隔绝型	盘：CPP/AL/外面保护层(聚丙烯/铝箔/外面保护层) 盖：外面保护层/AL/CPP(外面保护层/铝箔/聚丙烯)
圆筒状	隔绝型	PVDC 薄膜单体(聚偏二氯乙烯单体)

第四章

中式香肠加工

第一节　一般加工工艺

中式香肠是我国传统腌腊肉制品中一大类。传统生产过程是在寒冬腊月于较低温度下将原料肉进行腌制，再经过自然风干和成熟过程加工制成的一类产品。现在，大部分产品生产已实现了工业化和规模化，实现了全天候常年化生产。我国地域广阔，气候差异很大，由此在传统生产条件下形成了风味不同的众多香肠制品，习惯以生产地域对香肠分类，如广东香肠（广东腊肠）、四川香肠、北京香肠、如皋香肠、哈尔滨香肠等。按照产品外形，中式香肠又分为香肠、香肚、肉枣等。

一、工艺流程

工艺流程中式香肠种类繁多，风味差异很大，但生产方法大致相同。风味的差异主要来自配料和生产过程中参数的不同。其工艺流程如下：

原料肉选择与修整→切丁→配料、腌制→灌制→漂洗→晾晒或烘烤→包装→成品。

二、工艺要点

1. 原辅料的选择

原料质量的优劣直接关系到制品质量好坏，必须认真选择而后加工。假如原料不新鲜，质量不符合要求，无论采用什么工艺技术也不能生产出优良的制品。牛肉和猪肉是制造香肠的主要原料肉，其他肉类及其他动物的某些副产品也可作为香肠的原料。原料肉必须来自于健康牲畜，且必须经卫生人员检验，证明合格方可使用。

（1）猪肉　主要利用其肌肉和皮下硬脂肪为原料。所用猪肉过肥、过瘦都不适宜。

（2）牛肉　在香肠生产中，主要利用牛的肌肉部分，脂肪不用于加工香肠。在香肠制品中，加入一定数量的牛肉，能增加制品的弹力、风味和营养价值，并能使制品的色泽美观。加工香肠用的辅料包括食盐、硝酸盐、味精、香辛料及肠衣等，有一定的质量要求，含杂质多或霉变虫蛀者一律不准使用。

2. 原料处理

冷却肉是加工香肠制品的理想原料，但不能经常得到它，而冻肉在香肠加工中占有很大的比重。使用冷冻肉时，要先进行解冻，无论是悬挂解冻或是水浸解冻都需要掌握相应正确的解冻方法，否则会使原料变成次等肉，降低其利用价值。

胴体肉要进行分割剔骨，把骨骼从其他组织中分离出来。剔骨之后，再进行组织分割，将不适于加工香肠的皮、筋、腱等结缔组织及肌肉间的脂肪、遗漏的碎骨、污物、淤血等去除，然后割成一定重量的块，即为精料，方可用于香肠加工。肌肉、脂肪的分割工艺要求比较细致，否则对制品的质量影响很大。

将修割好的瘦肉块用绞肉机绞成长为1cm左右方肉丁，或用刀切成产品要求的规格，人工切比用绞肉机制得的肠质量好，但费时，效率低。肥膘可根据不同品种的需要进行切割，一般切成长为0.6～0.8cm方丁。肥肉丁切好后用温水清洗1次，以除去浮油及杂质，沥干水分待用。肥、瘦肉要分别存放处理。与乳化肠相比，中式香肠原料肉粒度较大，自然风干后，肉与油粒分明可见，肉味香浓，干爽而油不沾唇。随着消费习惯的不断变化，香肠加工的原料越来越多，产品也不断丰富，如牛肉肠、鸡肉肠、兔肉肠等。

3. 肠衣选择

生产灌肠类产品时，需要肠衣包装肠馅，肠衣可以保持制品的食用风味和质量，延长货架期，减少干耗。香肠加工中，多使用猪、羊小肠肠衣。

4. 配料

中式香肠种类很多，配方各不相同，但主要配料大同小异。常用的配料有食盐、糖、酱油、料酒、硝酸盐、亚硝酸盐，使用的调味料主要有八角茴香、肉豆蔻、小茴香、桂皮、白芷、丁香、山柰、甘草等。中式香肠的配料中一般不用淀粉和玉果粉。

5. 腌制、拌馅

将瘦肉丁、肥肉丁凉透后过磅计量，然后倒入拌馅机中，同时加入其他配料，为了拌馅时拌和均匀，便于灌制，在100kg原料肉中需加入14～15kg的水，加水后应迅速搅拌，使肥瘦肉丁均匀地分开，且不应有黏结的现象。在没有搅拌机的地方，可以将肉馅置于一定的容器内用手工来翻拌，但需注意卫生。

按配料要求将原料肉和辅料混合均匀。拌料时可逐渐加入20%左右的温水，以调节黏度和硬度，使肉馅滑润致密。混合料于腌制室内腌制1～2h，当瘦肉变为内外一致的鲜红色，肉馅中有汁液渗出，手摸触感坚实、不绵软、表面有滑腻感时，即完成腌制。此时加入料酒拌匀，即可灌制。与西式香肠相比，中式香肠生产过程的晾挂或烘烤成熟过程较长，原料肉一般不经长时间腌制。

6. 灌制

把制备好的肉馅，灌入事先准备好的肠衣的过程就是灌制，灌制用的设备称为灌肠机。将肠衣套在灌装机灌嘴上，使肉馅均匀地灌入肠衣中。要掌握松紧程度，不能过紧或过松。用天然肠衣灌装时，干或盐渍肠衣要在清水中浸泡至柔软并洗去盐分后使用。

灌制前需做好肠衣的准备工作。应用肠衣的类型和口径的大小因品种而异，对于使用半成品的天然肠衣，需先用温水浸泡2～3h，再洗净，通水检查除去漏孔部分。灌制操作的环节较多，灌馅技术对香肠和灌肠的质量、规格有密切关系，主要应掌握下列各点。

（1）肉馅装入灌筒要紧、要实　灌馅时，如何将肉馅装入灌筒十分重要，这一点无论是大型灌肠机的大口径灌筒或者小型的手摇灌筒，都必须注意。肉馅在灌筒中如果装得不紧、不实，肉馅中就会有空隙，其结果是使成品出现孔洞或使肉馅在肠内断裂松散。为此，必须使肉馅装得紧实、无孔隙。

（2）手握肠衣要灵活掌握　将肠衣套在灌筒口上，打开灌筒阀门便可开始灌制。此时，要用左手握住灌筒上的肠衣，并且必须掌握轻松适度。如果捏得过松，灌入肉馅稀疏不实，会使成品产生气泡和空洞，经悬挂晒干或烘烤后，势必肉馅下垂上部发空，影响灌肠的质量；如果捏得过紧，则肉馅灌入太实，会使肠衣破裂，或者在煮制时爆破。所以，这一操作必须手眼并用，随时注意肠内肉馅的松紧情况，每灌完一根肠衣，随即交与后面一人捆扎，交接时前后两人需互相配合，注意速度。

（3）捆扎要结紧结牢　灌满肉馅后的肠衣，须用棉绳在其一端结紧结牢，以便于悬挂，捆绑方法因品种而异，可归纳为如下3种。

①单节割分的灌肠　这类灌肠用牛大肠肠衣制成，成直形。事先已将肠衣剪断成单根，其一端已用棉绳结扎。灌馅时，是逐根操作的，只需将另一端结扎，并留出棉绳约20cm，双线结紧，作为悬挂之用。

②连接式短节灌肠　其长度也有一定的要求，但不需单节割开，这种灌肠多用羊、猪、牛小肠肠衣灌制。按照肠衣的实际长度，一次连续灌完，捆绑时除两头外，中间分节时不用线绳，而是按规格要求每距一定的长度用手将肠内肉馅挤向两边，利用这段挤空肉馅的肠衣拧 3 ～ 4 个圈即可。

③特粗灌肠　这类肠制品采用牛盲肠、牛食道肠衣制成。由于内容物多，重量大，煮制时易爆，悬挂时也易坠落。所以，除在肠衣两端结扎棉绳外，还须在肠身中间每距 5 ～ 6cm 处结扎棉绳，互相连接，并用双线打结挂于木棒上。

7．排气

灌饱馅时，很容易带入空气到肠内形成气泡，产生孔洞要及时刺破，用排气针扎刺湿肠，排出内部空气。否则成品表面不平而且影响成品质量和保存期，以避免在晾晒或烘烤时产生暴肠现象。刺孔时，须特别注意肠子的两端，因肠的顶端容易滞留空气。

8．捆线

结扎的长度依具体产品的规格而定。一般每隔 10 ～ 20cm 用细线结扎一道。生产枣肠时，每隔 2 ～ 2.5cm 用细棉线捆扎分节，挤出多余肉馅，使成枣形。

9．漂洗

将湿肠用 35℃左右的清水漂洗，除去表层油污，然后均匀地挂在晾晒或烘烤架上。

10．晾晒（或烘烤）

将悬挂好的香肠放在日光下晾晒 2 ～ 3 天。在日晒过程中，有胀气的部位应针刺排气。晚间送入房内烘烤，温度保持在 40 ～ 60℃，烘烤温度是很重要的加工参数，需要合理控制烘烤过程中的质、热传递速度，达到快速脱水的目的。一般采用梯度升温程序，开始过程温度控制在较低状态，随生产过程的延续，逐渐升高温度。烘烤时温度太高，易造成脂肪融化，同时瘦肉也会烤熟，影响产品的风味和质感，使色泽变暗，成品率降低；温度太低，则难以达到脱水干燥的目的，易造成产品变质。一般经 3 昼夜的烘晒，然后将半成品风干 10 ～ 15 天，成熟后即为产品。

现代的生产，则在干燥室内进行，温度控制在 40 ～ 45℃，干燥 2 ～ 3 天左右，再放在通风处继续干燥一星期左右即成。在送入烘房干燥前，可把湿肠放在温水中漂洗一次，以除去附着的污物。中式香肠一般干燥之后即为成品。某些地区经熟制后再出售。

11. 包装

中式产品有散装和小袋包装销售两种方式。利用小袋进行简易包装或进行真空、气调包装，可有效抑制产品销售过程中的脂肪氧化现象，提高产品的卫生品质。

12. 成品保藏

香肠在 10%以下的温度，可以保藏 1 ～ 3 个月，一般应悬挂在通风干燥的地方。采用真空无菌包装，在室内温度 (30℃以下)，可保存 3 ～ 6 个月。

第二节　中式腊肠

一、中式香肠（腊肠）

香肠是我国著名肉制品，其成品色泽油润，红白鲜明，长短一致，粗细均匀，滋味鲜美，香甜可口。香肠加工历史悠久，因传统加工方法是在冬季，故又名腊肠。腊肠俗称香肠，是指以肉类为主要原料，经切、绞成丁，配以辅料，灌入动物肠衣经发酵、成熟、干制而成的肉制品，是我国肉制品中品种最多的产品。

腊肠中，广东腊肠是其代表。它是以猪肉为主要原料，经切碎或绞碎成丁，用食盐、硝酸盐、白糖、曲酒、酱油等辅料腌制后，充填入天然肠衣中，经晾晒、风干或烘烤等工艺制成的一类生干肠制品。食用前需要进行熟加工。我国较有名腊肠还有武汉香肠、天津小肠、哈尔滨风干肠、川式香肠等。由于原材料配制和产地不同，风味及命名不尽相同，但生产方法大致相同。

1．原料配方

（1）上海无硝广式香肠　不加硝酸钠，而加入了葡萄糖液2～4kg，其他配料都与广式香肠相同。

（2）兔肉香肠　兔肉50kg，50度白酒1.5kg，食盐1.5kg，白糖1.75kg，味精150g。

（3）云南牛肉香肠　牛后腿肉35kg，猪肥肉15kg，50度白酒500g，白糖500g，食盐1.5kg，白酱油1.5kg，硝酸钠25g。

（4）湖南香肠　瘦肉80kg，肥膘20kg，食盐3kg(夏季为3.5kg)，白糖2kg，五香粉100g，硝酸钠20g。

（5）杭式香肠　瘦肉85kg，肥膘15kg，食盐3.5kg，白糖7kg，味精100g，硝酸钠50克，50度白酒3kg。

（6）哈尔滨正阳楼香肠　瘦肉90kg，肥膘10kg，无色酱油18kg，肉豆蔻粉200g，桂皮粉200g，砂仁粉150g，花椒粉100g，鲜姜末1kg。

（7）驴肉腊肠　驴瘦肉35kg，肥膘15kg，食盐1.5kg，白糖200kg，味精50g，白酒1kg，硝酸钠25g，白胡椒粉100g，鲜姜粉100g，维生素C 5g。

2．工艺流程

原料选择及整理→拌馅→肠衣制备→灌肠→针刺放气→分节→冲洗→烘烤→成品

3．操作要点

（1）原料选择及整理　选用经卫生检验合格的新鲜猪后腿或大排精瘦肉及背部肥膘（驴肉腊肠选驴肉）为原料。精肉整理。剔骨，修去肉坯上的杂质及色深和质老的肉块。将精肉切成2cm

厚的肉条，漂净肉内残留血水，使其色泽再淡些，以保证成品中的精肉呈玫瑰红色。将肉片倒入水中漂洗 15 ～ 20min。清水需经常调换，以保证漂洗的质量。洗净油腻，待肉色变淡时再沥去水分，放进绞肉机内绞成 0.8 ～ 1cm 见方的精肉粒。肉粒不能发糊。绞肉机刀片必须定期磨，保持刀刃锋利。

切膘丁。用清水（冬天用 40℃左右的温水）洗去白膘上的油腻及杂质，修去肥膘上带的零散精肉和黄膘，修净边角。用刀将肥膘切成块状，逐层铺在容器里，送入 - 10℃左右的冷库中，冷藏 24h。待白膘变硬，切丁。根据选用肠衣的粗细，将整块白膘放进切膘机，一次放数块，切成 0.5 ～ 1cm 的膘丁，倒入有漏眼的容器内，冬天用 60℃左右的温水漂洗，水温不能过高，否则膘丁色泽会泛黄。水温也不能过低，否则膘丁上附着的油腻就洗不净。当膘丁显露洁白晶莹的光泽后，捞出沥去水分，趁热拌馅，以免冷凉后膘丁又粘连在一起。

（2）拌馅　先把定量的糖、盐、硝酸钠（或葡萄糖）和白酒混合，然后倒入精肉粒，再倒入膘丁，在拌料机中搅拌均匀。为了便于搅拌均匀，可在配料中加入少量水，加水量不超过原料肉的 10%，混匀后再与肉混合，搅拌时间要求不超过 3min，以防肉馅发糊，增加肉馅与肠衣的黏着力，影响产品外观，同时也不利于烘烤和晾晒时水分的散发。若人工搅拌，应尽量缩短搅拌时间，一般不宜超过 30min。在搅拌过程中，如发现膘丁集中在一起，可用手翻动肉馅，使精肉粒与膘丁分布均匀。

肉馅搅拌好后，不能放置过久，否则会引起盐析作用，影响肉馅与肠衣的黏着力，影响产品外观。应尽快灌制。灌制过程包括肠衣的准备、灌肠、针刺放气、分节、冲洗 5 个环节。

（3）肠衣制备　肠衣主要有天然肠衣和人造肠衣两大类。

腊肠加工一般选用天然肠衣。无论选用于制肠衣或盐渍肠衣，均需先放入清水中浸泡回软，冲洗干净，方能使用，但不宜泡得太久，以免因浸泡时间太长而膨胀，使灌成的肠子变为不符合规格的粗肠。每 100kg 肉馅约需猪小肠衣 80m 或羊肠衣 100m。

（4）灌肠　分手工灌肠和机械灌肠两种方法。手工灌肠可配以漏斗，把制好的肉馅用漏斗装入肠衣。要使灌肠紧密饱满，粗细匀称，防止空气进入肠衣内。机械灌肠是用灌肠机把肉馅灌入肠衣内。选用气压或液压灌肠机为宜，把肉馅先装入灌肠机的缸筒内，压紧填实，上盖封紧。把肠衣套在灌肠嘴上，启动机器灌肠，使肉馅均匀灌入肠衣内。

（5）针刺放气　灌好的肠体置于案子上，用针板刺打肠体，排出肠腔内气体，使肉馅与肠衣粘贴紧密，也利于烘烤和晾晒时肠体内水分蒸发，缩短烘烤或晾晒时间。

（6）分节　根据成品规格要求，把肠体用线绳或水草结扎分节，长短要一致（可用米尺量一段扎一段），依据肠体长短，中间加上绳套若干，以便将肠体悬挂起来。粗肠应分挂，以便与细肠分开烘烤。束绳时发现破肠应立即用线绳或水草补扎。

（7）冲洗　经灌馅、扎草、束绳后，肠衣上还残存一些料液和油腻，洗涤工序的任务就是把这些东西洗干净，以免烘烤或晾晒后出现“盐花”，使肠体外表清洁光亮。一般冬天用两桶水，一桶温水（40 ～ 45℃左右），一桶凉水。先在温水里洗，然后再用凉水洗刷降温。其他季节只需一桶凉水便可。桶里的水要经常调换，以保持水质的清洁。洗净后沥干水分。

（8）烘烤　烘烤是整个生产过程中最重要的一个环节，直接影响香肠的色、香、味、形。按照工艺要求，烘房温度应控制在既能阻止肠内微生物迅速繁殖，又不会把肠馅烤熟，还要使肠体收缩均匀（即收身要好），含水率符合要求。

烘烤是在烘房内进行，将冲洗后的肠体用竹竿吊挂在烘房内，温度控制在 55℃左右。前期注意排湿，每 2h 通风排湿 1 次，需排湿 2 次。4h 后，当肠呈红色时，将同竹竿中间和两端的肠调换位置，以利烘烤均匀。继续烘烤 4h，此时肠身自然收缩，出现明显的枣红皱纹，便可出烘房保温进行恒温烘烤，使肠子内部的水分继续蒸发，并在此基础上缓慢地收身定型，成为枣纹形的香肠。温度以 45℃为宜，保温 48 ～ 72h，经检验合格后即为成品。

烘烤达到要求的香肠，肠体表面干爽，内部结实，表层布满皱纹，瘦肉红润，肥膘透明，出品率约 65%。烘烤时间依所用肠衣的不同而不同，用猪小肠衣者所需时间稍长，用羊肠衣者所需时间相对较短。

若无烤房也可晾晒，具体方法是：将肠体悬挂在洁净、通风、干燥处，日光曝晒和风干结合，使肠体中水分散发。若气候干燥，阳光充足，晾晒需 3 ～ 4 天。但若遇阴雨天，时间要适当延长，有发生变质的危险时，要想办法进行烘烤。

亦可采用烘烤和晾晒相结合的方法，如刚灌制好的肠体，可先挂起晾晒，然后烘烤。一般情况下，白天晾晒，夜晚烘烤，晴天晾晒，阴雨天烘烤。如此配合，反复晾晒和烘烤，直到达到要求为止。

(9) 成品整理及包装　按先进先出顺序取下成品。取时要轻拿轻放，防止腊肠折断。然后送成品间冷却 4h 进行剪肠。先剪肠身两端结头，以剪平圆口为标准。整理好的腊肠可装箱。成品不易久放或堆放，必须防止回潮。

腊肠装箱后，冬春一般可以保管 1 个月以上，夏季存放时间短些。若用塑料袋真空无菌包装，在室温下，可保存 6 ～ 8 个月。

4. 产品质量标准

香肠肠衣干燥、完整且紧贴肉馅，无黏液及霉点，坚实或有弹性。切面坚实、肉馅有光泽，肌肉呈玫瑰红色，脂肪白色或微带红色。具有香肠固有的风味。

二、广式香肠

1. 原料配方（按 100kg 猪肉计）

（1）配方一　猪瘦肉 70kg，肥膘肉 30kg，白酒（50 度）3kg，食盐 2.5kg，味精 200g，白糖 4kg，亚硝酸钠 6g，酱油 1.5kg，胡椒粉 100g，鲜姜（剁碎挤汁）1kg。

（2）配方二　猪瘦肉 80kg，猪肥膘 20kg，食盐 2.2kg，白糖 8kg，60 度白酒 3kg，白酱油 2.5kg，硝酸钠 40g。

（3）配方三猪瘦肉 70kg，猪肥膘 30kg，50 度白酒 2.5kg，盐 2.2kg，白糖 7.6kg，白酱油 5kg，硝酸钠 50g。

2. 工艺流程

选料整理→拌料→灌肠→晾晒烘烤→保藏

3. 操作要点

（1）选料整理　选用卫检合格的生猪肉，瘦肉顺着肌肉纹络切成厚约 1.2cm 的薄片，用冷水漂洗，消除腥味，并使肉色变淡。沥水后，用绞肉机绞碎，孔径要求 1 ～ 1.2cm。肥膘肉切成 0.8 ～ 1cm 见方的肥丁，并用温水漂洗，除掉表面污渍。

（2）拌料　先在容器内加入少量温水，放入盐、糖、酱油、姜汁、胡椒面、味精、亚硝酸钠，搅拌和溶解后加入瘦肉和肥丁，搅拌均匀，最后加入白酒，制成肉馅。拌馅时，要严格掌握用水量，一般为 4 ～ 5kg。

（3）灌肠　先用温水将肠衣泡软，洗干净。用灌肠机或手工将肉馅灌入肠衣内。灌装时，要求均匀、结实，发现气泡用针刺排气。每隔 12cm 为 1 节，进行结扎。然后用温水将灌好的香肠漂洗一遍，串挂在晾晒烘烤架上。

（4）晾晒烘烤　将串挂好的香肠放在阳光下晾晒（如遇天阴、云雾很大或雨天，直接送入烘房内烘烤），阳光强烈时 3h 左右翻转一次，阳光不强时 4 ～ 5h 翻转一次。晾晒 0.5 ～ 1 天后，转入烘房烘烤。温度控制在 50 ～ 52℃，烘烤 24h 左右，即为成品。

出品率一般在62%左右。若直接送入烘烤房烘烤，开始时温度可控制在42～49℃，经1天左右再将温度逐渐提高。

（5）保藏　贮存方式以悬挂式最好，在10℃以下条件，可保存3个月以上。食用前应进行煮制，即放在沸水锅里煮制15min左右。

4．产品特点

外观小巧玲珑，色泽红白相间，鲜明光亮。口感爽滑，香甜可口，余味绵绵。

5．注意事项

（1）肥膘丁一定要用温水清洗，使其互相不粘连，并使肉丁柔软滑润，便于拌馅时与瘦肉料和各种配料混合均匀。

（2）拌馅的目的在于“匀”，拌匀为止，要防止搅拌过度，使肉中的盐溶性蛋白质溶出，影响产品的干燥脱水过程。拌好的肉馅不要久置，必须迅速灌制，否则瘦肉丁会变成褐色，影响成品色泽。

（3）灌制时要掌握松紧程度，不能过紧或过松，过紧会胀破肠衣，过松影响成品的饱满结实度。

（4）烘烤时必须注意温度的控制。温度过高脂肪易熔化，同时瘦肉也会被烤熟，这不仅降低了成品率，而且色泽变暗，有时会使肠衣内起空壁或空肠，降低品质；温度过低又难以干燥，易引起发酵变质。

三、川式腊肠

川式腊肠是我国传统的生干香肠，加工中经过很长时间的晾挂成熟过程，风味独特，是四川地区农家婚贺、过节、待客等宴席上必不可少的食品。其外表色泽红亮，切开后红白相间，色泽鲜亮，味道鲜美，香味浓郁，回味悠久。

1. 原料配方

(1) 配方　猪瘦肉 80kg，猪肥膘 20kg，精盐 3.0kg，白糖 1.0kg，酱油 3.0kg，曲酒 1.0kg，硝酸钠 5g，花椒 100g，混合香料 150g(八角、山柰各 1 份，桂皮 3 份，甘草 2 份，荜拔 3 份研磨成粉，过筛，混合均匀即成)。

(2) 仪器及设备　冷藏柜，绞肉机，灌肠机，排气针，台秤，砧板，刀具，塑料盆，细绳，烘烤房。

2. 工艺流程

选料与修整→配料→拌馅、腌制→灌制→排气→捆线结扎→漂洗→晾晒和烘烤→成品

3. 操作要点

(1) 选料与修整

四川腊肠的原料肉以猪肉为主，要求新鲜。瘦肉以腿臀肉为最好，肥膘以背部硬膘为好，腿膘次之。加工其他肉制品切割下来的碎肉亦可作为原料。原料肉经过修整，去掉筋腱、骨头和皮。瘦肉先切成小块，再用绞肉机以 0.8 ～ 1.0cm 的筛板绞碎，肥肉切成 0.6 ～ $1.0cm^3$ 大小的肉丁，用温水清洗 1 次，以除去浮油及杂质，捞入筛内，沥干水分待用，肥瘦肉要分别存放。

(2) 天然肠衣准备　用于制或盐渍的猪小肠衣，要求色泽洁白、厚薄均匀、不带花纹、无沙眼等，在清水中浸泡柔软，洗去盐分后备用。肠衣用量，每 100kg 肉馅，约需 300m 猪小肠衣。

(3) 配料　按配方称取各种辅料，混合均匀，加入 6%～ 10% 的温水，搅拌，使辅料充分溶解。

(4) 拌馅、腌制　把瘦肉丁、肥肉丁和辅料混合均匀，腌制数分钟，即可灌制。

(5) 灌制　将肠衣套在灌嘴上，使肉馅均匀地灌入准备好的肠衣中。

(6) 排气　用排气针排打湿肠两面，以便排出肠内空气和多

余的水分。切忌划破肠衣。

(7) 捆线结扎　每隔 10 ～ 20cm 用细线结扎一道，不同品种、规格要求的长度也不同。

(8) 漂洗　将湿肠用 35℃左右的清水漂洗 1 次，除去表面污物，然后依次挂在竹竿上，以便晾晒、烘烤。

(9) 晾晒和烘烤　将悬挂好的肠放在日光下暴晒 2 ～ 3d，阳光强时每隔 2 ～ 3h 转动竹竿一次，阳光不强时每隔 4 ～ 5h 转一次。在日晒过程中，肠体胀气处应针刺排气。晚间送入烘烤房内烘烤，温度保持在 40 ～ 60℃。一般经过 3 昼夜的烘晒即完成。然后再晾挂到通风良好的场所风干 10 ～ 15 天即为成品。

(10) 成品　在 10℃以下可保存 1 个月以上，也可挂在通风干燥处保存，还可进行真空包装。川式腊肠外表色泽红亮，切开后红白相间，色泽鲜亮，味道鲜美，香味浓郁，无黏液、无霉点、无异味、无酸败味。

4. 注意事项

(1) 肥膘丁一定要用温水清洗，使其互相不粘连，并使肉丁柔软滑润，便于拌馅时与瘦肉料和各种配料混合均匀。

(2) 拌好的肉馅不要久置，必须迅速灌制，否则瘦肉丁会变成褐色，影响成品色泽。另外，加工时最好一次用料 30kg 左右，这样可以很快灌完，如配料过多，易调味不均，先灌的味淡，最后灌的味咸。

(3) 灌制时要掌握松紧程度，不能过紧或过松，过紧会胀破肠衣，过松影响成品的饱满结实度。

(4) 烘烤时必须注意温度的控制。温度过高脂肪易熔化，同时瘦肉也会烤熟，这不仅降低了成品率，而且色泽变暗，有时会使肠衣内起空壁或空肠，降低品质；温度过低又难以干燥，易引起发酵变质。

四、四川麻辣香肠

1. 原料配方（按100kg猪肉计）

猪瘦肉70kg，食盐2.5kg，肥膘肉30kg，花椒面1.5kg，白酒1kg，辣椒面1.5kg，白糖1kg，五香粉、胡椒粉、鸡精适量。

2. 工艺流程

选料腌制→灌肠→分段→晾晒→保藏

3. 操作要点

（1）选料腌制　将猪肉切成肉条(1cm×3cm)。将所有调料放进切好的肉条中，拌匀，腌制12～24h。

（2）灌肠　清洗干净肠衣，开始灌香肠。灌装时保证肠衣上下饱满，最后将肠衣打结密封。

（3）分段　等整根香肠灌满以后，用牙签在香肠表面扎一些小孔，以利于通气，然后用线将其分段，大约15cm一段，每段之间用线扎紧。

（4）晾晒　分好段的香肠晾晒在背阴通风的地方，一周以后即可食用；如晾晒在室外，晚上需要收回室内，避免露水打湿香肠。

五、哈尔滨风干香肠

哈尔滨风干香肠又名正阳楼香肠，是哈尔滨市“正阳楼”传统名产，规格一致，长60cm，扁圆形，折双行，食之清口健胃、干而不硬。

1. 原料配方

（1）配方一　猪精肉90kg，猪肥膘10kg，酱油18～20kg，砂仁粉125g，豆蔻200g，桂皮粉150g，花椒粉100g，姜100g。

（2）配方二　猪瘦肉85k，猪肥膘1.5kg，盐2.1kg，桂皮粉200g，丁香60g，姜1g，花椒粉100g。

（3）配方三　猪瘦肉80kg，猪肥膘20kg，味精500g，白酒500g，盐2kg，砂仁150g，小茴香100g，豆蔻150g，姜1kg，

桂皮400g，选用的精盐应色白、粒细、无杂质；选用酒精体积分数50%的白酒或料酒。

2．工艺流程

原料肉选择→绞碎→搅拌→充填→日晒与烘烤→成品

3．操作要点

(1) 原料肉选择　原料肉一般以猪肉为主，以腿肉和臀肉为最好，肥膘一般选用背部的皮下脂肪。

(2) 绞碎　剔骨后的原料肉，首先将瘦肉和肥膘分开，分别切成长为1～1.2cm的立方块，最好用手工切。用机械切时，由于摩擦产热会使肉温提高，所以会影响产品的质量。目前，为了加快生产速度，一般采用筛孔直径为15mm的绞肉机绞碎。

(3) 制馅　将肥瘦猪肉倒入拌馅机内，开机搅拌均匀，再将各种配料加入，搅拌均匀即可。

(4) 灌制　肉馅拌好后，要马上灌制，用猪或羊小肠肠衣均可。灌制不可太满，以免肠体过粗。灌后，要求每根长1m，且要用手将每根肠撸匀，即可上竿晾挂。

(5) 日晒与烘烤　将香肠挂在竹竿上，送到日光下暴晒2～3天，然后挂于阴凉通风处，风干3～4天。烘烤时，室内温度控制在42～49℃，最好温度保持恒定。温度过高使肠内脂肪融化，产生流油现象，肌肉色泽发暗，降低品质。如温度过低，延长烘烤时间，肠内水分排除缓慢，易引起发酵变质。烘烤时间为24～28h。

(6) 捆把　将风干后的香肠取下，按每6根捆成一把。把捆好的香肠横竖码垛，存放在阴凉、湿度合适的场所，一般干制条件为22～24℃，相对湿度为75%～80%。干制香肠成熟后，肠内部水分很少，为30%～40%。

产品在食用前应该煮制，煮制前先用温水洗一次，刷掉肠体表面的灰尘和污物。开水下锅，煮制15min即可出锅，装入容器晾凉即为成品。

4．产品特点

产品的瘦肉部分呈红褐色，脂肪部分呈乳白色，切面可见有少量的棕色调料点，肠体质干略有弹性，具有独特的清香风味。

六、武汉腊肠

1．原料配方

瘦肉 70kg（用绞肉机绞碎），肥肉 70kg（切成肉丁），硝石 50g，汾酒 2.5kg，细盐 3kg，味精 0.3kg，白糖 4kg，生姜粉 0.3kg，白胡椒粉 0.2kg。

2．工艺流程

原料及辅料选择→切肉配料→灌制→漂洗→日晒和火烘→保藏

3．操作要点

（1）原料及辅料选择。原料肉以猪肉为主，最好选择新鲜的大腿肉及臀部肉（瘦肉多且结实，颜色好）。肠衣最好选择直径 26 ～ 28mm 的猪肠衣。辅料用洁白精盐、白砂糖、大曲或高粱酒和上等酱油。

（2）切肉配料　先将皮、骨、腱全部剔除，把肥肉切成 $1cm^3$ 的小方块，按照配方进行配料。

（3）肠衣及麻绳　肠衣可用猪或羊的小肠衣。干肠衣先用温水浸泡，回软后沥干水分待用。麻绳用于结扎香肠。

（4）灌制　将上列配料与肉充分混合后，用漏斗将肉灌入肠内。每灌到 12 ～ 15cm 长时，即可用绳结扎。如此边灌边扎，直至灌满全肠。然后在每一节上用细针刺若干小孔，以便于烘肠时水分和空气外泄。

（5）漂洗　灌后的湿肠，放在温水中漂洗 1 次，以除去附着的污染物。然后依次挂在竹竿上，以便暴晒和火烘。

(6) 日晒和火烘　灌好的香肠即送到日光下暴晒(或进烘干室烘干)2～3天，再送到通风良好的场所挂晾风干。在日晒过程中，若肠内有空气存在时，该部膨胀，应用针刺破将气体排出。如用烘房烘烤时，温度应掌握在50℃左右，烘烤时间一般为1～2昼夜。

(7) 保藏　香肠在10℃以下的温度，可以保藏1～3个月，一般应悬挂在通风干燥的地方。

七、湖南大香肠

湖南大香肠除醇香可口外，在外形上也与众不同，它不用分段挂结，也不拘规格长短，出售时，顾客需要多少就切多少。

1. 原料配方

(1) 配方　鲜猪肉100kg，精盐3kg(夏季3.5kg)，白糖2kg，五香粉100g，硝酸钠20g。

(2) 仪器及设备　冷藏柜，绞肉机，灌肠机，排气针，台秤，砧板，刀具，塑料盆，烤炉。

2. 工艺流程

原料选择→原料整理→拌馅→灌肠→烘烤→成品

3. 操作要点

(1) 原料选择　湖南大香肠的原料构成同如皋香肠一样，肥瘦肉比例也是2∶8。

(2) 原料整理　去净肉坯中的皮、骨、筋腱、衣膜、淤血和伤斑，清洗干净并沥干水分，肥膘和瘦肉拌和剁碎。

(3) 拌馅　将剁碎的肉在案板上摊开，撒盐反复拌4次，装缸腌5～8h(夏季3～4h)，再把白糖、五香粉、硝酸钠加入拌匀，出缸灌制。

(4) 灌肠　灌肠前先把肠衣里的盐汁洗净，排除肠内空气和水分。利用灌肠机将肉馅均匀地灌入肠衣内，用针在肠身上戳孔以放出空气，用手挤抹肠身使其粗细均匀、肠馅结实，两端用花线扎牢，最后用清水洗去肠外的油污、杂质，挂在竹竿上送烘房烘烤。

(5) 烘烤　烘房温度，初时 25 ～ 28℃。关门烘烤后，逐渐升温，最高可达 70 ～ 80℃。5h 后，视香肠的干度情况将温度降到 40 ～ 50℃，出烘房前 3 ～ 4h 再将温度降至 30℃。

4. 注意事项

(1) 肥膘一定要用温水才能将其油腻、杂质清洗干净。

(2) 灌肠时要掌握松紧程度，过紧会胀破肠衣，过松影响成品的饱满结实度。

(3) 用针板在肠衣上刺孔时，下针要平，用力不可过猛，刺一段移一段，不可漏刺，否则肉馅会受热膨胀，使肉馅与肠衣“脱壳”，为空气的进入和肉馅的氧化创造条件。

(4) 烘烤时注意控制好温度，若烘烤温度过高会使香肠出油，降低质量和成品率。

5. 质量标准

湖南大香肠肠衣干燥完整，且紧贴肉馅，无黏液及霉点，坚实或有弹性。切面坚实，切面肉馅有光泽，肌肉呈玫瑰红色，脂肪白色或稍红，具有香肠固有的风味。

八、北京香肠

本品为生制品，挂在阴凉处可存放数月不变质。食用前，蒸或煮制 15min 左右。滋味醇香，鲜美适口。

1. 原料配方

(1) 主料　猪瘦肉 42.5kg，肥膘肉 7.5kg。

(2) 辅料　精盐 1.5kg，酱油 1.5kg，白糖 1.25kg，豆蔻 50g，砂仁 50g，花椒面 50g，鲜姜 250g(剁碎用)，硝酸钠 5g。

2．工艺流程

选料整理→拌料→灌装→晾晒

3．操作要点

（1）选料整理　选用卫生合格的猪后腿肉和背部硬肥膘肉，剔去骨头、筋腱。将瘦肉和肥膘分别切成 1cm 左右的方丁肉块。肥丁用温水漂洗一次，除去浮油、杂质，沥去水分。切（绞）肉设备。在肉制品加工过程中，无论什么品种，都要对原料肉进行切块（片）或绞碎。所以，切肉机和绞肉机是生产肉制品不可缺少的设备。切肉机通过更换不同的刀具，可以根据需要切割成不同规格的肉块或肉片。绞肉机通过调换筛板，可绞成大小不同的肉粒。切肉机和绞肉机，各地均有生产，可根据实际条件选用不同的规格型号。

（2）拌料　肥、瘦肉丁混合一起，加入精盐和硝酸钠，揉搓拌匀。放置 10min 后，将其他配料全部加入，搅拌均匀。斩拌（拌馅）设备。一般绞肉机绞碎的肉粒，多为中粗粒度，如果某些肉制品要求肉馅更细些或者需要乳化的灌肠，以提高出品率和产品质量，就要利用斩拌机。斩拌机既有细切割、又有搅拌作用，在斩拌过程中可将各种辅料添加进去。斩拌机按类型可分为普通斩拌机和真空斩拌机。真空斩拌机能避免空气打入肉的蛋白质结构，从而提高肉馅的乳化性能。对于不采用斩拌工序的产品，应使用搅拌机（或称拌馅机）进行拌馅，使肉与各种辅料搅拌均匀。搅拌机也分为普通搅拌机和真空搅拌机，可根据条件选用。

（3）灌装　将拌好的馅料，用机器或人工灌入浸软的肠衣内。灌装要粗细均匀，每隔 20cm，结扎为一节。灌好的香肠放在温水漂洗一次，除去表面沾染的油污和杂质，使肠体清洁，用针刺排出空气和水分。灌装设备。灌装是生产灌肠制品的重要工序，借助机械作用将拌好的肉馅灌入肠衣或其他包装材料内。灌装机主要分为液压灌肠机和真空灌肠机两大类。目前，国内外生产的新型真空灌肠机，多采用自动定量和无级调速装置，既能排除肉馅中含有的大气泡，又带有自动结扎或扭结装置。

(4) 晾晒　灌好的香肠串在竹竿上，在日光下晾晒。冬季15天左右，春秋季7～8天，即为成品。也可以不经晾晒，直接送烘房烘烤。出品率为60%～65%。烘烤设备。烘烤是为了使灌肠的表面干燥、色泽美观，并能增加肠衣的坚固性。传统的烘烤方法是用烘烤房及烘架，选用木材或煤炭作为热源，直接对肉品烘烤。现代的方法是选用自动控温的烘烤箱，用电力为热源，电热管辐射升温烘烤。

九、台式香肠

因原产地在台湾，故而得名。是运用现代加工工艺技术生产的具有中式风味的灌肠类制品，由于其风味独特、营养价值高而倍受广大消费者青睐，近年成为我国灌肠类制品中发展最快的品种之一。食用方式：烧烤、切片炒菜、油炸、卤煮等，特别多见于城市的休闲烧烤。台式香肠由于制作简单，无需太多的设备投入，市场接受度高等原因，近几年来发展迅猛，已经成为速冻食品的主要品种之一。

1. 原料配方

(1) 配方（一）　瘦肉 65.000kg (46.49%)，肥肉 35.000 kg (25.04%)，淀粉 15.000 kg (10.73%)，桃美素 0.020kg (0.014%)，益色美 0.030kg (0.02%)，特香灵 A0.100 kg (0.07%)，超霸味 A 0.200 kg (0.14%)，糖 5.000 kg (3.58%)，盐 1.800kg (1.29%)，味精 1.000kg (0.72%)，特香肉精膏 0.150kg (0.11%)，肉香素 0.136kg (0.10%)，高浓肉精粉 0.050kg(0.04%)，富丽磷 11 # 0.100kg (0.07%)，富丽磷 12 # 0.100kg (0.07%)，冰水 15.000kg (10.73%)，红色六号适量，无色 PCCC0.600kg (0.43%)，五香粉 0.050kg (0.04%)，肉桂粉 X 0.050kg (0.04%)，

已二烯酸钾 0.014kg（0.01%），胡椒粉 0.200kg（0.14%），肠类成型剂（理之源）0.200kg（0.14%），总量 139.800kg（100%）。

（2）配方（二） 瘦肉 65.000kg(46.49%)，肥肉 35.000kg(25.04%)，淀粉 15.000kg(10.73%)，特香灵 A 0.100kg(0.07%)，超霸味 A 0.200kg（0.14%），糖 5.000kg（3.58%），盐 1.800kg(1.29%)，味精 1.000kg（0.72%），特香肉精膏 0.150kg（0.11%），肉香素 0.136kg（0.10%），高浓肉精粉 0.050kg（0.04%），富丽磷 11 # 0.100kg（0.07%），富丽磷 12 # 0.100kg（0.07%），冰水 15.000kg(10.73%)，PCCC0.600kg（0.43%），五香粉 0.050kg（0.04%），肉桂粉 X 0.05000kg（0.04%），已二烯酸钾 0.014kg（0.01%），胡椒粉 0.200kg（0.14%），肠类成型剂 0.200kg（0.14%），总量 139.800kg（100%）。(说明：配方一和配方二的区别主要在 PCCC 香肠综合料，配方一是使用无色 PCCC，而配方二使用的 PCCC 本身已经带颜色，故无需添加色素。)

2. 所需设备

冻肉刨片机、冻肉绞肉机、调速打桶、灌肠机、烤箱、蒸煮箱、包装机、保鲜库、冷藏库。

3. 所使用添加剂名录

肠类成型剂、肉桂粉 X、五香粉、PCCC、富丽磷 12 #、富丽磷 11 #、高浓肉精粉、肉香素、特香肉精膏、超霸味 A、特香灵 A、无色 PCCC、红色六号、益色美、桃美素、之味肉精膏、双 C-2 肉精膏、双 C-3 肉精膏、6166 肉精粉、6166 肉精油。下面介绍一些香精香料、品质改良剂、发色剂、保色剂的参考用量，用途及功效。

（1）肉香素 桔红色油状液体，直接添加入食品中 0.05% ~ 0.3%，具有较圆润、自然醇和的肉香，其肉质感强，留香持久，添加量少，且耐高温耐冻性非常好，是一种较迎合大众口味的天然肉类增香精。

(2) 特香肉精膏　呈红褐色膏状，直接添加入食品中0.1%～0.4%，肉香味明显突出、浓香；口感逼真、醇厚、保香稳定性好

(3) 高浓肉精粉　白色粉末状，加工后半部加入0.1%～0.4%，具有较浓郁的肉味香气，饱满、自然，肉感强；香气稳定，且耐高温，耐冻性好。

(4) PCCC　粉末状，直接添加入食品中0.3%～1.0%，复合香肠调味料，香气浓而自然，留香持久，自身带有发色、护色剂和色素。

(5) 特香灵A　粉末状，直接添加入食品中0.02%～0.1%，增香、抚香、定香的作用。

(6) 无色PCCC　粉末状，直接添加入食品中0.3%～1.0%，独特的香肠调味料，自然本色，风味独特，口感佳，自身不带色素、发色剂、护色剂。

(7) 肉桂粉X　白色粉末状，直接添加入食品中0.03%～0.08%，调味香辛料，起提味、增香、去除膻腥味等作用。

(8) 超霸味A　白色粉末状，直接添加入食品中0.05%～0.2%，鲜度高、味道浓、用量少、效果好。

(9) 富丽磷11#　白色粉末状，打浆前加入0.1%～0.25%，保持肉质嫩化、增加弹性、防止冷冻后脱水。

(10) 富丽磷12#　白色粉末状，打浆前加入0.1%～0.25%，增加黏度、增强脆性、一般与11#和用。

(11) 桃美素　白色粉末状，加入滚揉腌制待用≤0.03%，发色剂、防腐剂，用干香肠、亲亲肠类。

(12) 益色美　白色粉末状，与发色剂一起加入0.005%～0.1%，保色剂、防止食品的氧化变黑，颜色褪败。

(13) 己二烯酸钾　白色颗粒状，腌渍时加入0.01%～0.03%，

对微菌、有害酵母菌、好气性菌有强力抑菌作用

（14）肠类成型剂　白色粉末状，直接加入 0.3%～0.5%，改善制品组织结构、咬感佳、切片好；提高制品出品率。

除以上产品外，还有之味肉精膏、双 C–2，3 肉精膏、6166 粉、油等多种肉香精可用于台式香肠，香精的合理搭配可以起到意想不到的效果。

4．工艺流程

原料处理→绞肉、腌制→混合搅拌→灌肠、打节→烘烤（蒸煮）→冷却→成品→速冻→包装

5．操作要点

在生产、贮运和销售过程中常出现一些质量问题、直接影响企业的经济效益和市场竞争能力。为此，应从以下几个方面对香肠的生产过程严格监控。从而使产品质量达到标准要求。

(1)原料肉整理　一般选用符合国家标准的新鲜猪肉为最好，但在工厂的实际生产中，为保存和运输方便常使用冻肉。一般来说，肉经冷冻再解冻其保水性、风味都比鲜肉要差。冻肉应采用自然解冻，修整好的瘦肉、肥肉用筛板绞碎，要求绞出的肉粒完整无糊状。

（2）腌制　腌制的主要目的是发色、提高保水性和风味。腌制中起重要作用是食盐、发色剂、保色剂。食盐的添加量既要适合人的口味，又要使成品具有鲜嫩的口感。发色剂、保色剂的最佳投放量则要使产成品色泽红润、改善风味、抑制氧化、抑制细菌繁殖。同时又要使亚硝酸钠的残留量低于国家标准规定的要求。然而还应对原料肉的新鲜程度、腌制时间、腌制温度、搅拌均匀程度等有关因素实施控制。

①将桃美素、益色美、食盐用水溶解后，放入已绞碎的瘦肉中。充分搅拌均匀即可。

②腌制隔夜以上，使肉馅充分发色。

(3) 拌料　正确掌握辅料的添加顺序：首先将腌制好的瘦肉加入富丽磷 11#、12# 混合搅拌，因为富丽磷 11# 可增强肉质和水分之间粘和性及渗透力、防止水分损失、提高其保水保油、增重的效果。富丽磷 12# 可破坏猪肉细胞纤维的作用，增加制品的弹性及脆度。然后再加入糖、味精、超霸味 A、香精香料、淀粉、冰水、色素继续混合搅拌，最后加入肥肉混合搅拌均匀即可。

(4) 灌肠　手握肠衣，要松紧适当灵活掌握，随时注意肠内肉馅的松紧情况，每灌完一根肠衣，随即交与后面一人捆扎，交接时前后两人需互相配合，注意速度。捆扎时应结紧结牢，不使松散，灌满肉馅后的肠子，须用棉绳在肠衣的一端结紧结牢，以便悬挂，捆绑方法因品种而异。注意空洞，随时刺破放气，灌肠时很容易带入空气，在肠内形成气泡。这种气泡须用针刺破放出空气，否则成品表面不平而且影响质量，影响保存期。刺孔时须特别注意肠子的两端，因顶端容易滞留空气。

(5) 燥发色（烘烤）　灌装好的香肠应及时送入烤箱中进行烘烤。通过干燥使产品充分发色、水分蒸发，从而形成产品特有的风味、口感和组织结构。控制干燥温度，过高会使肠衣干燥过快，肠内水分不能排出，肠内脂肪融化，出现空隙出油，污染香肠表面。温度过低，糖在组织酶和微生物的作用下产酸发酵，产品变性，发色效果差。在干燥期间，应调转一次车头，或调换挂篙，使香肠水分蒸发均匀，发色效果一致。

(6) 蒸煮　蒸煮初温要适当高于蛋白质凝固点，蛋白质过热，慢慢变性，可紧紧地将水及脂肪包住。如果一开始就用高温加热，那么接近肠衣表层的肉浆热变性剧烈，导致香肠外表可见苍白肉纹，影响外观。若时间再长一点，又会使脂肪球受热膨胀，将凝固的蛋白质撑破。内部脂肪流出，影响凝胶结构的弹性，使肠体表面出现走油现象。

(7) 冷却、急冻　将烘烤（蒸煮）好的香肠在常温下冷却至室温，然后送入急冻库内急冻至中心温度－18℃以下。

（8）包装 依所需规格包装，置于－18℃冷冻库冷藏。

十、如皋香肠

如皋香肠历史悠久，始产于清代同治年间，以选料严格、讲究辅料、成品肉质紧密、肉馅红白分明、香味浓郁、口味鲜美而著称，是我国的著名香肠之一，百余年来，一直畅销海内外。

（一）方法一

1. 原料配方

（1）配方 猪后腿肉100kg，白糖5～6kg，精盐4～5kg，60度曲酒1kg，酱油2kg，另加适量葡萄糖代替硝酸钠作为发色剂。

（2）仪器设备 冷藏柜，绞肉机，灌肠机，排气针，台秤，砧板，刀具，塑料盆，细绳。

2. 工艺流程

选料选择→修整→拌馅→灌肠→晾晒→成品

3. 操作要点

（1）选料选择 如皋香肠选料较严，猪肉都具有一定的膘度，过度瘠瘦的从不采用，坚持以后腿精肉为主，夹心肉为辅。膘以硬膘为主，腿膘为辅，肥瘦比例一般为2∶8或1∶3。

（2）修整 去净肉坯中的皮、骨、筋腱、衣膜、淤血和伤斑，将肥膘、精肉分别切成1～1.2cm见方的小粒。

（3）拌馅 将精肉粒置于拌料机下层，白膘丁置于上层，将食盐撒在肉面上，先将膘丁揉开，再上下翻动，使膘丁与肉粒充分拌和。腌30min后，再加入糖、酱油等其他辅料并充分搅拌，稍停片刻，再翻动1次即可灌馅。

（4）灌肠 灌装前先用清水将肠衣内外漂洗干净，利用灌肠机将肉馅均匀地灌入肠衣内，用针在肠身上戳孔以放出空气，用手挤抹肠身使其粗细均匀、肠馅结实，两端用花线扎牢，最后用清水洗去肠外的油污、杂质，穿挂在竹竿上以待晾晒。

（5）晾晒　将香肠置于晾晒架上晾晒，肠与肠之间须保持一定距离，以利通风透光。晾晒时间应根据气温高低灵活掌握，冬季一般晾晒 10 ～ 12 天，夏季 6 ～ 8 天，晾晒至瘦肉干、肠衣皱，即可入库保管。成品率 70%左右。

4．注意事项

（1）搅拌时每盘不得超过 50kg，拌匀即可，搅拌过度会成糊状。肉馅备放时间不宜过久。

（2）灌肠时要掌握松紧程度，肠要装满，不能有空心或花心。过紧会胀破肠衣，过松影响成品的饱满结实度。

（3）用针板在肠衣上刺孔时，下针要平，用力不可过猛，刺一段移一段，不可漏刺，否则肉馅会受热膨胀，使肉馅与肠衣“脱壳”，为空气的进入和肉馅的氧化创造条件。

（4）晾晒时要避免烈日暴晒，热天中午要盖芦席以遮挡阳光，以免出油影响品质。

（5）如皋香肠晒干后不宜立即食用，还要再存放 20 ～ 30 天，才能完全成熟，成熟的香肠芳香四溢，风味更佳。

5．质量标准

肠衣干燥、完整且紧贴肉馅，无黏液及霉点，切面坚实，肉馅有光泽，肌肉灰红至玫瑰红色，脂肪白色或微红，具有香肠固有的风味

（二）方法二

1．原料配方（按 100 千克猪肉计）

猪瘦肉 70kg，肥膘肉 30kg，食盐 8kg，曲酒 (60 度)2kg，白糖 10kg，酱油 4kg，葡萄糖、硝酸钠适量。

2. 工艺流程

选料腌制→灌肠→分段→晾晒→保藏

3. 操作要点

（1）选料整理　选用卫检合格的生猪肉，切条，肥膘肉切成 0.8 ～ 1cm 见方的肥丁，并用温水漂洗，除掉表面污渍。

（2）拌料　先在容器内加入少量温水，加盐、硝水拌和，溶解后加入瘦肉和肥丁，搅拌均匀，制成肉馅，腌制约 0.5h。然后再加糖、酱油、酒拌和，要拌得匀透。

（3）灌肠　先用温水将肠衣泡软，洗干净。用灌肠机或手工将肉馅灌入肠衣内。灌装时，要求均匀、结实，发现气泡用针刺排气。然后用温水将灌好的香肠漂洗，串挂在晾晒烘烤架上。

（4）晾晒烘烤　将串挂好的香肠放在阳光下晾晒，一般冬天为 10 ～ 12 天，夏天为 7 ～ 10 天。

（5）保藏　贮存方式以悬挂式最好，在 10℃以下条件可保存 3 个月以上。

十一、猪肝腊肠

以猪肝作为腊肠的原料，不但营养丰富，而且风味也有所不同。这种产品在东南亚一带较多生产。

1. 原料配方

猪修整碎肉 50kg，猪背部脂肪（丁）30kg，猪肝 20kg，食盐 2.5kg，白糖 1kg，酱油 250g，肉桂 62g，亚硝酸钠 16g。

2. 工艺流程

肥肉切丁→原料选择→绞肉（粗斩）→拌馅→充填→熏烤→成熟→成品

3. 操作要点

（1）原料选择　选择经兽医卫生检验合格的原料肉。

（2）绞肉　切块的猪修整肉通过粗斩或绞肉机（12mm 孔板）

绞碎，将冷却过的背部脂肪切成 $6mm^3$ 的丁。将猪肝通过绞肉机(3mm 孔板）绞碎。

（3）充填、熏烤、成熟　在搅拌机内，将原料和辅料充分混合，然后充填入 20mm 左右的天然肠衣或者纤维素肠衣。每根香肠长 102mm，在温度为 49℃的烟熏室内加热 48h，再在 15 ～ 18℃下成熟 24 ～ 48h，包装后就是成品。

4．产品特点

产品外表红棕色，肠体结实，清香可口。

十二、猪心腊肠

猪心腊肠又名猪心风干肠。

1．原料配方

精肉 20kg，猪心 20kg，肥膘丁 10kg，酱油 3kg，料酒 1.25kg，砂仁 25g，白糖 3kg，盐 1.25kg，肉桂 50g，亚硝酸盐 5g，猪肠衣适量。

2．工艺流程

肥肉切丁→原料选择→绞肉（粗斩）→拌馅→充填→风干→煮制→成品

3．操作要点

（1）精肉用食盐、亚硝酸盐腌制，时间依气候酌情处理，冬季 8 ～ 12h，春、夏、秋 2 ～ 4h，之后切成 1cm 小块。

（2）把猪心切成形似精肉大小的小块。

（3）把肥膘丁用温水洗净控干。

（4）把精肉块、猪心块、肥膘丁加调料混合均匀后，灌制排气。

（5）自然风干 3 ～ 5 天，煮制出厂。

十三、兔肉香肠

1．原料配方

（1）主料　兔肉12.5kg，猪肉12.5kg。

（2）辅料　食盐0.75kg，香油0.5kg，酱油1.0kg，白糖1.0kg，黄酒0.5kg，姜末40g，五香粉25g，味精40g。

2．工艺流程

选料切分→混合→灌肠→风干或烘干→成品

3．操作要点

（1）选料切分　先选去骨兔肉和去皮猪肉各12.5kg，均切成核桃大的方块。

（2）混合　将切割好的原料肉混合在一起，放辅料充分搅均匀。

（3）灌肠　待放置1～2h，灌入泡软、洗净的肠衣内。每条香肠要每隔14～15cm用细麻绳扎一节，发现气泡用针板打孔放出气体。

（4）风干或烘干　接着把灌好的香肠搭在竹竿上，或绳子上，在阴凉通风处风干，或送进烤炉中烘干。若在烤炉中烤制，炉温为60～70℃，经3～4h，见肠体干爽就可出炉。

（5）成品　烘晾成的香肠，如不急需食用，可一根一根有间隙的挂在竹竿或绳上，并将竹竿有间隙的架在挡雨而又阴凉通风处存放。当需要吃时，可以进行蒸煮，蒸煮的时间，以15～30min为宜。

十四、牛肉香肠

1．原料配方

（1）主料　生牛肉35kg，猪肥膘肉15kg。

（2）辅料　食盐1.5kg，白色酱油1.5kg，白糖3kg，白酒500g，亚硝酸盐3g。

2. 工艺流程

原料整理→制馅→灌装→烘烤或晒干→成品

3. 操作要点

(1) 原料整理　选用健康无病的新鲜牛肉，以后腿为最好，剔除骨头、筋腱，冷水浸泡，沥去水分。用绞肉机绞成1cm的小块。去皮的猪肥膘肉切成1cm的方丁，用温水漂洗一次，沥去水分。

(2) 制馅　将绞碎的牛肉和猪肥丁混合，加入精盐和亚硝酸钠，用手反复揉搓5min左右，使其充分混合均匀，放置10min。将白色酱油、白糖、白酒混合，倒在肉块上搅拌均匀，即成肠馅。

(3) 灌装　用温水将猪肠衣泡软、洗净，用灌肠机或手工将肠馅灌入。每间隔20cm，结扎为1节。发现汽泡，用针板打孔排气。灌完扎好的香肠，放在温水中漂洗一次，除去肠衣外沾附的油污等。

(4) 烘烤或晒干　将香肠有间隙地搭在竹竿上，挂在阳光下晒干，或直接在烤炉里烘干。烤炉内的温度先高后低，控制为60～70℃，烘烤3h左右。烘烤过程中，随时查看，见肠体表面干燥时就可出炉。挂在通风处，风干3～5天，待肠体干燥、手感坚挺时，即为成品。出品率62%。

(5) 成品　本产品为生制品，食用前蒸或煮制15min左右。鲜香味美，食之爽口。

十五、卤香肠

香肠是我国传统的肠制品，在其加工过程中，因为肉中蛋白质受到原料中自然存在的酶的作用，分解出较多的氨基酸，所以香肠不仅香气浓郁，而且味道鲜美。与普通香肠相比，卤香肠的制作工艺中增加了卤制工序，因而它的滋味更加丰富。

1. 原料配方

(1) 香肠原料　猪肉50kg(其中瘦肉占60%～70%，肥肉占 30%～40%)，配白糖 2.3kg，食盐 1.2kg，五香粉 20g。肠衣可采用猪或羊的小肠衣。

(2) 卤汤配制　50kg 清水需配入陈皮 400g，甘草 400g，花椒 250g，八角 250g，桂皮 250g，丁香 25g，草果 250g，白糖 1.1kg，酱油 2.2kg，食盐 3kg。将白糖、酱油、食盐直接加入清水中并搅拌使之溶解、分散均匀，余下的配料装入小白布袋内，用线绳扎口，制成料包，把料包也放进清水中，煮沸 1h，捞出料包，即制成卤汤。一个料包通常可使用 4～5 次。

2. 工艺流程

搅肉及切肉→拌料→灌制→卤制→烘烤→风干→贮藏→成品

3. 操作要点

(1) 搅肉及切肉　瘦肉用绞肉机绞碎，肥肉则用刀切成 $1cm^3$ 左右的粒状。

(2) 拌料　按比例将碎肉与配料放在盆内拌匀。

(3) 灌制　先将肠衣用热水湿透、洗净，再将拌好的肉通过漏斗灌入肠内，使肠饱满，每灌到 15cm 长左右时用绳扎紧卡节，随后用细针把肠衣插孔，排出空气，以免肠体表面出现凹坑，同时便于卤煮时进味以及烘烤时水分外泄、蒸发。

(4) 卤制　将香肠放入温度保持在 90℃左右的卤水锅内卤煮，火力不能太猛，以防肠衣爆破。30min 后可捞出。

(5) 烘烤　将卤制好的香肠送入烤炉或烤箱里烘干，烘烤温度应控制为 60～70℃，烘烤时间则根据香肠的数量灵活掌握，通常烘烤 4～5h，观察到肠体表皮干燥时即可。

(6) 风干　将烤好的香肠悬挂于凉爽通风处，风干至肠体干燥，手摸有坚挺感觉时即为成品。风干通常需 3～5 天。

(7) 贮藏　将成品悬挂在阴凉干燥处，可存放 3～5 个月不会变质。

十六、果脯香肠

1. 原料配方

猪肉 100kg，其中瘦肉占 60%～70%，肥肉占 40%～30%，冬瓜蜜饯 3kg，金丝蜜枣 3kg，橘饼 3kg，曲酒 2.5kg，盐 2.8kg，白砂糖 4kg，亚硝酸钠 10g，维生素 C10g。

2. 工艺流程

选料→切肉→拌料→灌肠→烘烤→风干→贮存→风干→煮制→成品

3. 操作要点

（1）选料　猪肉选后腿臀部肌肉和前腿夹心肉及背膘；果脯选色泽正常、无虫、无霉变者。

（2）切肉　为使果脯味在肉中渗透均匀，瘦肉应切成 $0.5cm^3$ 的小颗粒，肥肉则切成 $1cm^3$ 的颗粒。

（3）拌料　拌料前，先将果脯切成小颗粒并用乳钵擂捣成泥状。然后将切好的肉置于盆中，再倒入凉开水（不得超过肉量的 5%）和泥状果脯以及其他辅料，充分拌匀。

（4）灌肠　先将肠衣用热水湿透、洗净，再将拌好的料通过机械或手工灌入肠内，使肠饱满，每灌到 15cm 长左右时用绳扎紧卡节，随后用细针将肠衣插孔，排出空气，以免肠体表面出现坑，然后用 30℃温水漂洗，除去表面的污油。

（5）烘烤　将膘洗后的香肠挂在竹竿上，先晾干表面水分，然后进行烘烤烟熏或晾晒，烘烤烟熏时以 50～60℃为宜，温度过高使脂肪融化，出现空隙，污染香肠表面，降低品质，温度过低，不利于干燥，且易引起发酸变质。同时注意经常翻动，使水分蒸发均匀，晾晒时不得与雾接触。

（6）风干　将烤好的果脯香肠悬挂于凉爽通风处，风干至肠体干燥，手摸有坚挺感觉时即为成品。风干通常需 3～5 天。

（7）贮存　将成品悬挂在阴凉干燥处，可存放 3～5 个月不会变质。

十七、东北香肠

1. 原料配方

精肉 40kg，肥膘丁 10kg，白酒 250g，肉桂粉 50g，白糖 1.5kg，味精 50g，花椒粉 50g，鲜姜 500g，八角粉 50g，盐 1.5kg，亚硝酸盐 7.5g，猪肠衣适量。

2. 工艺要点

选优质精肉，切成边长为 1.5cm 的方块状，用盐、亚硝酸盐、白酒（最好是料酒）拌好，再加其余调料搅拌少许，将肥膘丁洗净控干加入搅匀。选完整小肠衣进行灌制并排气，节距 16.7cm，春秋季节风干 7 天，冬季可入炉烤制 2h，再放干燥通风处晾干，煮制即可。

十八、熏干肠

熏干肠是用猪肉和牛肉混合制馅充填成的生食香肠，正因为这种香肠是生吃的，所以，在原料选择上特别严格。成品呈红褐色，存放久后有盐霜。肉馅红润，质地干而柔，切断面光润，略带胡椒香味和辣味，食之别具风味，比红肠略咸，味甘且鲜美，无异味，富有营养。

1. 原料配方

（1）原料　按 50kg 原料肉计算（猪瘦肉 7.5kg，猪肥肉 12.5kg，牛瘦肉 30kg），精盐 1.75 ～ 2.25kg，白糖 1kg，味精 100g，胡椒面 75g，胡椒粒 75g，优质白酒 500g，硝酸钠 25g，猪或牛的小肠衣适量。

（2）仪器及设备　冷藏柜，绞肉机，灌肠机，排气针，台秤，砧板，刀具，塑料盆，细绳，烤炉。

2．工艺流程

原料选择与修整→腌制→绞碎→搅拌→灌制→烘干→成品

3．操作要点

（1）原料选择与修整　必须选用经卫生检验合格的新鲜特等原料，特别是不能用老牛肉，也不能带筋和肥肉，猪肥肉也要选择优质的。将原料肉清洗后，切成大小均匀、5～6cm左右的小块。

（2）腌制　将盐和硝酸钠与肉块拌匀后，放在漏眼容器内腌制，使血水及时流出，使肉质干柔，储存在腌制间约7天。

（3）绞碎　将瘦肉装入直径2～3mm的绞肉机里，绞成肉泥状为止。

（4）拌馅　搅拌前，猪肥肉切成0.5～0.8cm的小方丁，在淀粉中加入25%～30%的清水，将淀粉浆倒入瘦肉泥中搅拌均匀，再把肥肉丁和味精、胡椒粒等一起倒入馅内搅拌均匀。

（5）灌制　把肠衣内外洗净，控去水分，用灌肠机将肉馅灌入肠衣内，用棉线绳扎紧。灌好馅后，要拧出节来，并在肠上刺孔放气。

（6）烘干　使用烤炉烘烤至肠皮干爽为止（60min左右），出品率为30～35kg。

4．注意事项

（1）原料肉修整时，切块不能大小不一，避免在腌制过程中出现渗透不均的现象。

（2）绞瘦肉时必须注意防止其在绞碎过程中由于机器转速过快，使肉馅温度升高，影响肉馅质量。

（3）拌馅时，由于老猪肉的吃水量比一般猪肉多，淀粉浆中可适当多加点水，同时在肉馅内再加2%的精盐，因为在腌制过程中盐水流失，需要补充一部分盐。

（4）拌馅后，馅的质量标准应达到：有80%以上的瘦肉泥变红，并有充分的弹力。馅的加水量要适当，不能使其成为乳浆状，肥肉小方块应分布均匀，肉馅温度10℃左右，并有充分的黏性。

（5）由于肠衣在整个加工过程中，有15%左右的收缩率，因此，灌肠后切断肠衣时，必须留出可能收缩的部分。灌好馅后，要拧出节来，并在肠上刺孔放气，使红肠煮熟后不致产生空馅之处。

（6）为了提高熏干肠的质量，烘干时可用木柴烘烤代替烤炉烘烤，使用的木柴要不含或少含树脂，以硬杂木为宜。如用桦木一定要去皮，主要是为了避免产生黑烟，将红肠熏黑。烤时，肠与肠之间的距离以3～4cm较为合适，太挤了则烤不均匀；肠挂在炉内，与火苗距离应掌握在60cm以上，与火的距离太近，会使肠尖端的脂肪烤化而流失，甚至还会把肠尖端的肉馅烤焦，每隔5～10min要把炉内的肠从上到下和离火远近调换一下位置，避免烘烤不匀。温度要经常保持在65～85℃，烤1h左右，使肠衣干燥，呈半透明状，没有黏湿感，肉馅初露红润色泽，肠头附近无油脂流出，就算烤好。

5．质量标准

熏干肠的表面如用畜类肠衣则呈红褐色，如用棉布包裹肉馅则呈白色，存放久后有盐霜。肉馅红润，切片亮光下观看较为透明。形状为直柱形，有条状皱纹，质地干而柔，肉馅充填均匀，无气孔，切断面光润，略带胡椒香味和辣味。

十九、夹肝香肠

猪肝富含维生素A，还含有糖、蛋白质及铁、硒、锌、铜、锰等矿物质和多种B族维生素，利用猪肝和猪肉加工的夹肝香肠，色泽红润，组织状态良好，外形完整。

1．原料配方

（1）配方　按50kg原料计算（猪夹肝15kg，猪瘦肉15kg，猪肥肉20kg）：精盐1.25kg，白酱油2.5kg，白糖3kg，白酒1.9kg，姜汁 500g。

（2）仪器及设备　冷藏柜，绞肉机，灌肠机，搅拌机，排气针，台秤，刀具，盆，细绳，蒸煮锅，烤炉。

2. 工艺流程

原料选择与修整→洗涤→搅拌→灌制→烘烤→风干→煮制→成品

3. 操作要点

（1）原料选择与修整　选用经卫生检验合格的鲜猪肝及鲜、冻猪肥、瘦肉为原料，经修割符合质量和卫生标准后将猪肝及猪肥、瘦肉分别切成 1cm 见方的肉丁。

（2）洗涤　把切好的三种肉丁，分别用清水洗涤干净。

（3）搅拌　把洗净的各种肉丁和所有调味辅料混合在一起，用搅拌机搅拌均匀。

（4）灌制　把羊肠衣清洗干净，控去水珠，再将肉、肝馅灌入肠衣内，根据需要的长度掐成节。

（5）烘烤　把灌好的夹肝肠半成品挂入恒温为 50℃的烤炉内，烘烤 15h 后取出。

（6）风干　把烤好的夹肝肠用竹竿穿起，挂在通风处晾 7 天，待风干后煮制。

（7）煮制　煮锅内放入清水烧开后将夹肝肠放入，煮 20min 左右即成熟捞出，晾凉，即为成品。夹肝香肠的出品率为 30kg 左右。

（8）成品　夹肝香肠表面呈红褐色，脂肪呈乳白色，肠体质干而柔，有粗皱纹，没有弹力，肉丁突出。灌制肉馅均匀，无气孔，不破不裂，粗细长短齐整。具有夹肝香肠的特殊香味，干爽不柴，香甜可口，越嚼越有滋味，没有任何异味。

4. 注意事项

（1）原料洗涤时，尤其是猪肝丁，需要用清水浸泡

10～15min，充分清除血水。

（2）拌好的馅料不要久置，必须迅速灌制，否则瘦肉丁会变成褐色，影响成品色泽。

（3）灌制时要掌握松紧程度，不能过紧或过松，过紧会胀破肠衣，过松影响成品的饱满结实度。

（4）挂于通风干燥处，能保管7天以上。

二十、什锦花肠

1. 原料配方

猪精肉30kg，猪肥膘7.5kg，牛舌7.5kg，鸡蛋5kg，盐2kg，硝酸钠15g，味精125g，豆蔻1kg，牛盲肠适量。

2. 操作要点

将选好的猪精肉、猪肥膘、牛舌用盐、硝酸钠腌制24h后取出；将猪精肉绞为肉泥，猪肥膘、牛舌切成长为0.6cm的方丁；将鸡蛋做成蛋饼，切成小方丁，加入辅料拌匀，灌入牛盲肠内，用绳捆绑好后串杆挂炉内烘烤2h，取出后再下锅以85℃的温度水煮40～50min，出锅后再挂炉内烤2h，加木粉熏5～6h，出炉凉透即为成品。

第三节　中式粉肠

一、粉肠

1. 原料配方

脂肪5kg，淀粉15kg，鲜姜0.5kg，麻油0.5kg，精盐2kg，大葱1kg，味精0.1kg，花椒粉0.1kg。

2. 工艺流程

原料选择→搅拌→熟制→冷却→成品

3．操作要点

（1）原料选择　选择猪皮下硬脂肪，切成3mm×3mm×40mm细丝。姜、葱绞碎或剁细，花椒热水浸泡用其滤液。

（2）搅拌　取5kg淀粉在容器中用15kg温水调开，调至无淀粉块为止。在淀粉未沉淀前将45kg沸水逐渐倒入，随倒随搅拌，由于淀粉受热而糊化成为糊浆。再取10kg干淀粉，加10kg水调湿，然后逐渐倒入糊浆内搅拌，同时加入脂肪丝、调味料搅拌均匀为止。填充入猪小肠衣中，肠衣不留收缩量。

（3）熟制　熟制温度在90℃以下，粉肠要随灌随下锅，不得集中下锅，以免水温下降，熟制时间10～20min，待肠体浮出水面即为煮熟，捞出冷却。

（4）冷却、成品　冷却后的粉肠摆放在熏屉中，用糖熏制6～7min。

二、风味香肚

香肚系用猪膀胱灌馅加工而成，以南京香肚最为著名。各地香肚加工方法基本相同，主要在配料上有所不同。成品外形似苹果，小巧玲珑，坚实紧凑，有弹性，切片不散，肥瘦相间，红白分明，具有特殊的腌腊风味。

1．原料配方

（1）小香肚　瘦肉70kg，肥膘30kg，食盐2.5kg，味精100g，硝酸钠40g，大茴香粉250g，胡椒粉100g，五香粉100g。

（2）南京香肚　瘦肉70kg，肥膘30kg，白糖5kg，食盐3kg，五香粉50g，硝酸钠50g。

（3）南味香肚　瘦肉70kg，肥膘30kg，白酱油16kg，白糖5kg，50度以上曲酒3kg，硝酸钠40g。

2. 工艺流程

原料肉选择和整理→制馅→灌装→扎口→晾晒→晒挂发酵成熟→成品

3. 操作要点

(1)原料肉的选择及整理　选择符合卫生标准的瘦肉及肥膘，去杂物，清洗干净。

(2) 制馅　将瘦肉切成蚕豆粒大小的块，肥膘切成黄豆粒大小的丁，加入配料搅拌均匀，20～30min 后便可装馅。

(3) 膀胱皮的制作　制作方法有干制和盐渍两种。

①干制膀胱皮　选用新鲜膀胱，剪去膀胱颈，排出尿液，适当保留膀胱颈两侧的输尿管，以便充气检查是否有小孔漏气，漏气的膀胱可用于制作盐渍膀胱皮。修去膀胱表面筋油，然后把膀胱放入氢氧化钠溶液中浸泡，因季节和气温不同，氢氧化钠溶液的浓度也不一样。一般夏季浓度配成 3.5%，其他季节配成 5%。膀胱放入氢氧化钠溶液后充分搅拌。浸泡时间夏季需 5～6h，春、秋季 10h 左右，冬季 18h 左右，浸泡至膀胱呈紫红色时为止。为了浸泡均匀，期间要搅拌 3～4 次。泡好后捞出沥干水，再在清水中浸泡，约 10 天，每天至少换水 1 次，同时充分搅拌，轻揉洗涤，直至膀胱色泽变为洁白时为止，然后洗净捞出沥干水分，注意把膀胱内积水排出。用空气压缩机或打气筒向膀胱内充气，使膀胱鼓起呈球形。注意充气不要太足，以防破裂，一般八九成足为宜。膀胱颈口用夹子夹紧，以防漏气。充气后挂起晾干或烘干。将晾干的膀胱皮取下，剪去夹子夹住的黏合在一起的膀胱颈口部分，同时立即放气，把膀胱皮压扁，注意要使两侧输尿管分别在被压扁的膀胱皮两侧边缘上。根据膀胱皮的大小分别按大小不同的香肚模型板裁剪，然后用缝纫机缝合周边，上部(原膀胱颈口处)留口，即成干制膀胱皮。每 50 个捆一把，于干燥通风处保存。

②盐渍膀胱皮　主要选用有小孔漏气的膀胱，还有当天来不

及处理和稍有异味的膀胱做原材料。先剪除膀胱颈和输尿管，放出尿液，修去表面筋油。然后放入清水中浸泡，使其自然发酵，冬季用温水浸泡，每天换水1次。夏季用凉水，每天换水2次。每次换水时都要把膀胱翻洗一遍，挤出膀胱壁内血水部分。膀胱颜色若有轻微变绿现象，只要组织结构没有破坏，均可利用。这样经水泡、发酵和清洗，直至色泽清白无异味为止，一般冬季浸泡约需3天，春、秋季约需2天，夏季需1～2天。捞出膀胱，排尽其内水分，然后取盐揉擦在膀胱皮内、外表面，约经24h，将膀胱皮内外翻转，再擦盐1次，以后每天翻皮，擦盐1次，经2～3天即可。膀胱皮腌好后放入聚丙烯编织袋中，并撒入一些盐，吊挂在阴凉、通风、干燥处，一般可保存6～8个月不变质。

③膀胱皮的准备　无论干制或盐渍膀胱皮，使用时都要先用清水浸泡回软，洗涤干净。浸泡几小时至几天不等，一般盐渍膀胱皮浸泡时间很短，干制膀胱皮则很长。浸泡期间要换水几次，直至泡软为止。然后捞出沥干水分，按每只膀胱皮加明矾粉37.5g，揉搓均匀，约经20min，再放入清水中搓洗，内、外要翻洗干净，需换水3～4次，把明矾洗掉，洗后沥干水分，即可使用。

（4）灌肚　根据肚皮的大小，称好肉馅，用特制漏斗从膀胱颈口处装入肚皮内，一般每个肚皮装馅250g。把4个捆一把，于干燥通风处保存。净毛巾或多层纱布平铺在案子上，将装好的香肚放在其上，轻轻用力揉捏3～4转，其目的是使肉馅贴紧变实，减少间隙，防止“空心”，外形似苹果。注意用大拇指和食指卡紧口处，防止肉馅外溢。灌肚期间要不时用针板刺打香肚，以利气体排出和水分散发。

（5）扎口　根据肚皮的干湿程度选用扎口的方式，一般湿肚皮采用别签扎口，即在装好馅的肚皮上别上签后再系上麻绳。干肚皮直接用麻绳扎口，一般一条麻绳系两个香肚，便于往竹竿上挂。注意：扎肚时绳要紧贴肉馅，宜紧不宜松，香肚扎口用麻绳长 30 ～ 40cm。

(6) 晾晒　刚灌好的肚坯内部有很多水分，须通过日晒和晾挂使之蒸发。扎肚后，把香肚挂在竹竿上，相互错开，留适当间隙。初冬晒 3 ～ 4 天，农历正月、二月晒 2 ～ 3 天即可。如阳光不足，需适当延长晾晒时间，直到外表变干，内部紧实干硬，肥瘦颜色鲜明为止。

(7) 晾挂发酵成熟　晾晒达到要求的香肚，移入通风干燥的库房内晾挂，使其中水分进一步散发，使产品风味增加，品质提高。仓库须门窗齐全，并有防雨、防晒、防潮、防鼠和防蝇设施，室内温度高低和湿度大小通过开闭门窗调节。晾挂成熟一般需要 40 天左右。香肚成熟后味道方佳。正常情况下，香肚发酵期间，表面先长出一层红色霉菌，逐渐由红变白，最后呈绿色。这是正常发酵的标志。若只长红霉而且表面发黏，是由于香肚没有晾干，库房湿度过大所致。

为保证香肚安全过夏，可采用芝麻油浸渍的方法保管。香肚发酵成熟后，去掉表面霉菌，4 只扣在一起，然后以 100 只香肚用 2kg 芝麻油加以搅拌，叠放入大缸中，可保存半年以上。

食用时，将香肚煮熟。先将肚皮表面用水刷洗，放在冷水锅中加热煮沸，沸腾后立即停止加热，水温保持在 85 ～ 90℃，经 1h 左右即可成熟。

4. 产品质量标准

成品外衣干燥完整，紧贴内容物，坚实而有弹性，无黏液或霉斑。切面紧实无空隙，肉粒均匀滋润。瘦肉呈红色，肥膘呈白色。具有浓郁的醇香味道。（注：香肚属季节性产品，一般是在冬、春季气温较低时生产，从农历十月到翌年二月均可生产。由于生产季节不同，因而有“春货”和“冬货”之分。从立春到清明生产的称“春货”，其质量、风味较差，因此期间气温较高，产品不宜久存。从大雪到立春生产的称“冬货”或“正冬货”，其品质最佳，香味最浓，可存放 8 个月。超过 8 个月的，内部干结，发酵变味，甚至失去食用价值。）

三、传统香肚

1．原料配方（按 100 千克猪肉计）

猪瘦肉 54 ～ 63kg，肥膘肉 37 ～ 46kg，八角茴香 52g，白糖 10kg，桂皮 13g，食盐 10kg，硝酸钠 30g，花椒 26g。

2．工艺流程

制馅→灌装与扎口→晾晒→成熟→叠缸贮藏→煮制→成品

3．操作要点

（1）制馅　将瘦肉切成细的长条，肥肉切成肉丁，然后将调味料混入搅拌均匀，放置 30min 左右即可灌装。

（2）灌装与扎口　根据肚子的大小，将一定量肉馅装入其中，一般控制每个香肚 250 克左右，装好后进行扎口。不论干膀胱还是盐渍膀胱，使用前均需浸、清洗，挤、沥干水分备用。

（3）晾晒　扎口的肚子于通风处晾晒，冬季晾晒 3 天左右，1 ～ 2 月份晾晒 2 天左右。晾晒的主要作用在于蒸发水分，使香肚外表干燥。晾晒后失重 15%左右。

（4）成熟　晾晒后的香肚放在通风的库房内晾挂成熟，该过程需 40 天左右。

（5）叠缸贮藏　晾挂成熟后的产品除去表面霉菌后，每 4 只扣在一起，分层摆放在缸中。传统工艺过程还在叠缸时每 100 只香肚浇麻油 1kg，使每只香肚表面都涂满麻油，这样既可以防霉，还可以防止变味。香肚叠缸过程中可随时取用，保藏时间可达半年以上。

(6)煮制　香肚食用前要进行煮制。先将肚皮表面用水洗净，于冷水锅中加热至沸，然后于 85 ～ 90℃保温 1h，煮熟的香肚冷却后即可切片食用。

4．产品特点

香肚玲珑小巧，外衣虽薄，但弹力很强，不易破裂，内部肉质经常保持新鲜而不易霉变，便于保藏，存放过程不易变味。其口味酥嫩，香气独特，受人欢迎，是别具风味的传统食品。

四、南京香肚

南京香肚久负盛名，距今已有120多年历史。在1910年举行的南洋劝业会上，南京香肚同南京板鸭一起荣获优质奖状，从此名扬四海，畅销各地。南京香肚形同苹果，小巧玲珑，肥瘦红白分明。香肚外皮虽薄，但弹性很强，不易破裂，便于储藏和携带。食时香嫩可口，肉质板实，略带甜味，有独特风味，既是宴席上的名菜，也是日常的佐膳佳品。

1 原料配方

（1）原料　每100kg肉馅中加入精盐4～4.5kg，白糖3kg，香料25g。

（2）香料　花椒100kg，八角5kg，桂皮5kg，在铁锅中焙炒至发黄起脆，粉碎过筛后即成。

（3）仪器及设备　冷藏柜，绞肉机，切丁机，打气筒，排气针，台秤，砧板，刀具，塑料盆，细绳，竹签。

2．工艺流程

整修膀胱→浸泡膀胱→打气晾晒→裁剪缝制→盐渍膀胱加工→泡肚→选料与配料→装肚→晾晒→成品

3．操作要点

（1）整修膀胱　把膀胱中的尿液挤净，用温水将膀胱泡软，剪去脂肪、油筋及过长的膀胱颈，切勿将胱体剪破，适当保留膀胱颈两侧的两根输尿管，以便充气。

（2）浸泡膀胱　用氢氧化钠溶液（即烧碱水）浸泡修剪好的

膀胱，溶液的浓度和浸泡的时间视气候情况而定。按每 100kg 修整好的膀胱，夏季用氢氧化钠 6kg，其他季节用 9kg，加清水 180kg 的比例，先把溶液配好并搅拌均匀，然后将膀胱放入其中搅拌。浸泡时间，夏季 5 ～ 6h，春秋季 10h，冬季 18h 左右。如气温在 0℃左右，浸泡时间还要长一些。泡至膀胱颈呈紫红色时取出滤净，转入清水缸池中浸泡 10d 左右，每天换水 1 次，搅拌 3 ～ 4 次，直到肚皮变白为止。

（3）打气晾晒　把浸泡好的膀胱捞出，除尽水分，用压缩机充气，使膀胱呈气球形或鸭蛋形，随即用铁夹子夹紧膀胱颈，不使漏气，挂在竹竿上晾晒或烘干。

（4）裁剪缝制　将晾晒或烘烤过的膀胱颈剪去，叠平晒干，分别按大小香肚的模板裁剪：大皮子高 18cm，直径 9.5cm，下弧最宽处 12.5cm；小皮子高 16.5cm，直径 9.3cm，下弧最宽处 12cm，再大小分开用缝纫机拼成香肚皮子。50 个为 1 扎，以利随时清点取用。

（5）盐渍膀胱加工　选用次品（主要是漏气）膀胱加水浸泡，让其自然发酵。夏季用凉水，每半天换水一次，换 3 ～ 4 次水；冬季用温水，一般每天换水一次，浸泡 3 天，春秋季浸泡 2 天，换水时将每只膀胱翻洗一遍。经过水泡发酵及清洗，膀胱色白、无异味，污浊、臊臭之味全部清除。

（6）泡肚　不论缝制好的干肚皮或是盐渍膀胱，都要进行浸泡（3h 到几天不等）。浸泡后换清水清除杂质，挤沥水分，每万只膀胱用明矾 0.375kg，先干搓，再放清水里搓洗 2 ～ 3 次，每处都要翻洗干净，沥干即可。

（7）选料与配料　最好是选用当天宰杀的经卫生检验合格的新鲜猪腿，去除皮、骨、黏膜、肌腱、淤血、伤斑、病变、淋巴等，按瘦肉 80%、肥肉 20%的比例搭配（也可根据当地群众消费习惯，适当调整肥瘦比例），用 30 号切肉机把肉切成条，粗细如筷子，长 3cm 左右。先将香料、精盐及肉馅充分拌匀，然后加蔗糖腌渍 15min，待精盐、白糖完全溶解后灌装。

（8）装肚 用特制漏斗从膀胱颈口将肉馅灌入，每只大香肚装 250g，小香肚装 175g，然后用针在表皮均匀刺孔，将肚内空气挤出。再用右手紧握肚皮上部，在案板上把香肚搓揉成坚实的苹果形圆球，最后拴一个活结套在封口处收紧，即为香肚坯。

若是用盐渍肚皮灌制，用竹签尖端沿肉馅上端像缝绵被那样别起香肚，一般别 5 ～ 7 道，别得褶起来，用绳打结收紧，先将绳索套一圆圈，系于竹签两端收紧，然后绳索另一端可用同法再扎一个香肚，割去上面的肚皮，缝制后再用。

（9）晾晒 刚灌好的肚坯内部有很多水分，须通过日晒和晾挂使之蒸发。初冬晒 3 ～ 4 天，农历 1 ～ 2 月份晒 2 ～ 3 天即可。如阳光不足，需适当延长晾晒时间，直到外表变干，再移入通风干燥的库房内晾挂。香肚之间相距 10cm，便于通风，离地面至少 80cm，不使受潮。晾挂 1 个月以后，即为成品（这 1 个月，正是香肚的成熟期，成熟后味道方佳）。

（10）成品 外衣干燥完整，紧贴内容物，坚实而有弹性，无黏液或霉斑，切面紧实无空隙，肉均匀滋润，精肉呈蔷薇红色，肥膘呈白色，具有浓郁的醇香味道。

4. 注意事项

（1）膀胱有强烈尿味，必须细致加工，除去臊味，软化皮质，使它成为既有弹性、又不易破裂的良好外衣，才能适合加工要求。

（2）膀胱有两种加工方法：一种是干制香肚皮，另一种是盐渍保存。前者只能作一般所谓“大路货”香肚，不能用竹签别起，因而并不认为是传统的具有特点的南京正宗香肚；后者可用竹签别，属正统的南京香肚。

（3）浸泡膀胱时，即使浸泡天数已到，但如果颜色发灰，仍需继续浸泡到肚皮发白，浸泡时如遇天热，须每天换水 2 次。

(4) 装肚后搓揉的目的是让肉馅内的蛋白质液流出，使肉粒之间及肉馅与肚皮间连起来，没有空隙，这样不但风味增加，也不至产生“空心”、“花心”，改善内在质量。

(5) 用盐渍膀胱装肚时，注意竹签尖端要锋利，别时千万不要使肉馅中的肉粒上串，一定要做到不漏不跑馅，无红、白现象(即瘦肉粒、肥肉丁出现)出现才为合格。割肚皮时要沿竹签平行割，切不可留得太长，否则影响商品质量，也为蝇蛆藏匿留下场所，影响保管质量。

(6) 晾晒过程中如遇雨或阴天应适宜延长晾晒时间，以瘦肉干足为标准，如果晾晒不足，整个香肚尚未成熟，切面不成形，即所谓的“散了”，也无风味，严格说灌制 45 天后才完全成熟。

(7) 香肚从农历 10 月到次年 2 月均可生产，由于生产季节不同，因而有“春货”和“冬货”之分。从立春到清明生产的称“春货”，因此期间气温较高，产品不宜久存。从大雪到立春生产的称“冬货”或“正冬货”，品质最佳，香味最浓，可存放 8 个月，超过 8 个月的，内部干结，发酵变味，甚至失去食用价值。

(8) 入夏前可将香肚晾挂在通风干燥的库房里，为了便于清点，可将 4 个香肚系成 1 扎，5 扎 1 串，串与串间适当隔开。

(9) 为保证香肚安全过夏，可采用植物油浸渍的方法保管，按每 100 只香肚用菜油 500g 的比例，从顶层浇下去。每隔 2 天用长柄勺子将沉积在缸底的菜油捞起，复浇在顶层香肚上，使每只香肚的表皮经常涂满菜油，起到保护层作用，可防止霉菌生长和脂肪氧化。

五、松仁小肚

1. 原料配方

猪肉 40kg，精盐 2～2.3kg，淀粉 10kg，花椒粉 100g，大葱 1kg，味精 100g，鲜姜 0.5kg，松仁 150g，麻油 0.5kg。

2. 工艺流程

原料处理→搅拌→灌肠→煮制

3. 操作要点

（1）原料处理　原料肉应选择排酸或解冻的猪前、后肢和五花肉为主，肌肉和脂肪的比例为 8 ：2。葱、姜绞碎或剁细。

（2）搅拌　将原料肉切成 30mm × 60mm × 5mm 的长方片，放入拌馅机中，再加入淀粉、各种调味料和 30 ～ 40kg 水，拌至均匀、粘稠。

（3）灌肠　将馅灌入合格洗净的猪膀胱之中，然后排除气体，用竹签别严并抹净外表粘着的馅，盛于容器中，用水冲洗干净。

（4）煮制　在 95 ～ 100℃下煮制 90min 左右，注意在熟制过程中需扎签放气，即将煮熟时扎签放油并清除锅内浮油。在 90℃左右炉温下，用糖烟熏制 7 ～ 10min。

六、水晶肚

水晶肚是一种高级风味食品，切断面光润透明而有弹性，味美适口，颇受消费者欢迎。

1. 原料配方

猪瘦肉 50kg，猪皮 25kg，食盐 1.25kg，味精 100g，五香粉 100g，桂皮粉 100g，大葱 1.5kg，鲜姜 1kg，芝麻油 1kg。

2. 工艺流程

原料选择和处理→制作胶汁→拌馅及灌制→煮制及烟熏→成品

3. 操作要点

（1）原料选择和处理　选用符合卫生要求的鲜（冻）猪肉，洗净，切成 4 ～ 5cm 长、3 ～ 4cm 宽、2 ～ 2.5cm 厚的肉片。将猪皮洗净、除毛，放入清水锅内煮半熟捞出，切成黄豆大小的方块。

(2) 制作胶汁　把小方块猪皮放入盛有 40kg 左右清水的锅内，熬成浓稠状的胶汁。

(3) 拌馅及灌制　把熬好的汁倒入拌馅槽内，冷却至 40 ～ 50℃时，放入肉片和切成细粒的葱、姜，搅拌均匀。将肉馅灌入洗净的猪肚内，装肚时不能装得太满，以八九成为好，两端用线扎紧，洗净。

(4) 煮制及烟熏　把肉肚放入沸水锅内，用文火煮制 2 ～ 3h，出锅后放入烟熏炉内烟熏 6 ～ 7h，(烟熏材料为糖和锯末按 3 ：1 配制)，取出冷却即为成品。

熏制时要防止外衣颜色不均匀和发黑的现象。外衣颜色不均匀是由于在熏制时，肚与肚之间距离太近或互相紧靠，在紧靠的部位形成熏制“盲区”。另外，熏烟浓度和熏制温度不均匀，经烟熏后，成品的外表颜色也会不均匀，常常是裸露部分的颜色趋于正常，而互相接近或紧靠部分的颜色则呈灰白、棕黄，即出现所谓的“阴阳面”。为使外表色泽均匀一致，挂肚时肚与肚之间应有一定的空隙，一般距离 3cm 左右为宜，此外还要注意熏室内火堆的均匀，以保证熏烟浓度基本一致。外表颜色发黑，多是由于熏烟材料中含较多的松木等油性木柴而造成。油性木柴含有树脂，燃烧时会产生大量黑色烟尘，这些黑色烟尘黏附于肠体表面，就造成了肠体发黑。因此，熏烟材料宜采用硬杂木，材料也不能潮湿。

4. 产品质量标准

成品外衣干燥完整，紧贴内容物，切断面光润透明而有弹性，味道鲜美适口。

七、中式火腿肠

火腿肠是一种新型的肉制品，1985 年由洛阳肉联厂研制成功第一批火腿肠，之后逐渐风靡全国。这种产品采用 PVDC 特殊塑料薄膜进行包装，常温下可贮藏半年，并且产品规格已形成系列化。火腿肠重量轻，易保存，味道鲜美，营养丰富，食用方便，深受大家的欢迎。火腿肠种类很多，有猪肉型、牛肉型、兔肉型、混合型等，只是配料有所不同，工艺基本相同。下面以猪肉型火腿肠为例，说明其加工方法。

1. 原料配方

猪肉 100kg，胡椒粉 150g，味精 200g，豆蔻粉 500g，玉米粉 5kg，食盐 3kg，大豆蛋白粉 3kg，亚硝酸钠 8g。

2. 工艺流程

原料肉选择及处理→绞肉及腌制→斩拌及乳化→充填及结扎→杀菌及干燥→包装及贮存→成品

3. 操作要点

(1) 原料肉选择及处理　选用经检验合格的鲜（冻）猪肉。修去大筋腱、淤血、碎骨、浮毛和其他杂质。肥瘦分开，瘦肉腌制，肥肉冷藏备用。贮藏期过长，冷藏风干及腐败变质等的原料肉严禁使用。

(2) 绞肉及腌制　把精瘦肉绞成粗肉糜（选用筛网直径 8 ～ 13mm 的绞肉机），加入盐、亚硝酸钠，搅拌均匀，装入不锈钢盘中，腌制 24 ～ 30h，腌制温度 2 ～ 4℃。腌制好的肉糜呈红色，气味正常，肉质坚实有柔滑感。腌制时，最好在盘上加上盖或塑料薄膜，防止肉的氧化和风干。

(3) 斩拌及乳化　斩拌是生产火腿肠的重要工序。首先将大豆蛋白粉和部分冰水倒入斩拌机，迅速斩至稠糊状，加入腌制好的肉、辅料和部分冰水高速斩拌，待瘦肉斩至一定程度，再加入肥膘，最后再加入淀粉和部分冰水，斩至肉馅黏稠，均匀一致，呈泥状为止。

(4) 充填及结扎　乳化好的肉馅，应尽快用自动充填结扎机灌入由塑料薄膜制成的肠衣内，灌制时应检查薄膜热合程度，结扎牢固程度，半成品长度，肠体上打印字的清晰度，半成品的重量等，要精心操作，严把质量关。

(5) 杀菌及干燥　灌好的半成品应立即装笼，送杀菌室杀菌。如采用国产杀菌锅杀菌，加热罐温度控制在 80 ～ 90℃，杀菌锅内杀菌温度为 112 ～ 118℃。若采用日本进口杀菌锅杀菌，加热罐温度应控制在 115℃，杀菌罐温度控制在 120℃。杀菌时间应根据产品规格不同分别确定。时间一到，应及时反压冷却。整个杀菌过程，要高度注意压力容器安全运行，密切注意杀菌锅的温度、压力表，要特别注意国产锅反压冷却时的温度压力，以防产品破裂。

杀菌后，应将火腿肠依次摆入周转箱，放进干燥室，用鼓风机空气对流干燥或其他形式的干燥，以尽快排除火腿肠表面的水分，防止两端结扎口处因残存水分引起杂菌污染、霉变。

(6) 包装及贮存　干燥后的火腿肠，要及时粘贴商标、装箱、封口、打包、入库。成品库要保持恒温、通风和干燥，库温应控制在 15 ～ 20℃。

4. 产品质量标准

成品肠体饱满，有弹性，有光泽，味道鲜美。

八、高温蒸煮火腿肠

1. 原料配方

(1) 原料　猪肉 (2 或 4 号肉)80kg，猪脂肪 20kg。(原料合计 100kg)。

(2) 辅料　大豆分离蛋白 5kg，卡拉胶 0.6kg，淀粉 15kg，冰水 52kg，食盐 3.3kg，亚硝酸钠 0.012kg，异 Vc-Na0.15kg，复合磷酸盐 0.52kg，白糖 2.8kg，味精 0.2kg，白胡椒粉 0.3kg，玉果粉 0.12kg，麻辣油 0.35kg，猪肉香精 0.15kg，红曲红色素 0.1kg（辅料合计 80.602kg）。

2．工艺流程

原料肉的处理→绞肉→斩拌→填充→灭菌冷却→包装→成品

3．操作要点

（1）原料肉的处理　原料肉解冻后，经修整处理去除筋、腱、碎骨与污物，用切肉机切成 5 ～ 7cm 宽的长条后，按配方要求将辅料与肉拌匀，送入 (2±2)℃的冷库内腌制。

（2）绞肉　将腌制好的原料肉，送入绞肉机，用筛孔直径为 3mm 的筛板绞碎。

（3）斩拌　将绞碎的原料肉倒入斩拌机的料盘内，开动斩拌机用搅拌速度转动几圈后，加入冰块的 2/3，高速斩拌至肉馅温度 4 ～ 6℃，然后添加剩余数量的冰块斩拌，直到肉馅温度低于 14℃，最后再用搅拌速度转几圈，以排除肉馅内的气体。斩拌时间视肉馅黏度而定。斩拌过度和不足都将影响制品质量。

（4）填充　将斩拌好的肉馅倒入充填机料斗，按照预定充填的重量，充入 PVDC 肠衣内，并自动打卡结扎。

(5) 灭菌　填充完毕经过检查的肠胚（无破袋、夹肉、弯曲等）排放在灭菌车内，顺序推入灭菌锅进行灭菌处理。

九、兔肉火腿肠

1．原料配方

（1）配方一　兔肉 55kg，猪肥肉 15kg，大豆蛋白 4kg，淀粉 4kg，复合磷酸盐 0.4kg，食盐 3kg，抗坏血酸钠 2.4g，亚硝酸钠 1.5g，木瓜蛋白酶 1kg，白糖 2kg，葡萄糖 0.4kg。

（2）配方二　兔肉 55kg，猪瘦肉 30kg，猪肥肉 15kg，大豆蛋白 5kg，淀粉 5kg，白糖 2kg，葡萄糖 0.4kg，食盐 3kg，复合磷酸盐 0.4kg，抗坏血酸钠 2.4kg，亚硝酸盐 1.5g，木瓜蛋白酶 1kg。

表 4–1 配制复合磷酸盐时各磷酸盐比例（%）

磷酸盐组合	1 号	2 号	3 号	4 号	5 号
六偏磷酸钠	70	70	30	27	20
焦磷酸钠	5	5	48	48	40
三聚磷酸钠	25	25	22	25	40

2. 工艺流程

原料肉的选择与处理→盐水腌制（注射）→滚揉→斩拌与拌料→灌装→煮制→烘烤

3. 操作要点

（1）原料肉的选择与处理　根据制作品种不同，选用不同的肉原料，剔除骨头、皮、筋、淋巴结、淤血及其他杂质，经卫生检验合格的新鲜肉。瘦肉按 2cm × 2cm × 3cm 的规格切成块状，猪肥肉按 0.5cm × 0.5cm × 2cm 的规格切成条状，操作间温度控制在 10℃以下。

（2）盐水的配制　按需要量称好净化水，然后依次加入复合磷酸盐（应先用少量温水化开）、食盐、抗坏血酸钠、亚硝酸钠、白糖、葡萄糖、木瓜蛋白酶。注意每种成分加入后应搅拌至完全溶解，过滤待用。盐水要现用现配。

（3）腌制（注射）与滚揉

①方法一　采用盐水腌制的方法。将配好的盐水加入原料肉中淹没肉块，0 ～ 4℃下腌制 36 ～ 48h，每隔 4 ～ 6h 滚揉 1 次，每次 20min 左右，至肉块吸足盐水，组织充分软化。

②方法二　采用盐水注射的方法。按不同部位、不同方向重复注射 2 ～ 3 次。0 ～ 4℃下腌制 24h。

采用盐水腌制或注射时，盐水配制量以不超过肉重的 3%为宜，否则易造成肠体切面呈蜂窝状，组织结构疏松，注射时温度控制在 4 ～ 6℃。

（4）斩拌与拌料　在10℃左右条件下，将腌制好的肉放入到斩拌机斩拌1min，加入冰块（约占肉重的10%）、调味料后斩拌4～5min，按配方加入淀粉和大豆蛋白，再斩拌4～5min结束。

（5）灌装　用天然肠衣或聚偏二氯乙烯材料肠衣灌制的肉馅要紧密而无空隙，防止过紧或过松，胀度适中。

（6）煮制　水温至90℃时，将肠体放入煮锅中，使肠体全部没于水中，10min内使水温恒定在80～85℃，保持一定时间，当肉馅中心温度达到72℃即可出锅。5cm×20cm的肠体煮制时间需50～60min。煮制时间过长则产品的嫩度和出品率降低，过短则达不到软化肉质和杀菌的目的。

（7）烘烤　天然肠衣包装的产品出锅后晾挂，沥干表面水分，然后送入温度为72℃的烘箱中烘1～2h，使肠衣干爽并与肉馅紧密结合，肉色鲜艳发亮为止，冷却后即为成品。聚偏二氯乙烯材料肠衣制作的产品冷却后即为成品。

4．产品质量标准

肠体致密结实，富有弹性，切面平整。纯兔肉火腿切面呈较均匀的浅红色。非纯兔肉火腿切面呈深红色。脂肪切面白色，有光泽。具有兔肉火腿特有的鲜味和香味，无异味。

十、北京小火腿肠

北京小火腿肠于1981年由日本传入北京，并得到消费者欢迎。这种产品采用PVDC塑料薄膜进行包装，常温下可保藏半年不变质，小火腿肠重量轻，易保存，食用方便、卫生，且鲜嫩可口，烹炒煎炸、烧烤冷食均可。

1．原料配方

（1）配方　按100kg原料计算（猪瘦肉70kg，猪肥肉30kg）：淀粉18kg，芥末面300g，肉果面200g，精盐4kg，白糖500g，味精200g，混合粉1kg，亚硝酸钠5g，PVDC肠衣

100m，铝丝 0.7kg。

(2) 仪器及设备　冷藏柜，真空斩拌机，自动充填结扎机，台秤，砧板，刀具，塑料盆，杀菌锅。

2. 工艺流程

原料选择与修整→腌制→真空斩拌→充填、结扎→高温灭菌→干燥与储存→成品

3. 操作要点

(1) 原料选择与修整　选用经卫生检验合格的无任何病变和污染的猪瘦肉和猪肥膘，经严格修整，去掉大筋头、淤血、碎骨、浮毛和其他杂质。

(2) 腌制　把修整后的原料肉清洗干净、沥去水分，切成均匀的拳头大块，将混合好的盐和亚硝酸钠均匀地投入到肉块上搅拌腌制，腌制间的温度控制在 2 ～ 4℃，腌制 48 ～ 56h。

(3) 真空斩拌　将腌制成熟的原料肉倒入真空斩拌机内进行斩切、乳化，同时加入配比好的辅料进行搅拌。肉馅的温度控制在 6 ～ 8℃为宜。

(4) 充填、结扎　采用日本自动充填结扎机进行充填、结扎。日本产灌装结扎机的产量性能：每分钟 50g 一节的产品可产 100 支，100g 和 150g 一节的产品可产 60 只。所以生产时要算出每种产品单位时间内的产量和杀菌锅的容量，及时准备好原料以进行计划性生产。

(5) 高温灭菌　加热罐温度要控制在 115℃，杀菌处理罐温度控制在 120℃，杀菌时间 18 ～ 20min，并要根据产品的不同品种、不同直径及内含物来确定杀菌时间。

(6) 干燥与储存　经高压灭菌后的小火腿肠出罐后要依次摆入产品周转箱中，送进干燥间干燥。干燥后的小火腿肠要及时粘贴商标，装入成品箱后封口、打包、入库。成品库要保持恒温和干燥，库温控制在 15 ～ 20℃。

（7）成品　肠体均匀饱满，结扎牢固，密封良好，肠衣的结扎部位无内容物渗出；具有产品固有的色泽，组织致密，有弹性，切片良好，无密集气孔；咸淡适中，鲜香可口，无异味。

4．注意事项

（1）原料必须来自非疫区，如果使用的原料肉是热剔骨分割肉，必须先进行冷却。

（2）肉块是否能腌制均匀透彻与肉块的大小是否均匀有很大的关系，因此要把肉切成均匀的拳头大块。腌制时冷风机不要直接对腌制的肉块吹风，以免造成原料肉表皮干缩和原料肉中的水分散发，使产品风味和出品率不稳定。

（3）在斩拌过程中要加入适量的人造冰和洁净的自来水，使肉馅达到一定的黏稠度和富有弹性。

（4）小火腿肠充填结扎是采用日本自动充填结扎机进行的，在每班工作结束后，都要及时清理地面、泵及各种输料管道中残存的肉糜，避免引起细菌感染而发酵变质。每次开机后要特别注意开始启动时 3 ～ 5min 的运行不稳定期，及时检查焊缝是否偏移、焊缝强度是否牢靠、结扎是否严密等，因为焊缝漏气、结扎扣松动都容易造成产品在很短的时间内变质，失去 PVDC 薄膜的保鲜意义。

（5）整个杀菌过程中操作人员要注意观察电脑控制盘的变化，不可离岗造成失控。

（6）干燥后的产品在向周转箱摆放时，要随即检出弯曲、变形或破裂的不合格产品。

第五章

西式香肠加工

西式肉类灌制品，习惯上叫灌肠。西式灌肠类制品生产技术是于 19 世纪后半叶由外国侨民传人我国的，至今已有近百年历史。由于营养丰富，口味鲜美，适于规格化、系列化大批量生产，又具有携带、保管、食用方便等特点，逐渐成为我国肉制品加工行业产量、销量最多产品之一。尤其在近几年，我国生产和科研部门研制出许多具有中国特色的西式灌肠，不但供应国内市场，还远销国外。由此可见，西式灌肠从营养价值和经济效益上看，都是一个具有竞争潜力和广阔发展前途的产品。

第一节　一般加工工艺

一、工艺流程

灌肠生产一般使用绞肉机、搅拌机、斩拌机、灌肠机等设备。灌肠的制作和我国传统香肠产品基本相同，都是将绞碎了的肉馅，拌以辅料灌入肠衣而成的。所不同的是，灌肠的原料除猪肉外，还掺入牛肉，有的品种甚至以牛肉为主，猪肉为辅。它的肉馅结构，一部分品种和香肠完全相同，采用以肥膘丁和瘦肉相结合的形式，另一部分品种则将肥膘和瘦肉绞碎混合，有的斩拌成浆糊状。灌肠多添加淀粉，所以其产品又称粉肠。灌肠的调味特点，主要是普遍使用豆蔻作为香料，不加酱油，因此产品具有香辣味。有的还加入大蒜，使其具有显著的蒜香味。

选料→原料处理→腌制→绞肉→拌馅→灌肠→烘烤→煮制→烟熏→成品

二、工艺要点

1. 选料

经兽医在宰前、宰后检验合格，盖有印章的猪、牛、羊、兔肉等都可以作为西式灌肠的原料。

2. 原料处理

西式灌肠原料均需腌制，故应将原料肉的瘦肉部分切成约2cm厚的薄片，并要求厚薄基本一致，不连筋，将肥膘切成丁。精肉带肥膘不得超过5%，修割下的小肉，肥中带瘦，瘦肉不得超过3%。

3. 腌制

将瘦肉片或肥膘丁凉透后，过磅计量，倒在案子上，根据不同品种的配方，加食盐、硝盐（肥肉只加食盐、不加硝盐）。撒盐前，将硝盐化成水，洒在原料肉上，再均匀撒上盐，然后翻拌三遍，将拌好的原料肉装入塑料或不锈钢浅盘中，入冷库腌制。0℃左右腌制3～4天，待肉发色八成即可出库加工。

4. 绞肉及斩拌

腌制好的肉块，还保持原有的结构，绞肉及斩拌的目的在于粉碎肌膜、肌束及结缔组织，使肌肉细而嫩，增加肉对水的吸附能力和黏结性，以便于咀嚼，容易被人体消化吸收。

从冷库中取出腌制好的原料肉，在绞碎前先检查表层有无污染，再扒开盘底检查肉是否腌透。如有沾污，应予以清除；如腌制不透，应延长腌制期。灌肠肉馅一般采用2～3mm的漏孔箅子，绞成肉泥状。绞肉时，不可将容器内的肉直接向机器内倒，要用手拿肉送入机器。如发现肉中有碎骨或异物，应取出，不合格的原料肉应挑出重新修割。

为了提高肉馅保水性，绞完的肉馅有时还要经过斩拌机进一步斩细，以提高出品率和产品质量。肉馅的持水性与肉馅的切碎程度有关，且随脂肪含量的增多而减少。

斩拌的次序是先牛肉后猪肉，牛肉的脂肪较少，结缔组织较多，耐热性强，所以应先放入斩拌机。斩拌时，须加入冰，作为形成浆糊状的基础。牛肉放入斩拌机后，随即加入冰，然后再加入猪肉，直至斩拌成黏性的浆糊状为止。斩拌成熟后，随即将肉料翻入搅拌机，加入肥膘丁、辅料搅拌均匀，即成肉馅。

对斩拌有一定的技术要求：斩肉刀必须保持锋利，斩肉机必须清洁卫生；斩拌时，一般斩肉 5 ～ 8min(有的制品需时间长些)，制品要无小颗粒，肌纤维要均匀而细嫩；必须保持肉的原温，发现肉馅温度上升时可加冰水或冰屑；斩拌好的成品细且密度大，吸附水分的性能好，黏结力强，富有弹性，如果肉馅没有黏性或黏性不足，即是斩拌未成熟。

5. 拌馅（搅拌）

将搅好的肉泥，按不同品种要求过磅，称好肥膘丁，先将肉泥倒入拌馅机中搅拌均匀，再将各种辅料用水调好后倒入。将近拌好前，再倒入肥膘丁搅拌均匀即可。拌馅时，需加水，其添加量主要根据原料中精肉品质和比例以及所加淀粉的多少来决定，一般每 50kg 原料加水 10 ～ 15kg 左右，夏季最好加入冰屑水，以吸收搅拌时产生的热量，防止肉馅升温变质。因为拌馅机的性能和特点不同，所以拌馅的时间应根据肉馅是否有黏性来决定。

6. 灌馅

将搅拌好的肉馅装入灌肠机。根据不同品种的要求，用不同规格的动物肠衣或人造肠衣，经过扎口、扭转、串杆、装入烤炉。灌馅的基本要领同中式香肠。

7．烘烤

灌肠在煮制之前必须经过烘烤，其目的是使灌肠表面柔韧，以增加肠衣的机械强度，提高其对微生物的稳定性，促使肉馅的色泽变红，驱除肠衣的异味。烘烤的炉温通常应保持在65%～80%，肠内中心的温度应达45℃以上，时间为1h左右。烘烤温度和时间以灌肠的粗细和肠馅的结构而定，粗肠所需的温度高些，所需的时间长些。灌肠是否烤得适当，一般采用感官的方法来鉴别。烤好的灌肠一般都具备以下特征：

（1）灌肠表皮干燥，用手摸没有黏湿的感觉，而有“沙沙”的响声。

（2）肠衣的混浊程度减弱，开始呈半透明状，肉馅的红润色泽已经显露出来。

（3）肠衣表面和肠头附近无油脂流出，如发现流油，说明已烤过度。

8．煮制

烘烤以后的灌肠，除去生熏灌肠类以外，都要进行煮制。灌肠的煮制不同于其他肉制品，其他肉制品的煮制主要是使结缔组织和肌束软化，易于咀嚼消化，而灌肠中的结缔组织，大部分已经被割除，肌纤维已被机械破坏。为此，不需要高温长时间的煮制。灌肠煮制的目的是：使蛋白质凝固变性；改变肉的气味，挥发出制品特有的香气；杀死抗热性较弱的微生物，破坏有害酶的活力。

灌肠煮制方法分水煮和汽蒸两种。汽蒸是在特制的蒸煮容器内或专设的蒸汽室内进行的。汽蒸法的优点是产量大，装取灌肠时节省时间，但蒸煮的灌肠颜色不够鲜艳，且损耗率较水煮灌肠大0.3%～0.5%。水煮的方法极为普遍，其设备是一个长1m，宽和高80cm的长方形敞盖煮锅，锅内周围或底部设有蒸汽管，以备加热之用。

水煮时，锅内放入约等于锅容量80%水，然后开放气阀，把水加热到 85 ～ 90℃，把烤好的灌肠连同穿肠的木棍整齐地放入锅内。在煮制过程中，要保持温度在 78 ～ 84℃。如果温度再低，就会因肌肉蛋白不能迅速凝固，而在细菌的活动下使肉馅酸败；如果温度过高或加热过快，又会由于肉馅中水分在高温下的迅速蒸发和淀粉的糊化，发生剧烈的膨胀，最终胀破肠衣。

鉴别灌肠是否煮好方法有两种；第一种是在肠馅中心部位插入温度计，如肠馅深部中心温度达 72℃时，即可认为煮好，应迅速出锅；第二种方法是感官鉴定法，用拇指和食指控出煮好的灌肠，轻轻用力，感到肠体较硬、弹力十足，即可认为煮好；第三种是用刀切断检查法，熟灌肠的肉馅发干，有光泽，深部无发黏现象，而没煮好的灌肠，在肠馅的中心部分仍有发黏现象，这部分肠馅的色泽也比煮好的灌肠暗些。

9．烟熏

煮熟以后的灌肠，肠衣变得湿软，表面无光，存放时易引起灌肠表面产生黏液或生霉，损害灌肠的品质。烟熏则可以除去灌肠中的部分水分，肠衣也随之变干，肠衣表面就会产生光泽，肉馅也会呈鲜艳的红色，从而增加了灌肠的美观度，使其具有熏烟的香味和具有一定的防腐能力。

熏制的过程，通常在固定的熏室内进行。熏室的结构是封闭的房架，内设有 3 ～ 4 层隔架作吊挂灌肠用。灌肠下垂的一头应控制在距地面 1m 以上，熏室顶部有小的出气孔，以便排出烟气，但气孔不能太大，以防烟气流动过快，使消耗的燃料增多。有些厂采用发烟室与熏烟室分开的连续轨道式的烟熏方式，即改善了卫生条件，又能很好地控制熏制温度。

熏制时，先用木柴垫底，上面覆盖一层锯末，木柴与锯末的比例大体为 1 ：2。将木材和锯末分成小堆，大小视熏房的容积而定。将煮过的灌肠挂入烘房后，点燃木材，关闭门窗，使其缓慢地燃烧发烟，切不能用明火烤。熏室温度通常保持

35～45℃，经12h即为成品。

熏制完好的灌肠具有下述特征：灌肠表面干燥，有均匀的红色；肠衣不黏软，无流油现象；灌肠表面无斑点和条状黑痕；用鼻嗅有烟味，口尝有熏制香味。有些制品在煮熟后，于烟熏前还要进行第二次烘烤，其方法基本与第一次烘烧相同，约烘1h即可；有些西式灌肠和小对肠不经烟熏，有的品种如茶肠只烘烤一遍，也不经烟熏。

10. 成品与检验

西式灌肠经熏制后即为成品，成品需经感官、理化和卫生检验。理化检验主要是测定产品中盐、水分的含量和亚硝酸盐的残留量；卫生检验主要化验产品的杂菌数、大肠杆菌和其他致病菌。但在一般情况下，以感官检验为主。

质量正常的灌肠，肠衣完整、干燥、有光泽、无黏液、无霉点，肠体坚实，面有弹性，肉馅粉红色，肥膘丁白色，肉馅和肠衣紧密结合，不易分离。肠内部坚实无空洞，具有灌肠固有的气味和香味，无酸味、膻味和腐败味。开始变质的灌肠，肠衣湿润有黏性，易破裂，肥膘丁为淡黄色，肉馅松散，易和肠衣分离，香味减退，有酸味或腐败味。

三、影响产品质量的重要因素及加工关键控制技术

1. 原辅料

(1) 添加水量　斩拌制馅时添加一定量的水是蒸煮香肠加工中必不可少、至关重要的环节，而肉馅保水性取决于肉蛋白量和肉的pH值。应根据不同类型产品和不同原料调节适宜的添加水量。

(2) 脂肪加工　脂肪对保证蒸煮香肠特有的组织结构和美味性极为重要，应选用优质脂肪为原料，并采用适宜的斩拌工艺以确保脂肪粒在肉馅中呈现良好的结着力与外观。

(3) 肉馅发色　除少数无硝香肠（白肠）外，所有蒸煮香肠都必须经发色工序。技术难点之一是结着性良好的肉馅往往发色较难，此外肉馅 pH 值也影响发色效果。

2. 原料肉的绞制和斩拌

原料肉在细斩制馅前均需绞碎，以利于肌细胞经挤压和切割破裂后蛋白的溶出，再通过盐的作用，提取的盐溶肌动蛋白和肌球蛋白才具有较强的吸水性。当盐浓度为 5%时，对这两种蛋白质的抽提作用最佳。蒸煮香肠各种产品食盐添加量一般为 2%，只有少数加工为罐头的产品可达 4%，均未能发挥盐溶蛋白最佳的保水性潜力，从而影响到水的添加。

脂肪与水和食盐一样，不是保水载体，必须经斩拌乳化使之结合于肉馅中。脂肪是以脂肪细胞形式存在，脂肪球粒通过脂肪膜包裹于脂肪细胞内，胞膜被破坏后脂肪球才游离出脂肪细胞外，并与肉汁结合形成乳化肉糜。在此肉糜中，肉蛋白质是脂肪球的外围支撑保护体。在热烟熏和蒸煮时，肉蛋白形成的外膜凝固，从而阻止脂肪球的析出。未受破坏的脂肪细胞外膜是由胶原蛋白构成的结缔组织膜包裹而成，它可与含有肌动球蛋白的蛋白质网络相结合呈稳定结构状。如果具吸水性强的肉蛋白不足，或者添加的水和脂肪量过高，则肉蛋白达不到所需的保水性要求，香肠出现“油水分离”现象。其简要机理如下：

肉经绞制斩拌，蛋白质析出—通过盐溶，抽提出蛋白质—肌球蛋白溶于水中，肌动球蛋白膨胀吸水—脂肪球与肌球蛋白和肌动球蛋白形成乳化状均质结构体—蛋白质热凝固，中间是脂肪球，外围是肌球蛋白，通过肌动球蛋白网络结合固定—香肠形成特有组织结构，具切片性和结实性。

肉馅中的各种成分可以三种状态存在，即悬浮态、分散态和乳化态。细胞、组织成分和水形成悬浮液，肉汁和脂肪细胞组成分散液，脂肪球分散于肉汁中构成乳化液。良好乳化肉馅形成的条件包括：肉经绞制和斩拌使肌细胞破裂，抽提出肌动蛋白和肌球蛋白；肌肉较高的 ATP 含量；肉糜较高的 pH 值(5.8～6.5)；添加盐。

3. 不同特性原料肉的加工

(1) 热鲜肉　肉畜宰杀后 6h 内剔骨分割获取的肉称为热鲜肉。热鲜肉具较高的 pH 值(6.2～6.5),肌肉 ATP 含量也就较高，最宜用于加工蒸煮香肠。为阻止热鲜肉中 ATP 的分解，应在热鲜时及时绞制并添加食盐盐渍。肉中含有的内源性磷酸盐足以使之具良好保水性，因此热鲜肉制作肉馅时无须再添加磷酸盐。

经盐渍的热鲜肉如果不能尽快用于制作肉馅，则需立即将其装入容器内，厚度可为 6～10cm，于－1～－2℃下冷却贮存，在 3 天内制作肉馅仍具最佳工艺特性。也可将其置于－18～－20℃下冻结贮存，3 个月内可保持较佳工艺特性。冷却或冻结贮存时间过长，加工产品的鲜度下降。用冻结贮存后的热鲜肉制作肉馅，需要在冻结状态下绞制和斩拌，不能先解冻再加工。因为解冻时肉中 ATP 可因酶的分解而使其含量大为减少，从而导致肉馅保水性降低。

(2) 冷却肉　肉畜宰杀后充分冷却,并早已经过了尸僵阶段，再剔骨分割获取的肉称为冷却肉。在冷却阶段，肉中发生的理化过程包括 pH 值的下降(降至 5.6～5.9)、ATP 的分解以及肌动蛋白和肌球蛋白结合为肌动球蛋白。

使冷却肉回复到热鲜肉保水性状态的工艺措施是添加辅助斩拌剂。辅助斩拌剂包括磷酸盐和食用酸盐(柠檬酸盐、醋酸盐、乳酸盐、酒石酸盐等)。

斩拌助剂的作用机理是使肌动球蛋白重新分解为肌动蛋白和肌球蛋白，此外提高肉馅 pH 值(可提高至 7.3)，较高 pH 值有助于改善保水性。热鲜肉与冷却肉在加工中有如下差异：

①在相同的斩拌条件下热鲜肉更易于斩细，这就意味着热鲜

肉有更多的肌细胞破裂，更多的肌动蛋白和肌球蛋白释放，肉馅有更佳的保水性。

②在添加相同的食盐量的情况下，热鲜肉制作的产品比冷却肉的产品味淡，因此可容许添加更多的盐，较高盐浓度易于肌动蛋白和肌球蛋白的抽提，从而可提高肉馅的保水性。

③在相同的斩拌条件下，即使不添加食盐，热鲜肉因其较高的 pH 值，可比冷却肉吸收更多的水，也就可通过添加更多的水而提高产品出品率。

(3) 其他肉类

①禽肉或羊肉　蒸煮香肠主要原料是猪肉和牛肉，也可适量添加禽肉、山羊肉、绵羊肉、兔肉等肉类，但其添加量不应高于5%。高于 5%添加量对产品感官有不利影响，特别是羊肉，易导致味道上的显著差异。禽肉比羊肉更为适宜，添加量也可稍高。例如蒙特拉香肠中添加量可至 10%。在生产上一般是选用禽胸肉或腿肉。但禽肉极易污染沙门氏菌，加工中应特别注意卫生管理。最好是设立专用加工车间，蒸煮的中心温度要求最好是上限，即是至 75℃。

②肥肉　肥肉对香肠蒸煮时的失重和热加工温度的透入，对产品的色泽、味道和结实度等均产生影响。蒸煮香肠含脂量一般为 30%，原料中添加的肥膘应从量和质两方面考虑。添加量应扣除瘦肉中已含有的 7%～14%的脂肪。所选用的肥肉应是结实度较强，具可切粒性，熔点不能过低（猪脂平均熔点为 26℃），要求切粒后的成粒度至少 70%，最好是 90%呈良好粒状。还应注意斩拌制馅时肥肉的加入时间，应在斩拌临近结束时加入，再快速短时斩匀即可，此法可使肉馅保持最佳保水性。蒸煮香肠中肥脂的分布可呈两种状态，一是乳化均质状，二是小颗粒状。对于前者，蒸煮时热透入中心的速度快，如法兰克福香肠。对于后者，热透入速度慢，至中心达到所需温度的时间较长，如蒙特拉

香肠。为此应适当延长蒸煮时间。

③冻干肉 将新鲜的畜禽肉绞碎，采用真空冷冻等方法干燥脱水成为冻干肉，可达到长期防腐保鲜的目的。在工业国的肉制品加工中，冻干肉的加工与利用越来越广泛。将冻干肉作为蒸煮香肠的加工原料，有着与热鲜肉相似的较佳的特性。在以冷却肉或接着性较差的肉作原料时，可通过添加适量冻干肉使肉馅的工艺特性大为改善。以冻干肉为原料的制馅方法如下：

冻干肉—入斩拌机—慢速细斩，同时添加适量香辛料—添加适量冰水（10kg 冻干肉可加入 25kg 冰水）—提高斩速细斩 10min—加入其他鲜原料瘦肉、辅料、肥肉—按常规方法斩拌制馅。

4. 肉馅发色

色泽是肉制品极为重要的质量指标，影响蒸煮香肠产品色泽的因素包括：原料肉肌红蛋白含量；原料肉 pH 值；原料肉脂肪含量；肉馅中氧含量；添加水中 Cl 离子量；肉馅发色温度；产品贮存温度；加工和贮存阶段光照的影响；烟熏的影响。

腌制发色是赋予肉制品特有色泽的的关键工艺，而各种肉制品中，发色难度最大的又是蒸煮香肠。肉馅发色最佳的 pH 值是 5.2 ～ 5.7，而加工上的关键难度之一是要使肉蛋白具良好保水性则需较高的 pH 值，为此应将肉馅的 pH 值尽可能提高到 5.8 ～ 6.3。因此良好发色和最佳保水性不能同时达到，更不能两全其美。

原料肉中肌红蛋白是肉制品形成良好色泽的色素源，热加工是肌红蛋白与一氧化氮形成结合物亚硝肌红蛋白，从而呈现稳定的腌制红色泽。肉中肌红蛋白含量取决于畜禽品种、年龄和肉的部位，其差异也较大。例如牛肉高于猪肉，猪肉高于禽肉，壮年畜高于幼畜，腿肉高于胸肉。犊牛肉、猪肉、绵羊肉和牛肉中肌红蛋白含量平均差异比例为 1 ：2 ：3 ：4，显然牛肉所含肌红蛋白量最高。

脂肪不含肌红蛋白，均匀分布于肉馅中可使产品色泽光亮，肥脂添加量越高，产品色泽越淡。

大气中氧和氮的含量分别为21%和78%，氧具极强化学活性，可与几乎所有其他物质结合而彻底改变其特性。而氮在一般条件下无结合性，对加工无多大影响。在斩拌过程中，随刀片高速斩切旋转，大量空气也随之进入肉馅中，斩切时间越长越久，空气也进入越多。其中的氧则可与肉成分紧密结合而产生不利于产品质量的变化。例如导致脂肪氧化酸败，影响肉馅发色等。尤其是对后者，氧可与肌红蛋白结合生成褐色的氧合肌红蛋白，使红色素不再发生作用。含Cl的水对发色的不利影响的机理与此相似，肌红蛋白色素与具化学活性的Cl发生反应而失去呈现红色泽的功能。

光是化学反应的催化剂，可促进氧与肌红蛋白反应生成氧合肌红蛋白而呈现褐灰色，从而影响香肠的色泽稳定性。

温度不仅影响色泽的形成，也影响现成色泽的稳定性，但在不同阶段所起的作用大不相同。在色泽形成期，即一氧化氮与肌红蛋白反应阶段，所需温度高达45℃左右，所需持续的时间也不是很长，取决于肠体的粗细。例如猎肠，大约需60min。以往通常做法是将充填灌装后的香肠在常温下悬挂隔夜，即可起到充分发色作用。此方法不足之处是易导致肠馅中不利微生物生长繁殖而影响产品卫生质量。加工后的产品则与之相反，较高温度有助于氧合肌红蛋白的形成，使香肠尤其是切片产品很快褪色。因此产品贮存应尽可能保持低温，最佳贮存温度是2℃。

烟熏主要是对香肠外观色泽起作用，对肠馅的助发色性不是很强。但烟熏时的较高温度及熏烟中的氧化氮均有益于发色。

除考虑上述因素外，在生产上还可通过添加发色助剂和优化工艺等措施促进发色。常用发色助剂是葡萄糖、维生素C钠盐、

葡萄糖醛酸内酯 (GDL) 等。工艺上的主要措施是真空斩拌制馅。

也即是应用加盖可抽出空气的真空斩拌机，使肉馅在斩拌时与氧隔绝。真空斩拌的最大益处是保证较佳的发色效果和色泽稳定性，此外还可防止脂肪氧化酸败，使肉和香料保持较好的香味物，减少油水分离及胶质析出的现象发生。真空斩拌惟一的缺点是由于制馅时缺少了空气，香肠组织结构会比非真空斩拌产品稍硬，由于肠馅结构更紧密后对热传导的影响，热加工时间会略微延长。如果在真空斩拌时充入氮气，则可弥补这一缺陷。在现代蒸煮香肠的加工中，以液氮作为冷凝剂的斩拌制馅法已进入应用阶段，此技术不仅以冷却肉为原料制作肉馅，也可不添加磷酸盐等辅助斩拌剂，液氮蒸发的氮气也弥补了真空斩拌时气体的缺乏。

四、产品常见质量缺陷及原因

1. 外观缺陷

（1）肠体外表有的部位未呈现烟熏色　熏烟不匀，烟熏时未上下移动位置。

（2）肠体外表有烟熏斑点　熏烟不匀，烟熏室湿度太大。

（3）脂肪或胶质析出　肉馅接着性不良。

（4）切片面不均，有分布不均的大块肉粒，甚至肉粒呈现绿色　蒸煮温度过低或时间过短。

（5）肠馅中有小孔或空隙　充填灌装不当。

（6）肉馅发白　配料错误或未经发色。

（7）肠馅中心发褐　发色时间过短，充填后过快蒸煮。

（8）肠体外表发黏　熏烤不当，贮存室湿度过大。

2. 结实性缺陷

（1）过软　肉馅斩拌过细、脂肪量过高或水添加过多。

（2）过硬　原料选择或配比不当，采用真空法斩拌时真空度过。

（3）肠皮发硬　采用热熏法熏烤时干爆过度。

3. 味道缺陷

（1）苦熏味　熏烟发生器温度过高。

（2）酚醛状熏味　烟熏料选择不当，锯木树脂含量较高。

（3）香味不足　发色时间过短，或原料肉冻结贮存时间过长。

（4）味过淡　辅料配方不当，特别是食盐量过少。

（5）香料味过浓　肠衣透气性差。

（6）味单一　增香调味剂添加量不准确。

第二节　生鲜香肠

一、猪肉生香肠

用猪肉为原料加工生产，是一种大众化香肠，在美国，其产量占肠类制品总产量13%。

1. 原料配方

三级猪肉50kg，胡椒175g，食盐0.9～1.0kg，肉豆蔻干皮25g，白糖200g，红辣椒粉31g，鼠尾草75g。

2. 工艺流程

原料肉→绞制→斩拌→充填→成品

3. 操作要点

（1）选料、绞制　选用三级精猪肉，用5mm算孔绞肉机绞碎。

（2）斩拌　装入斩拌机中，加入香辛料，混合2min左右。然后根据肉的状态加入冰屑，斩拌3min左右。

（3）充填　斩拌好的肉通过灌肠机灌入4～5路猪肠衣中，结扎长度为10cm左右。

（4）成品　冷藏贮存。

二、博克香肠

选用猪肉和小牛肉作原料，再加入一些鸡蛋或牛奶。

1. 原料配方

小牛腿肉20kg，食盐1.5kg，二级猪肉30kg，谷氨酸钠0.1kg，鸡蛋1.6kg，胡椒0.3kg，小麦粉1.0kg，添加剂1kg，水14kg。

2. 工艺流程

原料肉→搅拌→充填→成品

3. 操作要点

(1) 原料肉、搅拌　用4mm箅孔的绞肉机将原料肉绞碎，加入拌馅机中，按香辛料、鸡蛋、小麦粉和水的顺序进行添加搅拌。

(2) 充填　搅拌10min左右，用灌肠机填充到羊肠衣中，每根结扎长度13cm左右。

(3) 成品　冷藏贮存。

三、风味煎烤肠

煎烤肠是近几年较为流行的一种方便快捷肉食品，风味独特，食用方便，常用作主餐或休闲食品。冷冻包装解冻后，经油煎烤后，肉质酥嫩，很受青少年消费者喜爱。

1. 原料配方

猪瘦肉80kg，猪背膘20kg，盐3kg，白糖5kg，亚硝酸钠15g，黑胡椒粉10g，味精400g，曲酒400g，五香粉100g，冰水20kg，玉米淀粉15kg，红曲红色素20g，卡拉胶1kg。

2. 工艺流程

原料肉的选择与处理→绞碎腌制→斩拌→灌肠→速冻→煎烤→成品

3. 操作要点

(1)原料肉的选择与处理　选择符合卫生要求的新鲜原料肉，

剔除皮、骨、筋腱等，切成长条形备用。

(2) 绞碎腌制　将猪瘦肉绞碎后，用盐、白糖、亚硝酸钠拌匀，于 0 ～ 4℃腌制 12h。

(3) 斩拌　将绞碎的肉粒放入斩拌机内斩拌 2min，然后将其余辅料加入继续斩拌至呈肉糜状。斩拌过程中，可加入冰水，要求斩拌后的温度不超过 10℃。

(4) 灌肠　采用普通灌肠机和普通肠衣即可。将肉馅慢慢灌入肠衣内，灌制要松紧适宜。

(5) 速冻　将灌制好的肠体放入冷库中速冻。

(6) 煎烤　在平底锅中，将植物油加热至八成热，把解冻的肠放入来回滚动，待肠体逐渐膨胀，表面略微焦酥即可，撒上调味料（辣椒粉、孜然粉、小茴香粉）即可食用。

4. 产品特点

产品肠体膨胀，表皮焦酥，肉质鲜嫩，风味可口。

四、添加谷物和脱脂奶粉的香肠

1. 原料配方

原料肉可采用以下任一配方：

(1) 牛肚 68.1kg、猪肉（肥瘦各半）158.9kg。

(2) 牛肚 68.1kg、牛胸肉或牛腩 90.8kg、猪肉（肥瘦各半）68.1kg。

面粉 4.5kg、脱脂奶粉 3.2kg、食盐 4.5kg、玉米淀粉 454g、碎冰 21.8kg、调味料适量。

2. 工艺流程

绞肉→搅拌→灌肠→干燥→包装

3. 操作要点

(1) 绞肉　用筛孔直径 25.4mm(1 英寸）的绞肉机将牛肚、牛胸肉或牛腩绞碎。

（2）搅拌　将绞碎的肉糜和猪肉放入搅拌机中，将食盐、玉米淀粉等辅料随同碎冰一起添加到搅拌机中，搅拌大约 2min。搅拌均匀后用 1/8 或 3/16 英寸筛孔直径的绞肉机再次绞肉。

（3）灌肠　将搅拌好的肉馅立即灌入猪肠衣或羊肠衣中，在灌肠过程中要保持低温。

（4）干燥　将灌好的香肠立即转移到低温室中（低于 0℃）悬挂，干燥冷却。

（5）包装　香肠在包装前，须将肠衣晾干。不要在热状态下进行包装。为了延长货架期，在储藏销售过程中要保持温度在 － 15℃左右。

五、犹太式牛肉鲜肠

1. 原料配方

牛胸肉 15.0kg、牛腩 15.0kg、牛脐肉 15.0kg、食盐 794.2g、碎冰 1.4kg，玉米淀粉 567.4g。

调味料可采用以下任一配方：

（1）液体调味料配方　辣椒油 4mL、姜油 1.5mL、肉豆蔻油 1.5mL、百里香 1.5mL、鼠尾草油 2mL，再与之前的玉米淀粉和食盐充分混合。

（2）天然调味料配方　白胡椒粉 85.0g、肉豆蔻粉 21.3g、生姜粉 28.35g、百里香粉 28.35g、鼠尾草粉 6.7g。

（3）南方风味配方　红辣椒粉 85.0g、生姜粉 28.35g、百里香粉 28.35g、鼠尾草粉 85.05g、红辣椒 56.7g。

2. 工艺流程

绞肉→搅拌→二次绞肉→灌肠→干燥→包装

3. 操作要点

（1）绞肉　绞肉机和搅拌机要清洗干净并且需提前预冷，肉在加工之前冷却至 0 ～ 1℃。将三种原料肉用筛孔直径 1/2 英寸的绞肉机绞碎，转移到搅拌机中。

（2）搅拌　向搅拌机中添加冰和提前混合好的食盐、玉米淀粉等辅料，搅拌约1min，混合均匀，在搅拌的过程中，尽可能使肉的温度保持在0℃左右。

（3）二次绞肉　用筛孔直径1/8英寸的绞肉机再次绞肉。

（4）灌肠　将搅拌好的肉馅立即灌入猪肠衣或羊肠衣中，在灌肠过程中要保持低温。

（5）干燥　将灌好的香肠立即转移到低温室中（低于0℃）悬挂，干燥冷却。

（6）包装　香肠在包装前必须冷藏和干燥，不要在热状态下进行包装。在储藏销售过程中要保持温度在－15℃左右。

六、意大利式香肠

1. 原料配方

（1）辣味配方　瘦牛肉11.4kg、猪肉（肥瘦各半）34.0kg、食盐794.2g、碎冰1.4kg、玉米淀粉226.8g、大蒜粉3.54g、红辣椒粉113g、香芹籽粉14.2g、芫荽粉28.4g、肉豆蔻粉14.2g、茴香籽粉28.4g、黑胡椒粉28.4g。

（2）淡味配方　瘦牛肉11.4kg、猪肉（肥瘦各半）34.0kg、食盐794.2g、碎冰1.4kg、玉米淀粉226.8g、大蒜粉3.54g、茴香籽粉21.3g、茴香籽粒28.4g、红辣椒28.4g、黑胡椒粉70.9g。

2. 工艺流程

冷却→绞肉→搅拌→灌肠→干燥→包装

3. 操作要点

（1）冷却　选用没有血块、筋、软骨以及皮的新鲜肉，将其冷却至0～1℃。

（2）绞肉　猪肉用筛孔直径3/8或1/2英寸的绞肉机绞碎，

瘦牛肉用筛孔直径 1/8 英寸的绞肉机绞碎。

(3) 搅拌　将肉糜转移到提前预冷的搅拌机中，加入食盐、大蒜粉等辅料和碎冰，搅拌混合均匀。

(4) 灌肠　将搅拌好的肉馅立即灌入猪肠衣中，在灌肠过程中要保持低温。

(5) 干燥　将灌好的香肠立即转移到低温室中（低于 0℃）悬挂，干燥冷却。

(6) 包装　包装时要保证香肠充分冷却、肠衣充分干燥。在储藏销售过程中要保持温度在－15℃左右。

七、添加脱脂奶粉的瑞典马铃薯香肠

1. 原料配方

牛肉 16.3kg、猪肉 29.5kg、马铃薯粉 3.6kg、脱脂奶粉 3.6kg、洋葱 1.8kg、食盐 1.6kg、白胡椒粉 255.2g、马郁兰粉 70.9g、生姜粉 56.7g、肉豆蔻粉 56.7g、多香果粉 35.4g、丁香粉 42.5g、小豆蔻粉 28.4g、水 10.9kg。

2. 工艺流程

绞肉→搅拌→二次绞肉→灌肠→储存

3. 操作要点

(1) 绞肉　洋葱和肉用大筛孔直径的绞肉机绞碎，然后转移到搅拌机中，加入 5.5kg 水、马铃薯粉、脱脂奶粉以及调味料，混合均匀。将混匀后的肉糜用筛孔直径 3/8 英寸的绞肉机再次绞碎。

(2) 搅拌　向肉糜中加入剩余的 5.4kg 水，充分搅拌。

(3) 二次绞肉　将肉糜用筛孔直径 3/8 英寸的绞肉机再次绞碎。

(4) 灌肠　将搅拌好的肉馅灌入牛小肠或猪肠衣中，控制每根香肠的重量在 450g 左右。

(5) 储存　在储藏销售过程中要保持温度在－15℃左右。香肠在食用之前需蒸煮、烘烤或油炸。

八、添加脱脂奶粉的香肠

1. 原料配方

小牛肉 18.2kg、牛肉 11.4kg、猪肉 15.9kg 脱脂奶粉 2.2kg、食盐 1．5kg、白胡椒粉 198．4g、安格斯图拉苦酒 28.4g、鼠尾草粉 56.7g、鸡蛋 24 个、荷兰芹 345g、腌制液 1.2kg，碎冰适量。腌制液配方亚硝酸盐 141.8g、葡萄糖 283.5g，将上述成分加水溶解，每 45.4kg 肉用 1.2kg 腌制液腌制。

2. 工艺流程

绞肉→斩拌→搅拌→灌肠→冷却

3. 操作要点

(1) 绞肉　用筛孔直径 3/8 英寸的绞肉机将原料肉绞碎。

(2) 斩拌　将牛肉、碎冰、食盐和腌制液放入斩拌机中斩拌一段时间后，缓慢加入脱脂奶粉和碎冰，然后加入小牛肉、猪肉、荷兰芹以及其他原料，充分混合，最后加入打好的鸡蛋，斩拌均匀。

(3)灌肠　将斩拌好的肉馅立即灌入猪肠衣或纤维素肠衣中。

(4) 冷却　将灌好的香肠用冷水冲淋，然后转移到－3℃条件下冷却直到肠衣干燥。储藏销售过程中要保持温度在0℃左右。

第三节　熟熏香肠

一、维也纳香肠

维也纳香肠是以猪肉和牛肉为原料生产的一种小型香肠，由于最初这种小型香肠是在奥地利维也纳制作的，因此得名为维也纳香肠。多采用羊肠衣生产，我国也有用猪肠衣生产的。

1．原料配方

二级猪肉 40kg，猪面颊肉 15kg，二级牛肉 25kg，猪肥膘 20kg，食盐 3kg，添加剂 2kg，白糖 1kg，味精 0.3kg，白胡椒 250g，肉豆蔻 100g，辣椒 50g，亚硝酸钠 12g，月桂 50g。

2．工艺流程

原料肉选择→腌制→斩拌→灌制→打结→烟熏→蒸煮→冷却

3．操作要点

（1）原料肉选择、腌制　将猪肉和牛肉用 5mm 算孔绞肉机绞碎。

（2）斩拌　装入斩拌机，加入香辛料和调味料，混合 1 ～ 2min，然后根据情况加入冰水，斩拌 1 ～ 2min。再加入脂肪，斩拌 2 ～ 4min。

（3）灌制、打结　将斩拌好的肉通过灌肠机灌入肠衣中，结扎长度 10 ～ 12cm。

（4）烟熏　烟熏 20 ～ 30min。

（5）蒸煮　然后在 75℃条件下蒸煮 20 ～ 30min（依据肠衣粗细确定）。中心温度达 68℃以上，即完成蒸煮。

（6）冷却　冷却后包装。

二、哈尔滨大众红肠

哈尔滨大众红肠原名里道斯灌肠，已有近一百多年的历史了，其采用欧式灌肠生产工艺，具有俄式灌肠的特点。大众红肠水分含量较少，防腐性强，易于保管，携带方便，价格低廉，经济实惠，理化指标、微生物指标均符合国家标准，且质量长期稳定，投放市场后搏得了消费者的好评。大众红肠生产一再扩大，产品供不应求。

1．原料配方

猪瘦肉 40kg，猪肥膘 10kg，淀粉 3.5kg，盐 1.75 ～ 2.0kg，

味精50g，胡椒粉50g，蒜250g，硝酸钠25g。

2．工艺流程

选肉→腌制→制馅→灌制→烘烤→煮制→烟熏→成品

3．操作要点

(1) 选肉　将选好的猪瘦肉切成100～150g重的菱形，不带筋络和肥肉。

(2) 腌制　在2～3℃下，要腌制3天左右。腌好的肉切开呈鲜红色，肥膘肉腌3～5天，使脂肪坚硬，不绵软，切开后表里色泽一致。

(3) 制馅和灌制　将肥膘切成长为1cm左右的方丁，然后将腌好的瘦肉装入绞肉机里绞成肉馅。先把绞好的瘦肉馅放进拌馅机内，加入2.5～3.5kg水，再放进切好或绞好的大蒜碎末和其他调料，搅拌均匀，再加水2.5kg左右搅开。用6～6.5kg水把淀粉调稀，慢慢放入拌馅机中，再放进肥膘丁搅拌均匀即可灌制。用猪、牛小肠肠衣灌制，灌制肠体的长度为20cm，直径为3cm。将肠体的两头用线绳扎紧，扭出节来，并在肠子上刺孔放气。

(4) 烘烤　用硬木棒子烘烤1h左右，使肠皮干燥、肉馅初露红润色泽，且没有黏手感。

(5) 煮制　肠子下锅前，水温要达到95℃以上，下锅后，水温要保持在85%，煮25min左右，用手捏肠体时感觉其挺硬、弹力很足，即可出锅。

(6) 熏烟　肠子煮熟后，要通过熏烤，这不但会增加产品的香味，使产品更为美观，还能起到一定的防腐作用。熏制方法为：将硬木棒子锯末点燃，关严炉门，使其焖烧生烟，炉内温度控制在35～40%，熏12h左右出炉。

4．产品特点

产品为半弯曲形，外表呈枣红色，无斑点和条状黑痕，肠衣干燥，不流油，无黏液，不易与肉馅分离，表面微有皱纹；切面呈粉红色，脂肪块呈乳白色，肉馅均匀，无空洞，无气泡，组织坚实有弹性，肉质鲜嫩，具有红肠特殊的烟熏香气。

三、大众烤肠（粗绞型）

1. 原料配方

（1）原料　猪肉(2 或 4 号肉)80kg，猪脂肪 20kg。(原料合计 100 kg)。

（2）辅料　大豆分离蛋白 2kg，卡拉胶 0.5kg，淀粉 10～14kg，冰水 50～55kg，亚硝酸钠 0.01kg，异 Ve-Na0.08kg，复合磷酸盐 0.45kg，食盐 3.2kg，白糖 0.8kg，味精 0.26kg，白胡椒粉 0.25kg，玉果粉 0.08kg，姜粉 0.18kg，猪肉香精 0.15kg，红曲红色素 0.1kg。(辅料合计：68.46)。

2. 工艺流程

原料肉的处理→绞肉→搅拌→灌肠及扭结→吊挂→干燥→烟熏→蒸煮→喷淋冷却→包装→成品

3. 操作要点

（1）原料肉的处理　原料肉、肥膘出库解冻，解冻后修整处理去除筋、腱、碎骨与污物。

（2）绞肉　清洗好的原料肉、肥膘分别放在绞肉机中经过 20mm、10mm 的孔板进行绞制。

（3）搅拌　按照配方，先加入食盐搅拌 3～5min，再加入大豆分离蛋白及部分冰水搅拌 10～15min，最后加入香辛料及冰水搅拌 25～30min。整个过程温度要求控制在 15℃以下。

（4）灌肠及扭结　采用泡制好的天然肠衣进行灌制、扭结。

（5）烟熏蒸煮　将灌制好的香肠均匀地挂在烟熏架车上，注意肠体之间不要粘连，放入烟熏炉，首先在 60～65℃条件下先热风干燥 30～40min，烟熏 30～40min，然后在 80～85℃下蒸煮至中心温度达到78℃以上。

(6) 喷淋冷却　喷淋烤肠5～10min使其快速冷却，冷却后进行包装。

四、色拉米煮熏香肠

色拉米肠是一种高档灌肠制品，流行于西欧各国，主要以牛肉为原料，分生、熟两种。生肠食用时一般需煮熟。成品表面呈灰白色，有皱纹，肉酱红色，长45cm。其质地坚实，口味鲜美，香味浓郁，外表灰白色，有皱纹，内部肉为棕红色，长45cm左右，易于保存，携带方便，适宜作为旅游、行军、探险、野外作业等的食品。在西欧各国流行甚广。色拉米肠的生产始自军队，以后流传至民间。

(一) 方法一

1. 原料配方

牛肉35kg，猪瘦肉7.5kg，肥膘丁7.5kg，肉豆蔻粉65g，胡椒粉95g，胡椒粒65g，砂糖250g，朗姆酒250g，盐2.5kg，硝酸钠25g，用白布袋代替肠衣，约需60只，口径7cm，长50cm。

2. 工艺流程

原料肉的选择与处理→腌制→绞碎再腌制→灌肠→烘烤→煮制→烟熏→成品

3. 工艺要点

(1) 原料肉的选择与处理　选择符合卫生要求的鲜牛肉和鲜猪肉作为加工原料，剔除筋腱、皮、骨、脂肪，切成条块。选择猪背部肥膘，切成长0.6cm的小方块。

(2) 腌制　在牛肉条和猪瘦肉条中，加入食盐和亚硝酸钠，搅拌均匀后送入0℃的冷库中腌制12h。

(3) 绞碎再腌制　用筛板孔直径为2mm的绞肉机将腌好的肉条绞碎，再重新入冷库腌12h以上。猪肥膘丁加上食盐拌匀后也送入冷库中腌制12h以上。

(4) 灌肠　先将配料用水溶解后，加入到腌制的原料肉中，拌匀后将肉馅慢慢灌入用温水浸泡好的肠衣中，卡节结扎，每节长度12cm，然后挂在木棒上，每棒10根，保持间距。

(5) 烘烤　烘烤的温度应保持在60～64℃，烘烤1h后，待肠表面干燥、光滑、呈黄色时即可。

(6) 煮制　将锅内的水加热至90℃后，关闭蒸汽，然后将肠体投入锅中，10min后出锅。

(7) 烟熏　在60～65℃下烟熏5h，每天重复熏一次，连续熏4～6次即为成品。

4. 成品特点

产品长短均一，色泽均匀，味鲜肉嫩，有皱纹，香味浓厚。

(二) 方法二

1. 原料配方

牛肉70kg，猪瘦肉15kg，猪肥膘15kg，食盐3.5kg，白糖0.5kg，50度白酒800g，白胡椒粉200g，豆蔻粉125g，大蒜末少许，硝酸钠40g。

2. 工艺流程

原料肉选择及整理→斩拌→灌制→烘烤→蒸煮→烟熏→成品

3. 操作要点

(1) 原料肉选择及整理　选用经检查合格的猪肉和牛肉。先将牛肉、猪肉去尽油筋和膘，切成小块，用盐揉擦表面后，装盘送入0℃左右的冷库中，经12h以上冷却后取出，用网眼直径2mm的斩肉机斩细，装盘再送进0℃左右的冷库中继续冷却12h以上，即为生坯。将猪肥膘切成0.3cm的方丁，用盐揉擦拌匀，盛盘入 0℃左右冷库中，冷却 2h 以上。

(2) 斩拌　将牛肉、猪肉、猪肥膘及其他配料一并放入拌合机内，充分拌成糊浆状。

(3) 灌制　先将 6 ～ 7cm 的牛肠衣（牛直肠衣），用冷水或温水浸洗干净，再将生坯浆灌入肠衣中，每灌好一根，用线绳扎好，并在腰间围结数道，以防肠子过重坠坏肠衣，然后打结，每节约 12cm，以便串棒。每根木棒挂 10 根，每根之间保持一定距离，防止挤靠，影响烘烤质量。

(4) 烘烤　目前，烘烤采用两种方式，一种是用无脂树木柴烘烤，另一种是煤气烘烤。如用木柴烘烤，将木柴点燃后，分里、外 2 堆，里堆火力较弱，外堆火力较强些，烘房门上半部拉下，要时刻注意火候，力求温度均匀。烘房温度保持在 65 ～ 80℃为宜。烘烤时视天气情况而定，一般在 1h 左右。烤好的肠子表皮干燥、光滑，用手摸时无黏湿感觉，肉馅色已经显露出来，呈酱红色，烤好后即可出烘房。

(5) 蒸煮　待煮锅中的水烧至 95℃时，将蒸汽关闭，然后把经烘烤的生坯放入锅中，随即将肠身翻动一下，以免相互搭牢，影响烧煮质量。每隔半小时将肠身翻动 1 次，经过 1.5h 出锅，出锅时成品温度不宜低于 70℃。

(6) 烟熏　成品出锅后，再挂入烘房，用木屑烟熏，烟熏温度保持在 60 ～ 65℃，经过 5h 后停烟，隔日再继续烟熏。时间与上同。这样连续烟熏 4 ～ 6 次，12 ～ 14 天即为成品（干燥天气 12 天，潮湿天气 14 天）。如果场地条件许可，可挂在太阳下晾晒或挂在空气流通干燥地方自行晾干，这样 10 天左右即为成品。色拉米肠产品出品率 60%左右。

4. 产品质量标准

成品肠体饱满，弹性好，有光泽，表面颜色呈棕红色，味道纯正。

五、色拉米熏煮香肠

1. 原料配方

原料肉可采用以下几种配方中的任意一种。

(1)瘦牛肉68.1kg、瘦猪肉79.4kg、猪肉(肥瘦各半)79.4kg。

(2)瘦牛肉136.2kg、猪肉(肥瘦各半)90.8kg。

(3)瘦牛肉68.1kg、猪脸肉45.4kg、牛脸肉68.1kg、背膘45.4kg。

其他原料盐6.8kg、亚硝酸钠35g、硝酸钠0.1kg、异抗坏血酸钠0.1kg、黑胡椒粉0.8kg、蔗糖0.6kg、肉豆蔻粉0.1kg、多香果粉70.9g、生姜粉70.9g、香芹籽粉28.4g、大蒜粉70.9～141.9g、碎冰0.3～0.4kg。

2. 工艺流程

绞肉→斩拌→搅拌→腌制→抽真空→灌肠→烟熏→蒸煮→冲淋→包装

3. 操作要点

(1)绞肉　将冷却的牛肉用筛板孔径为3/16英寸的绞肉机绞碎，所有的猪肉(不包括背膘)用筛板孔径为1/4英寸的绞肉机绞碎。

(2)斩拌　将大约34kg的牛肉倒入斩拌机中，加入10%～15%的冰和1.4kg盐斩拌。如果原料肉中存在脂肪，则先将脂肪预冷至－3℃，然后用切片机切片(76mm宽、6mm厚)。在斩拌快结束前将脂肪加入到斩拌机中，持续斩拌直到脂肪变成6mm左右大小的颗粒。

(3)搅拌　将斩拌后的肉糜倒入搅拌机中，添加剩余的牛肉、猪肉、预先混合好的盐和其他调味品，搅拌3min。

(4)腌制　将充分搅拌后的肉糜放置在0～4℃的冷库中，腌制一夜。

(5)抽真空　将腌制好的肉糜从冷库中取出倒入真空搅拌机

中抽真空 1 ～ 1.5min，以便于灌肠。

(6) 灌肠　肠衣采用纤维素肠衣，尺寸为 (70 ～ 75) mm × 508mm 或 48mm × 280mm。

(7) 烟熏　先将烟熏炉预热至 58℃。风门完全打开，将香肠放入烟熏炉的架子上，待肠衣干后风门关闭至 1/4 处，持续通人浓烟，烟熏炉的温度逐渐升高至 66℃，保持这个温度直到香肠熏制完成，呈现出理想的色泽。

(8) 蒸煮　停止通烟，将烟熏炉的温度升高至 80 ～ 82℃，保持这个温度直到香肠的中心温度达到 68℃。

(9) 冲淋　将香肠从烟熏炉中取出，用冷水冲淋，使香肠的中心温度冷却至 50℃。

(10) 包装　将冷却后的香肠置于室温下待肠衣干燥后，放入 7℃的冷库中，香肠中心温度降到 10℃后装运。产品应在低温条件下保藏。

六、辽宁里道斯肠

1. 原料配方

猪瘦肉 30kg，牛肉 15kg，猪肥膘、淀粉各 5kg，盐 1.75kg，胡椒粉 50g，桂皮粉、味精各 30g，蒜 (捣成泥)200g，香油 500g，水 8kg，亚硝酸钠 3g。

2. 工艺流程

原料肉的处理→切块→腌制→制糜→拌馅→灌制→烘烤→水煮→熏烤→成品

3. 操作要点

(1) 制馅　把牛肉的脂肪和筋膜修割干净，与猪瘦肉掺在一起，切成条状块，撒上肉重 3.5%的食盐，用绞肉机绞成长为 1cm 的方块，放在 − 7 ～ − 5℃的冷库或冰柜里，冷却腌制 24h。把猪肥膘切成条状块，撒上肥膘重 3.5%的食盐，放在 − 7 ～ − 5℃

的冷库或冰柜里，冷却腌制 24h。把腌好的猪瘦肉和牛肉用绞肉机绞成 2mm 或 3mm 的颗粒肉糜。把腌好的猪肥膘切成长 0.5cm 的方丁，倒进肉糜里。把盐、胡椒粉、桂皮粉、蒜泥、香油、味精、淀粉、水（夏天用冰屑或冰水）、亚硝酸钠混合均匀，倒进肉糜里，搅拌 3min 左右，搅至肉馅产生黏性，即成肠馅。

（2）灌制　用灌肠机，将肠馅灌进套管肠衣或玻璃纸肠衣里，把口系牢，留一个绳套以便穿竿悬挂。发现气泡后，要用针板打孔排气。

（3）烤、煮、熏制　把经检查过的肠穿在竹竿上，然后挂进烤炉里。炉温要控制在 70℃左右，烘烤 1.5h，待肠体表皮干燥、透出微红色，手感光滑时，就可出炉。出炉后，将原竿放进 90℃的热水锅里，上面加压竹箅子和重物，使肠体全部沉没在水里。水温保持在 85℃以上，煮 30min，将肠体轻轻活动一下，再煮 1h 左右。捞出一根，把温度计插入肠体中心，达 75℃左右即可从锅里把肠子提出来，并将原竿挂在熏炉里，用不含油脂的木材作燃料进行烘烤，炉温控制在 70℃左右，烘烤 1h 后，往火上加适量锯末，熏烤 3h，见肠体干燥，表皮布满密密麻麻的皱纹时，即熏烤完成。将肠体出炉凉透，即为成品。

4. 产品特点

该产品色泽红褐，味道鲜香，耐贮存，可直接食用，省事方便。

七、法兰克福猪肉香肠

法兰克福香肠俗称“热狗肠”，其制作起源于德国的法兰克福，因其常用于快餐“热狗”中而得名。这是一种典型的乳化型香肠，具有独特的风味、口感和味道，是一种很有发展前景的方便熟食品。

（一）方法一

1．原料配方

猪瘦肉40～60kg、猪肥肉40～60kg(肥瘦原料肉共100kg)，分离大豆蛋白1.2kg，淀粉3～5kg，盐2～3kg，亚硝酸钠8～12g，三聚磷酸钠60～80g，味精16～20g，胡椒粉150～200g，鼠尾草6～10g，抗坏血酸6～10g，白糖30～50g，蒜20～30g，其他调味料适量。

2．工艺流程

原料肉的选择和预处理→绞肉→斩拌→灌肠→打结→烟熏和烘烤→蒸煮→冷却→包装→成品

3．操作要点

（1）原料肉的选择和预处理　原料肉要求新鲜，并经兽医卫生检验合格，新鲜原料肉可以提高乳化型香肠的质量和出品率，同时，还要视具体情况对原料肉进行预腌和预绞。

（2）斩拌　斩拌应在低温下进行，肉糜的温度在10℃左右；可根据季节需要适量地使用冰水。目前，许多工厂采用真空高速斩拌技术，该技术有利于提高产品的质量，特别有益于产品色泽和结构的改善。斩拌后要立即灌肠，以免肠馅堆积而变质。

（3）灌肠　生的香肠肉糜可灌入天然或人工肠衣。灌肠时，要尽量装满。每根肠的直径、长度和密度要尽量一致。通常，法兰克福香肠的直径在22mm左右。为了保证成品美观，灌肠后最好用清水冲洗一遍肠体。

（4）打结　香肠打结多采用自然扭结，也有使用金属铝丝打结的，这要视肠衣的种类和香肠的大小而定。

（5）烟熏和烘烤　香肠灌好以后，就可以放入烟熏室进行烟熏和烘烤。通过烟熏和烘烤，可以提高香肠的保藏性能，并增加肉制品的风味和色泽。烟熏中产生的有机酸、醇、酯等物质，如苯酸、甲基邻苯、甲酸及乙醛都具有一定的防腐性能，并使香肠具有特殊的烟熏风味；熏烤时的加热，还可促使一氧化氮肌红蛋白转变成一氧化氮亚铁血色原，从而使产品具有稳定的粉红色；烟熏时，肠中的部分脂肪受热熔化而外渗，也赋予了产品良好的光泽。

烟熏时，温度的控制很重要，直接关系到产品的色、香、味、形和出品率。制作法兰克福香肠的烟熏温度，一般要控制在50～80℃，时间大约为1～3h。熏烤时，炉温要缓慢升高，香肠要与炭火保持一定的距离，以防肠体受热过度。

（6）蒸煮、冷却和包装　熏烤后的香肠还要进行蒸煮，蒸煮时，温度约80～95℃，时间约1～1.5h。香肠蒸好后，移出蒸锅，冷却后加以包装即为成品。

4．产品特点

产品色泽均匀，呈红棕色，弹性好，切片后不松散，肠馅呈粉红色，具有烟熏香味，无任何异味。

（二）方法二

1．原料配方

（1）原料　猪肉55kg，精选牛肉15kg，猪脂肪30kg。（原料合计：100kg）。

（2）辅料　大豆分离蛋白2～4kg，玉米淀粉8kg，冰水40～50kg，亚硝酸钠0.01kg，异Vc-Na0.06kg，复合磷酸盐0.4kg，食盐2.8～3kg，白糖1.6kg，味精0.2kg，白胡椒粉0.12kg，辣椒粉0.3kg，芫荽粉0.08kg，猪肉香精0.12kg，红曲红色素0.085kg。（辅料合计：63.425kg）。

2．工艺流程

原料肉的处理→绞肉→斩拌→灌肠及扭结→吊挂→干燥→烟熏→蒸煮→喷淋冷却→包装→成品

3. 工艺要点

(1) 原料肉的处理　原料肉解冻后，经修整处理去除筋、腱、碎骨与污物，用切肉机切成 5 ～ 7cm 宽的长条以备绞制。

(2) 绞肉　充分冷却的原料肉 (0 ～ 2℃) 通过 3mm 筛孔直径的绞肉机绞碎。

(3) 斩拌　加入斩拌机中斩拌，首先用低速斩拌，当肉显示黏性时，加入总量 2/3 的冰屑和辅料快速斩拌至肉馅温度 4 ～ 6℃，再加入剩余的冰屑快速斩拌至肉馅终温低于 14℃。

(4) 灌肠及扭结　充入肠衣 (20 ～ 22mm 羊肠衣)，根据产品要求打结。

(5) 蒸煮及烟熏　打结后均匀地挂在烟熏架车上，注意肠体之间不要粘连，推入烟熏炉，于 45℃干燥 10 ～ 15min(相对湿度 95%)、55℃干燥 5 ～ 10min、58℃熏制 10min(相对湿度 30%)、68℃熏煮 10min(相对湿度 40%)，82℃ (相对湿度 100%) 熟制到制品中心温度大于 76℃即为成品。

(6) 喷淋　迅速用冷水喷淋 5 ～ 10min。

(7) 冷却　室温下冷却 20 ～ 30min，置于 0 ～ 4℃冷却间冷却 3h 以上，至产品中心温度低于 4℃，然后进行包装入库。

八、法兰克福牛肉香肠

1. 原料配方

原料肉可采用以下几种配方中的任意一种。

(1) 去骨牛肉 124.8kg、猪肉 102.2kg。

(2) 去骨牛肉 136.2kg、猪脸 90.8kg。

(3) 去骨牛肉 158.9kg、背膘 68.1kg。

其他原料盐 6.8kg、玉米淀粉 4.5kg、亚硝酸钠 35g、硝酸钠 0.1kg、异抗坏血酸钠 0.1kg、葡萄糖酸内酯或焦磷酸钠 1.1kg、芥末粉 2.3kg、胡椒粉 0.6kg、肉豆蔻油 7.5mL、多香果油 1.5mL、豆蔻油 1.5mL、芫荽油 1.5mL、肉桂油 0.1mL，碎冰或冰水混合物，所需要的量大致为所用原料肉重的 30%～ 35%。

2. 工艺流程

绞肉→斩拌→灌肠→烟熏→蒸煮→冲淋→包装

3. 操作要点

(1) 斩拌

①使用绞肉机和常规斩拌机的斩拌方法　将原料肉冷却至 0 ～ 1℃。预先混合盐和各种干调味品，将胡椒粉和各种调味油充分混匀。将牛肉用筛板孔径为 1/8 英寸的绞肉机绞碎，猪肉用筛板孔径为 3/8 英寸的绞肉机绞碎。猪脸肉和背膘不需要绞碎。将绞碎的牛肉放入斩拌机中，并加入 1/3 量的碎冰。开启斩拌机，在斩拌机运行时均匀加入盐等配料，同时缓慢的添加剩余的冰，使斩拌过程中肉糜的温度在 4℃左右。当冰加完后（斩拌时间控制在 5min 左右，使牛肉斩拌形成良好的乳化状态），将猪肉和背膘加入斩拌机中继续斩拌，直至温度达到 14 ～ 16℃（温度不要超过 20℃），即制成肉糜。斩拌结束后将肉糜移入真空搅拌机中搅拌 3min 以排除斩拌时混入的空气。

②使用高速斩拌机的斩拌方法　如果原料肉为鲜肉，需要预先冷却至 0 ～ 1℃，并在斩拌时使用碎冰，也可以用水代替碎冰。如果原料肉为冻肉，则需要将原料肉用冷冻切片机切片后放入高速斩拌机。斩拌过程中肉糜温度不能超过 50℃，过高的温度会使蛋白质变性并破坏乳化物。

将牛肉和猪肉放入斩拌机中，运行斩拌机并均匀加入各配料，加入 1/3 量的碎冰或水，斩拌 1min。继续加入 1/3 量的碎冰或水，斩拌 1min。最后加入剩下的 1/3 量的碎冰或水和背膘，继续斩拌至温度达到 16 ～ 18℃，即制成乳化物。

③使用绞肉机、常规斩拌机和乳化机的斩拌方法　按方法①将原料肉绞碎，将绞碎后的肉放入斩拌机中，斩拌时均匀加入各

配料，并加入 1/2 量的碎冰，斩拌 2min。然后加入剩下的 1/2 量的碎冰继续斩拌 1min，整个斩拌过程中温度不能超过 4℃。将制好的肉糜移入乳化机中乳化，乳化物的最终温度不能超过 18℃。这样做的好处是不需要真空搅拌机就可以很好地除去乳化物中的空气，且软骨、骨头、肌腱等都因无法通过极细筛板而被除去。

④使用高速斩拌机和乳化机的斩拌方法　斩拌方法与方法②类似，最后加入碎冰或水和背膘后斩拌 30s 移入乳化机中乳化，乳化物的最终温度不能超过 18℃。

⑤使用绞肉机、搅拌机和乳化机的斩拌方法　先将所有的原料肉（冷却至 0 ～ 1℃）包括脂肪都用筛板孔径为 3/16 英寸的绞肉机绞碎。先在搅拌机中加入一半的碎冰或冰水混合物。运行搅拌机后加入所有配料，然后加入肉糜搅拌 2min 后，再加入剩余的碎冰或冰水混合物继续搅拌 1min。最后将混合好的肉糜用乳化机乳化。乳化物的最终温度不能超过 18℃。

（2）灌肠　将乳化物小心的倒入灌肠机中，避免混入空气。肠衣可以根据需要选择人工肠衣、羊肠衣或猪肠衣。香肠灌好后放入烟熏炉的架子上，香肠之间保持一定的距离。如果是用动物肠衣灌制的香肠，将其用冷水冲洗。

（3）烟熏和蒸煮　由于各种型号的烟熏炉大小和空气的流通情况不一样，所以无法给出确切的烟熏条件。下面将介绍如何在一个可以产生高热气流，并能控制湿度的烟熏炉中用最短的时间做出法兰克福香肠。

①用人工肠衣制成的法兰克福香肠

烟熏　先将通烟口的风门关闭，将烟熏炉加热至 60℃后，保持 15min。再将法兰克福香肠放入烟熏炉中，打开风门，往烟熏炉中通入浓烟。首先应保持烟熏炉中温度为 60℃，持续 30min 左右，直到肠衣表面干燥。之后将温度升高至 70℃，保持30min。最后将温度升高至80℃，保持15min左右直到法兰克福香肠的中心温度达到63℃。

蒸煮可以在烟熏炉或蒸汽锅中完成。

如果是在烟熏炉中，调节干球温度至74℃，湿球温度至72℃，蒸煮3～4min，直到香肠的中心温度达到68℃。如果是在蒸汽锅中，当香肠的中心温度在烟熏炉中达到65℃后，转移到已加热至75℃的蒸汽锅中，蒸煮5～8min，直到香肠的中心温度达到68℃。

冷却　蒸煮完成后，将香肠用冷水喷淋冷却，直到香肠的中心温度降到40℃。冷却后，将香肠在室温条件下悬挂，直到肠衣表面干燥。

去肠衣肠衣干燥后，将香肠放到速冻库中，待香肠的中心温度降到4℃左右后取出，在室温条件下放置10min左右直至香肠表面出水，然后去肠衣包装。如果没有速冻库，可将香肠移入0～4℃的冷库中，使香肠的中心温度降到10℃以下，便于去肠衣和包装。

②用动物肠衣制成的法兰克福香肠　先将香肠在室温条件下放置1h，烟熏炉预热至55℃，然后将香肠放入烟熏炉中，风门完全打开将肠衣吹干，需要30min左右。将风门关闭至1/4，通入浓烟，并逐渐升温至75℃，使香肠的中心温度达到55℃并呈现出理想的颜色。然后将香肠从烟熏炉中取出放入75℃的蒸汽锅中蒸煮，当香肠的中心温度达到68℃时取出，用冷水冲淋至中心温度降到35～38℃，在室温下悬挂至肠衣表面干燥，然后放入0～4℃的冷库中冷却至中心温度降到10℃以下。

（4）包装　法兰克福香肠通常采用聚乙烯薄膜真空包装。

九、添加脱脂奶粉的高级法兰克福香肠

1. 原料配方

牛肉 29.5kg、猪肉 15.9kg、脱脂奶粉 2.1kg、盐 1.4kg、腌制液 1.2kg、白胡椒粉 0.2kg、豆蔻粉 56.8g、芥末粉 0.1kg、洋葱粉 28.4g、大蒜 7g、红辣椒 56.8g、水 16.3kg。

腌制液配方亚硝酸钠 142g、葡萄糖 4.5kg。将以上原料放入容量为 20L 的玻璃容器中，加水溶解，配得溶液。每 45kg 肉加入 1L 腌制液。

肠衣采用纤维素肠衣。

2. 工艺流程

绞肉→斩拌→灌肠→烟熏→蒸煮→冲淋→包装

3. 操作要点

(1) 斩拌

①使用绞肉机和常规斩拌机的斩拌方法　将原料肉冷却至 0 ～ 1℃。预先混合盐和各种干调味品，将胡椒粉和各种调味油充分混匀。将牛肉用筛板孔径为 1/8 英寸的绞肉机绞碎，猪肉用筛板孔径为 3/8 英寸的绞肉机绞碎。猪脸肉和背膘不需要绞碎。将绞碎的牛肉放入斩拌机中，并加入 1/3 量的碎冰。开启斩拌机，在斩拌机运行时均匀加入盐等配料，同时缓慢的添加剩余的冰，使斩拌过程中肉糜的温度在 4℃左右。当冰加完后（斩拌时间控制在 5min 左右，使牛肉斩拌形成良好的乳化状态），将猪肉和背膘加入斩拌机中继续斩拌，直至温度达到 14 ～ 16℃（温度不要超过 20℃），即制成肉糜。斩拌结束后将肉糜移入真空搅拌机中搅拌 3min 以排除斩拌时混入的空气。

②使用高速斩拌机的斩拌方法　如果原料肉为鲜肉，需要预先冷却至 0 ～ 1℃，并在斩拌时使用碎冰，也可以用水代替碎冰。如果原料肉为冻肉，则需要将原料肉用冷冻切片机切片后放入高速斩拌机。斩拌过程中肉糜温度不能超过 50℃，过高的温度会

使蛋白质变性并破坏乳化物。

将牛肉和猪肉放入斩拌机中，运行斩拌机并均匀加入各配料，加入1/3量的碎冰或水，斩拌1min。继续加入1/3量的碎冰或水，斩拌1min。最后加入剩下的1/3量的碎冰或水和背膘，继续斩拌至温度达到16～18℃，即制成乳化物。

③使用绞肉机、常规斩拌机和乳化机的斩拌方法　按方法①将原料肉绞碎，将绞碎后的肉放入斩拌机中，斩拌时均匀加入各配料，并加入1/2量的碎冰，斩拌2min。然后加入剩下的1/2量的碎冰继续斩拌1min，整个斩拌过程中温度不能超过4℃。将制好的肉糜移入乳化机中乳化，乳化物的最终温度不能超过18℃。这样做的好处是不需要真空搅拌机就可以很好地除去乳化物中的空气，且软骨、骨头、肌腱等都因无法通过极细筛板而被除去。

④使用高速斩拌机和乳化机的斩拌方法　斩拌方法与方法②类似，最后加入碎冰或水和背膘后斩拌30s移入乳化机中乳化，乳化物的最终温度不能超过18℃。

⑤使用绞肉机、搅拌机和乳化机的斩拌方法　先将所有的原料肉（冷却至0～1℃）包括脂肪都用筛板孔径为3/16英寸的绞肉机绞碎。先在搅拌机中加入一半的碎冰或冰水混合物。运行搅拌机后加入所有配料，然后加入肉糜搅拌2min后，再加入剩余的碎冰或冰水混合物继续搅拌1min。最后将混合好的肉糜用乳化机乳化。乳化物的最终温度不能超过18℃。

（2）灌肠　将乳化物小心的倒入灌肠机中，避免混入空气。肠衣可以根据需要选择人工肠衣、羊肠衣或猪肠衣。香肠灌好后放入烟熏炉的架子上，香肠之间保持一定的距离。如果是用动物肠衣灌制的香肠，将其用冷水冲洗。

（3）烟熏和蒸煮　由于各种型号的烟熏炉大小和空气的流通情况不一样，所以无法给出确切的烟熏条件。下面将介绍如何在一个可以产生高热气流，并能控制湿度的烟熏炉中用最短的时间做出法兰克福香肠。

①用人工肠衣制成的法兰克福香肠

烟熏　先将通烟口的风门关闭，将烟熏炉加热至60℃后，保持15min。再将法兰克福香肠放入烟熏炉中，打开风门，往烟熏炉中通入浓烟。首先应保持烟熏炉中温度为60℃，持续30min左右，直到肠衣表面干燥。之后将温度升高至70℃，保持30min。最后将温度升高至80℃，保持15min左右直到法兰克福香肠的中心温度达到63℃。

蒸煮可以在烟熏炉或蒸汽锅中完成。

如果是在烟熏炉中，调节干球温度至74℃，湿球温度至72℃，蒸煮3～4min，直到香肠的中心温度达到68℃。如果是在蒸汽锅中，当香肠的中心温度在烟熏炉中达到65℃后，转移到已加热至75℃的蒸汽锅中，蒸煮5～8min，直到香肠的中心温度达到68℃。

冷却　蒸煮完成后，将香肠用冷水喷淋冷却，直到香肠的中心温度降到40℃。冷却后，将香肠在室温条件下悬挂，直到肠衣表面干燥。

去肠衣　肠衣干燥后，将香肠放到速冻库中，待香肠的中心温度降到4℃左右后取出，在室温条件下放置10min左右直至香肠表面出水，然后去肠衣包装。如果没有速冻库，可将香肠移入0～4℃的冷库中，使香肠的中心温度降到10℃以下，便于去肠衣和包装。

②用动物肠衣制成的法兰克福香肠　先将香肠在室温条件下放置1h，烟熏炉预热至55℃，然后将香肠放入烟熏炉中，风门完全打开将肠衣吹干，需要30min左右。将风门关闭至1/4，通入浓烟，并逐渐升温至75℃，使香肠的中心温度达到55℃并呈现出理想的颜色。然后将香肠从烟熏炉中取出放入75℃的蒸汽

锅中蒸煮，当香肠的中心温度达到 68℃时取出，用冷水冲淋至中心温度降到 35 ～ 38℃，在室温下悬挂至肠衣表面干燥，然后放入 0 ～ 4℃的冷库中冷却至中心温度降到 10℃以下。

（4）包装　法兰克福香肠通常采用聚乙烯或萨冉树脂薄膜真空包装。

十、上海皮埃华斯肠

1. 原料配料

小牛肉 20kg，胡椒粉 200g，猪瘦肉 72kg，肉豆蔻粉 100g，猪肥膘 8kg，亚硝酸钠 10g，盐 2kg，白糖 500g。

2. 工艺流程

选料与修整→腌制→制馅→灌制→烘烤→煮制→熏制→成品

3. 操作要点

(1)选料与修整　选用符合卫生要求的鲜小牛肉作加工原料。将选好的小牛肉和猪瘦肉剔去筋腱膜和脂肪，修割干净，再切成条块，绞成肉丁；将猪肥膘切成长为 0.5cm 的方肉块。

（2）腌制　将切好的肉料，分别撒上肉量 2%的盐和亚硝酸钠（盐和亚硝酸钠加水溶化，按比例加入），置于 0 ～ 4℃的冷库中腌制 24h。

（3）制馅　腌制好的小牛肉和猪瘦肉用斩拌机斩成肉糜，加其他辅料、香辛料和猪肥膘丁拌均匀，即为馅料。

（4）灌制　将牛直肠肠衣剪成 50cm 的段，系牢一端，用温水泡软、洗净、沥去水，再灌入肉馅，系牢另一段，并留出绳子将灌肠的两端结扎到一起，成环状，然后用针刺排气。

（5）烘烤　将灌好的肠体穿在竹竿上，送入 60℃的烘烤炉中，烘 2h，待肠体表皮干燥，呈红润色泽时，即可出炉。

（6）煮制　将烤好的肠置于 90℃的热水中，水温保持 85℃，煮 30min，当肠中心温度达 72℃即可出锅。

(7) 熏制　在60℃下烘2h，然后再烟熏4h，至肠体表面呈红褐色，并布有皱纹时即可出炉，晾凉后即为成品。

4．产品特点

产品色泽红褐，富有弹性，鲜香味美，熏香浓郁。

十一、天津桂花肠

天津桂花肠是天津市的传统产品。该产品把桂花引入欧式灌肠之中，创造出有中国风味的一类香肠。

1．原料配方

猪瘦肉100kg，淀粉3kg，味精200g，桂花3kg，盐3kg，亚硝酸钠10g，白糖3kg，胡椒粉100g，食用色素适量。

2．工艺流程

原料选择→绞肉、腌制→拌馅→灌装→烤制→煮制→熏制→成品

3．操作要点

(1) 原料选择　选用经兽医卫生检验合格的瘦肉作为加工原料。

(2) 绞肉、腌制　将选好的猪肉剔净骨、修净脂肪和筋腱，将90kg肉切成条状，撒以重量3%的盐，用1cm绞刀绞碎，装盘，送入－7～－5℃的冷库中腌制，冷却20～24h，当肉温达到0～1℃。将剩余的10kg脊背肉、里脊肉、磨裆肉等细嫩肉的精肉切成大块，冷冻后再切成长为1cm的方丁，加盐和亚硝酸钠，拌匀，送冷库，腌制待用。

(3) 拌馅　将腌好的绞肉用2～3mm的绞刀绞细，连同腌好的肉丁和辅料一起倒入搅拌机内；将淀粉用凉水调开，亚硝酸盐用温水溶开，放在一起调匀，再倒入搅拌机内，同肉料一起搅拌，使肉料充分吸收水分，搅匀即成馅料。

(4) 灌装　将猪肠衣裁成48～50cm长的段，一端扎牢，

再把馅料灌入肠衣中，肠体要丰满，灌完要扎紧，然后针刺排气。把灌好的肠体间隔开串在竹竿上，送入烤炉。

（5）烤制　将肠体送入烤炉烤制时，炉温要由低至高，逐步升温，一般在 50 ～ 75℃，待肠体表面干燥，手感光滑，表面透出微红色即可。

（6）煮制　在煮锅中加水和适量的色素，加热至 90℃时，再下入烤好的肠体，水温控制在 85℃，使肠体着色均匀，肠体中心温度到 80℃以上时，即可出锅。

（7）熏制　将煮好的肠体二次挂人烤炉内熏制，炉温在 70℃左右烤一定时间，再在炭上撒一层锯末，以浓烟熏制，使肠干燥，表面出现皱纹，出炉凉透即为成品。

4. 产品特点

产品表面呈玫瑰红色，肉质紧密，桂香浓郁，兼有熏香。

十二、青岛一级红肠

青岛一级红肠是行销于山东青岛、济南等地的高档红肠。

1. 原料配方

猪瘦肉（瘦肉占 95%）90kg，猪背肥肉 10kg，淀粉 5kg，肉豆蔻粉 100g，白胡椒粉 250g，味精 300g，蒜 500g，盐 3.5kg，硝酸钠 15g。

2. 工艺流程

选料及整理→腌制→绞肉→拌馅→灌肠→烘烤→煮制→烘烤→烟熏→包装→成品。

3 操作要点

（1）选料及整理　选用非疫区的、健康的猪为原料，并必须有检疫证明。将猪瘦肉剔除筋腱、骨渣、软骨、淋巴后，切成 2cm 厚的肉片，且基本均匀，令瘦肉所带肥肉不超过 5%，肥肉所带瘦肉也不超过 5%。

（2）腌制　过磅后，将肉与盐、硝酸钠（肥肉只加盐，不加硝酸钠）混拌均匀；盐可与硝酸钠先行混匀，然后再与肉混匀，将之装入浅塑料盘内，放入 0 ～ 4℃的冷库中腌制 3 ～ 4 天。塑料盘宜放在架上，标明日期，以免拿错。

（3）绞肉　将腌好的肉用筛孔板直径为 2mm 的绞肉机绞过；有斩拌机则更好，乳化还能更充分些；如发现有未腌透的，可加入下一轮腌制过程。猪肥肉，宜切不宜斩，宜大丁不宜小丁。

（4）拌馅　将辅料用清水溶解后，与原料混匀；每 100kg 肉用清水 20 ～ 30kg，夏季宜用冰屑，以有利于乳化，降低肉温，减少带菌量。原辅料在搅拌过程中，可以正向、反向进行。直至拌得均匀、发黏为止。

（5）灌肠　可用天然肠衣或人造肠衣。一般高档肠用羊肠衣、猪肠衣或牛肠衣。扎口扭结形式多样，如线扎、铝钉扎等，然后上竿，送入烤炉。

（6）烘烤　烘去肠外的水分，烘出色泽。烘烤能使肠皮稍干以增强力度。烘时，火苗离肠 60 ～ 70cm，烘约 1.5h，炉温 60 ～ 70℃。炉温太高，则易烘裂，太低又易产酸变质。

（7）蒸煮　在夹层锅内注入水，待水温为 92℃时下锅，煮 1.5min 后降至约 85℃。出锅时，水温应不低于 80℃。根据肠径灵活控制蒸煮时间，致肠中心温度不低于 73℃，即为已熟。

（8）烟熏　熏房门要紧闭，但房底、房顶应留有通气孔。熏材可以用锯木屑，100kg 肠约用 4kg 木屑。水分稍多的肠，熏制时间为 1 ～ 2h，熏房温度为 75℃左右，温度可以稍高一些；水分稍干的肠，温度可以稍低一些，熏房温度为 60 ～ 70℃，熏制 1 ～ 2h。如要熏味重一点，要适当延长熏的时间，至 6 ～ 8h，甚至 12h。

4．产品特点

产品色泽玫瑰红；肥肉丁白色，结构光滑紧密，入口清香，微有蒜味和红肠固有的烟熏味。

十三、北京麦迪斯特香肠

麦迪斯特香肠是北京市肉联厂熟肉制品车间于 1986 年引进丹麦 10 个配方进行多次筛选，于 1988 年试验成功的。此产品既有丹麦产品的奶香味及葱头味的特点，又有我国北方传统灌制品鲜美的烟熏风味，自问世以来深受广大消费者的青睐，为此曾被评为亚运会指定产品，此产品为北京市熟肉制品厂专利产品。

1. 原料配方

(1) 配方　按 50kg 原料猪肉计算(猪瘦肉 40kg，猪肥肉 10kg)：奶粉 1kg，淀粉 4kg，味精 50g，硝酸钠 0.05g，葱头 1kg，白胡椒面 0.1kg，精盐 1.75kg，混合粉 0.5kg，玻璃纸套管(或羊套管)80 个，标签 80 个。

(2) 仪器及设备　冷藏柜，绞肉机，斩拌机，灌肠机，熏蒸炉，蒸煮锅，台秤，砧板，刀具，塑料盆。

2. 工艺流程

原料选择→修割、细切→腌制→斩拌制馅→充填、结扎→烘烤→蒸煮→熏制→冷却、验检→成品

3. 操作要点

(1) 原料选择　选用经卫生检验合格品质优良的鲜、冻猪肉为原料。

(2) 修割、细切　将去皮猪肉修割掉筋腱、衣膜、碎骨、软骨、淤血、淋巴和局部病变组织等杂物，将猪肥、瘦肉分割开，将大块瘦肉切割成拳头大小的块状，便于腌制和斩拌。

(3) 腌制　将小块瘦肉、肥肉可先切成膘丁腌制，也可腌制后再切成膘丁。将瘦肉和肥肉分别装入腌制箱内，将精盐和亚硝酸钠拌和均匀后，随即倒入瘦肉和肥肉内，搅拌均匀后置于 2 ～ 4℃的腌制间内，腌制 2 ～ 3 天。

（4）斩拌制馅　先把猪瘦肉放入斩拌机的料盘内，随即加入 1.5 ～ 2kg 的冰屑水，斩拌 2 ～ 3min 后，将经水解过滤后的淀粉及奶粉、混合粉和调制好的辅料，徐徐加入肉馅内继续斩拌 1 ～ 2min，最后将肥肉丁加入肉馅中继续斩拌，其斩拌总时间为 5 ～ 6min，斩拌结束后的肉温应控制在 10℃以下。

（5）充填、结扎　肠衣应选用长 35 ～ 40cm、直径 4 ～ 5cm 的玻璃纸肠衣或羊套管充填肉馅。然后用 20cm 的纯棉小线将结口系牢，定型，然后进行串竿，每竿 14 根。

（6）烘烤　将充填后串好杆的制品送入 80℃左右的烘烤炉内烘烤 30 ～ 35min。

（7）蒸煮　将烘烤好的制品放入煮锅内，下锅温度为 93℃左右，保持恒温（84 ～ 86℃），时间为 60min 左右，待中心温度达到 71℃即成熟。

（8）熏制　将锯木屑倒入烟雾发生器中，用生成的烟雾熏制 20 ～ 30min，温度控制在 60℃左右。

（9）冷却、验检　制品出炉后经自然冷却，待中心温度达到 22℃以下后，验质，检斤，送往成品间以待销售。出品率为每 50kg 原料出成品 62.5 ～ 65kg。

（10）成品　感官指标外形呈直柱圆形，肠体表面干燥完整，肠衣与内容物密切结合，无异味，坚实富有弹性，肉馅均匀，无渗出物；切面平整，无蜂窝，不松散，切片挺实，光润，呈粉红色。外观色泽呈棕黄色，具有香肠制品熏制后的纹理状，食之鲜嫩可口，富有葱头及奶香味。每根直径为 60mm，长度为 400 ～ 450mm。

4．注意事项

（1）在原料修割时尽量做到瘦肉不带肥肉、肥肉不带瘦肉。

（2）腌制时，待切开瘦肉断面全部达到鲜艳的玫瑰红色，且气味正常、肉质坚实有柔滑的感觉、可塑性强，即表示腌制成熟。

（3）斩拌时注意从估计添加的总水量中留出15%。斩拌好的肉馅肥瘦肉和辅料分布均匀，肉馅色泽呈均匀的淡红色，干湿得当，整体稀稠一致，用手拍起来整体肉馅跟着颤动。

（4）充填的目的是为了使肉馅定型，充填时，握肠衣的手松紧要适度，避免制品肉馅松散或产生气泡。

（5）烘烤成熟的标志是肠衣表面干燥，肠衣暗度减弱，开始呈半透明状，肉馅呈红润色泽。

（6）蒸煮成熟的标志是用手捏住肠体，轻轻用力时感到肠体挺硬，富有弹性。切开肠体肉馅干润，有光泽，呈粉红色。

（7）熏制成熟标准是肠体表面干燥，无渗油现象，无斑点和黑痕。

十四、三明治肠

1．原料配方

牛肉20kg，猪肥肉10kg，猪瘦肉20kg，胡椒粉200g，肉豆蔻粉50g，亚硝酸钠6g，盐2.5kg，胭脂红10g，白糖500g，冰屑6kg。

2．工艺流程

选料与修整→腌制→制馅→灌肠→烘烤→煮制→熏制→成品

3．操作要点

（1）选料与修整　选用符合卫生检验要求的鲜牛肉和鲜猪肉作加工原料，选好的牛肉和猪瘦肉分别剔去筋膜和脂肪。

（2）腌肠　将牛肉和猪瘦肉绞成1cm的肉丁，猪肥肉切成长为0.5cm的肉丁，分别加上盐和亚硝酸钠，送入0～4℃的冷库中腌24h。

（3）制馅　将牛肉、猪瘦肉斩拌成肉糜，加入猪肥膘肉和其他香辛料搅拌均匀。

（4）灌肠　将牛直肠肠衣剪成30cm的段，先系牢一端，用温水泡软，洗净后沥水，再用灌肠机将肉馅灌入，再系好肠体。然后将肠体的两端扎到一起，针刺排气。

（5）烘烤　将灌好的肠体穿在竹竿上，送入 60 ～ 70℃的烘房烘制 2h，待肠体的表皮干燥，呈红润色泽时，即可出炉。

（6）煮制　将烤好的肠体连竿放入 90℃的热水锅中，水温控制在 85℃，煮 90min，使肠中心达 75℃时即可出锅。

（7）熏制　将煮制后的肠体连竿送入熏房，烟熏 4h。

4. 产品特点

产品色泽红褐，富有弹性，清香味美，熏香浓郁。

十五、特伦哲香肠

1. 原料配方

原料肉可采用以下几种配方中的任意一种。

（1）瘦牛肉 45.4kg、猪肉 (80%瘦肉)90.8kg、猪肉 (肥瘦各半)90.8kg。

（2）瘦牛肉 56.8kg、猪肉 (80%瘦肉)136.2kg、猪肉 (肥瘦各半)34.0kg。

（3）瘦牛肉 68.1kg、猪肉 (80%瘦肉)115.3kg、猪肉 (肥瘦各半)45.4kg。

其他原料碎冰 11.4kg、盐 5.9kg、玉米淀粉 2.3kg、硝酸钠 0.1kg、亚硝酸钠 359、异抗坏血酸钠 0.1kg、胡椒粉 0.6kg、墨角兰粉 56.8g、香芹籽粉 0.1kg、碎香菜 56.8g。

2. 工艺流程

预处理→绞肉→斩拌→灌肠→烟熏→蒸煮→冷却

3. 操作要点

（1）预处理　除去所有肉上的膜，筋腱，结缔组织和骨头。

（2）绞肉　将冷却后的牛肉用 1/8 英寸筛板孔径的绞肉机绞碎，猪肉和脂肪用 1 英寸筛板孔径的绞肉机绞碎。

（3）斩拌　将 45.4kg 牛肉倒入斩拌机中，加入 11.4kg 碎冰和 1.4kg 盐，斩拌均匀。加入猪肉和剩余牛肉后继续斩拌，倒入预先混合好的盐等调味品均匀，斩拌到猪肉变成 6mm 左右的颗粒。

（4）灌肠　肠衣选用 30 ～ 32mm 的猪肠衣，灌肠完成后放置在 0 ～ 4℃的冷库中过夜。第二天烟熏前先在室温下放置一段时间待温度上升至室温。

（5）烟熏　同德国蒜肠。

（6）蒸煮、冷却　同德国蒜肠。

十六、西式肝香肠

肝香肠是采用肠衣为包装材料，将猪肝、猪肉类等食品经过分切、绞碎或斩碎，然后装入或充填入肠衣内，形成呈长棍形的肉制品。本品具有鲜嫩、味淡、香料特殊，营养易于消化吸收等特色。西式肝香肠的加工可以丰富食品种类及风味，满足各种需要。

（一）方法一

1. 原料配方

鲜猪肝 7kg，猪腹肉、猪肩肉 13kg，NPS(加亚硝酸盐食盐)400g，调味料 20g，香辛料 100g。

2. 工艺流程

选料→洗净→切碎→蒸煮→绞碎→拌匀→灌肠→蒸煮→冷却→烟熏→包装→冷藏。

3. 操作要点

（1）原料整理　先将新鲜猪肝摘除胆囊，用水洗净后切成薄片备用。再将猪腹肉、肩肉切碎，把瘦肉切成拳头大小的小块，肥膘切成 4cm 见方的膘丁。原料整理时需剔除影响制品口味和质量的其他部分，如筋膜、碎骨、血块、病变组织和淋巴结等。

（2）蒸煮与混合　将切碎的猪腹肉、肩肉用蒸气蒸煮后，与准备好的猪肝片混合均匀。

（3）绞碎与配料　把混合好的猪肝和熟肉绞成8～10mm的肉粒，加入NPS、香辛料和调味料，充分拌匀。

（4）灌制与蒸煮　将肝、肉糜灌入小香肠、猪大肠或复合式人造肠衣中，以50℃热水煮约40min，使其发色，然后放入沸水中，加热至80℃以上，时间根据香肠粗细不同需60～90min。

（5）冷却与烟熏　从蒸煮锅中取出的香肠，须立即用温水冲洗，再以流动水不断地冷却。冷却后进行风干，一般经过10～12h冷熏，此间温度不得超过20℃。采用人造肠衣（纤维素肠衣）时，香肠外皮不得裂开，烟熏中有少量湿气是必要的。

（6）包装与冷藏　产品经称重定量后，可用复合袋装好，采用真空包装。肝香肠在加工出成品后须在5℃以下保存，超过此温度将影响产品风味。

（二）方法二

这是一种以猪肝脏为主要原料之一的肠类制品。依据材料配合不同，可以制成硬度各异的肝肠。肝肠属于预煮香肠。不仅猪肝可以用于制作肝肠，羊肝、牛肝也是良好的原料。使用前，要先对肝进行预煮。这种产品物美价廉，在欧洲很受欢迎。

1. 原料配方

猪肉4kg，精盐250g，猪肝脏3kg，味精30g，猪脂肪3kg，胡椒20g，冰水1kg，甘椒20g，硝石20g。

2. 工艺流程

原料肉选择→细切→绞肉→搅拌或斩拌→充填→蒸煮→烟熏→冷却

3. 操作要点

选用新鲜的肝脏作原料，用3mm孔径的绞肉机绞成馅状，用研磨机研磨，再在斩拌机内与肉和脂肪、各种辅料斩拌混合，灌入肠衣中进行蒸煮烟熏，蒸煮温度 70℃，时间 1 ～ 2h。烟熏温度为 40 ～ 50℃，烟熏 1 ～ 2h。

十七、猪肝肠

猪肝肠是以猪肝为主要原料，干牛食道为外皮制成的灌肠制品。猪肝肠表面呈红褐色，熏制均匀，光亮滑润，无斑点和黑痕，具有猪肝和鸡蛋的特殊香味，细腻可口，鲜美香甜，别有风味。

1. 原料配方

（1）配方　按 50kg 原料计算（猪肝 25kg，冻猪油 25kg）：精盐 1.35kg，白糖 1.25kg，鸡蛋 7.5kg，熟猪油 400g，洋葱 1.5kg，胡椒面 185g，硝酸钠 25g。

（2）仪器及设备　冷藏柜，绞肉机，灌肠机，排气针，台秤，砧板，刀具，塑料盆，细绳，烟熏炉。

2. 工艺流程

原料选择与修整→紧缩→腌制→绞碎→拌馅→灌制→煮制→熏烤→成品

3. 操作要点

（1）原料选择与修整　选用经卫生检验合格的鲜猪肝为原料，彻底割去鲜猪肝上的筋络和油脂，洗刷干净后切成镰刀状的薄片。

（2）紧缩　将切好的肝片放在 90℃的热水中浸泡 15min 左右，使肝七成熟的时候捞出，控尽水分。

（3）腌制　用 600g 左右的精盐和全部硝酸钠，拌入猪肝中，装盆放在腌肉室里，腌渍 10h 左右取出。

（4）绞碎　先将洋葱切成细丝，用 400g 熟猪油，放在锅里烧热后放入洋葱丝炒到焦黄色盛出，拌入猪肝中，然后一起放入 2 号眼的绞肉机里绞细。

（5）拌馅　把绞好的馅和冻猪油、鸡蛋及所有的调味料一起搅拌均匀，使其成黏浆状。

（6）灌制　先把干的牛食道用凉水浸泡5min，再用清水洗刷干净，除去水分，用白棉线细绳扎紧一端后灌入肝馅，每隔50cm长用白线绳扎好，挂在竹竿上晾。

（7）煮制　在锅内放一定量清水，加热到80℃时把猪肝肠投入锅内，水温始终保持在75℃左右，煮4～5min后取出。

（8）熏烤　把煮好的猪肝肠，挂在恒温50℃的锯末熏炉内，熏4～5h后取出，凉透即为成品。猪肝肠的出品率为30～35kg。

（9）成品　猪肝肠表面呈红褐色，熏制均匀，光亮滑润，无斑点和黑痕，肉馅紫红略有蛋黄点；肠衣湿润，无黏液，无皱纹，不破不裂，坚实而富有弹性；灌制均匀，元气孔。切片平整，光洁，不松散；粗细均匀，长度为50cm左右。具有猪肝和鸡蛋的特殊香味，细腻可口，鲜美香甜。

4．注意事项

（1）清洗猪肝时，要用清水反复浸洗，充分去除猪肝中的余血至水清亮为好。

（2）搅拌与灌肠的节奏应协调一致，拌好的馅料不要久置，必须迅速灌制，否则会起盐析作用，影响馅料与肠衣的黏着力。

（3）灌制时要掌握松紧程度，不能过紧或过松，过紧会胀破肠衣，过松影响成品的饱满结实度。

十八、熏血香肠

1．原料配方

猪硬脂肪4.8kg，猪皮2.4kg，猪血液1.6kg，牛血液1.2kg，食盐0.3kg，亚硝酸盐0.7kg，　胡椒20g，肉豆蔻10g，甘牛至5g，丁香5g，肉桂2g，百里香叶3g，灯笼椒3g，姜汁酒3g，味精20g，柠檬精10g。

2．工艺流程

原料肉选择→蒸煮→绞肉→干制→搅拌→充填→蒸煮→烟熏→冷却

3．操作要点

（1）原料肉选择　将猪脂肪切成3cm的丁。

（2）蒸煮　放入热水中氽一下，将猪皮在100℃下蒸煮30～40min。

（3）绞肉　待略冷后，用板孔为2mm的绞肉机反复绞2～3次。

（4）干制　再放入锅内煮干水分，做成皮饼。

（5）搅拌　原料血要求新鲜，机械除去血纤维蛋白，每升血液中加入30mg亚硝酸盐。在血液还未凉时加入盐，可使成品颜色变得更为好看。皮饼、血液和调味料仔细斩拌后，移入搅拌机中，加入用热水氽过的脂肪进行搅拌。

（6）充填　灌入猪盲肠或牛小肠等肠衣内进行蒸煮、烟熏。

（7）蒸煮、烟熏　蒸煮温度为85℃，蒸煮时间可在90～120min的范围内，烟熏时间为2～3h。

十九、牛血熏肠

1．原料配方

原料肉可采用以下几种配方中的任意一种。

（1）牛血22.7kg、猪皮56.8kg、猪舌45.4kg、猪脸肉45.4kg、猪鼻56.8kg。

（2）牛血34.0kg、猪皮34.0kg、猪舌68.1kg、猪鼻68.1kg、背膘22.7kg。

（3）牛血45.4kg、猪皮45.4kg、猪舌90.8kg、猪脸肉45.4kg。

（4）牛血45.4kg、猪皮34.05kg、猪脸肉45.4kg、猪鼻

45.4kg、牛腱子肉 56.75kg。

其他原料　盐 3.0kg、洋葱 2.3kg、硝酸钠 70.9g、亚硝酸钠 14.2g、异抗坏血酸钠 0.1kg、胡椒粉 0.4kg、墨角兰粉 0.2kg、丁香粉 56.8g、豆蔻粉 56.8g、百里香粉 56.8g、香芹籽粉 28.4g。

2. 工艺流程

腌制→预煮→绞肉、斩拌和搅拌→灌肠→蒸煮→冷却→烟熏

3. 操作要点

(1) 腌制

①猪舌　仔细清洗猪舌，将猪舌放入腌制液中腌制 2 ～ 3 天，腌制完后取出并仔细清洗。腌制液的配方如下：水 200L、盐 30kg、亚硝酸钠 0.3kg、糖 6.8kg。

②牛血　只选用去纤维的牛血。在每升牛血中添加 15g 盐、1.9g 亚硝酸钠。搅拌均匀后放入 0 ～ 4℃的冷库中放置 1 ～ 2 天。

③牛腱子肉　将表面的薄膜、结缔组织、筋腱除去，切成边长为 50mm 大小的正方体小块。放入搅拌机中，加入 3%盐、0.06%硝酸钠和 0.015%亚硝酸钠，充分搅拌后放入 0 ～ 4℃的冷库中 24h。

④猪鼻　仔细清洗猪鼻，切成边长为 50mm 的正方体块。放入搅拌机中，加入 3%盐、0.06%硝酸钠和 0.015%亚硝酸钠，充分搅拌后放入 0 ～ 4℃的冷库中 24h。

⑤猪脸肉或背膘首先预冷至 − 3℃，放入切片机中切成边长为 6 ～ 13mm 的正方体块，添加 3%的盐混匀后放入 0 ～ 4℃的冷库中 24h。

(2) 预煮　先将猪舌在锅中煮 2 ～ 2.5h，取出后去皮去骨，切成 4 片或 5 片，用热水冲洗并沥干。将牛肉块和猪鼻在锅中煮约 2h，直到肉质变嫩。脸部肉和背膘在锅中煮几分钟后取出，用热水冲洗并沥干，去除表面的脂肪。猪皮需用沸水煮，控制温

度和时间，以免破坏猪皮的黏结性。

(3) 绞肉、斩拌和搅拌

①猪鼻用1/2英寸或1英寸筛板孔径的绞肉机绞碎。洋葱用1/4英寸筛板孔径的绞肉机绞碎。

②猪皮用1/8英寸筛板孔径的绞肉机绞碎后倒入斩拌机中，加入洋葱和牛血斩拌。

③将所有的肉糜倒入搅拌机中，添加预先混合均匀的盐和所有调味品，搅拌均匀。最后加入②中斩拌好的肉糜，继续充分搅拌。

(4) 灌肠　肠衣用牛盲肠。用勺子边搅拌边灌肠。

(5) 蒸煮　将香肠放入95℃水中煮制，然后逐渐将水温降低至82℃，保持82℃ 3.5h左右直到香肠的中心温度达到77℃。

(6) 冷却　将煮好的香肠取出用冷水冲淋2h。将肠衣扎破，使空气排出，并加快水分挥发。然后立刻将香肠放置于0～4℃的冷库中至少24h。

(7) 烟熏　用盲肠做肠衣的香肠通常采用烟熏来提高产品的质量。将冷却后的香肠放入烟熏炉中，用冷烟熏，温度不要超过28℃，通风口完全打开，烟熏结束后继续将香肠放到0～4℃的冷库中。

二十、混肉烟熏肠

1. 原料配方

原料肉可采用以下几种配方中的任意一种。

(1) 瘦牛肉68.1kg、猪肉90.8kg、猪脸肉68.1kg。

(2) 瘦牛肉68.1kg、猪肉90.8kg、猪心68.1kg。

(3) 瘦牛肉68.1kg、猪肉90.8kg、猪舌头68.1kg。

其他原料碎冰22.7kg、盐5.7kg、玉米淀粉0.6kg、亚硝酸钠35g、异抗坏血酸钠0.1kg。

2．工艺流程

清洗→绞肉斩拌→腌制→真空搅拌、灌肠→烟熏→蒸煮→冲淋→包装

3．操作要点

（1）清洗　首先要将猪心和猪舌头清洗干净，除去猪心上的血块、猪舌头上的动脉、食管、骨头。

（2）绞肉、斩拌　将冷却的牛肉用筛板孔径 1/8 英寸的绞肉机绞碎，然后倒入斩拌机中，添加预先混匀的盐及其他调味品，加入适量冰后斩拌 2min 左右。将剩下的肉用筛板孔径 3/16 英寸的绞肉机绞碎，与之前斩拌好的肉糜一起倒入搅拌机中，搅拌 2 ～ 3min。

（3）腌制　将搅拌后的肉糜放置在 4℃左右的冷库中腌制一夜。

（4）真空搅拌、灌肠　第二天将肉糜倒入真空搅拌机中搅拌 1min 左右，灌肠时用 28 ～ 32mm 的猪肠衣。

（5）烟熏　烟熏炉预先加热到 45℃。通风口完全打开并保持 20min 左右，直到香肠表面吹干。然后将通风口关闭至 1/4 处，通人浓烟，烟熏炉逐渐升温至 60℃，保持这个温度直到出现较好的烟熏色泽。停止通烟，升温至 75℃，保持这个温度直到香肠的中心温度达到 58℃。

（6）蒸煮　如果使用蒸煮锅蒸煮，则等香肠的中心温度达到 58℃后将香肠从烟熏炉中取出放入蒸煮锅，加热至 68℃。如果不使用蒸煮锅，则继续往烟熏炉中通入蒸汽，使香肠的中心温度达到 68℃。

（7）冲淋　将香肠取出，用冷水冲淋，使香肠的中心温度冷却至 50℃。

（8）包装　将冷却后的香肠置于室温下待肠衣干燥后，放入 7℃的冷库中，冷却至中心温度降到 10℃后装运。产品应在低温

条件下保藏。

二十一、德国蒜肠

1. 原料配方

原料肉可采用以下几种配方中的任意一种。

（1）瘦牛肉 136.2kg、猪肉（肥瘦各半）90.8kg。

（2）瘦牛肉 158.9kg、背膘 68.1kg。

其他原料碎冰 68.1 ～ 79.4kg、盐 5.9kg、玉米淀粉 2.3kg、硝酸钠 0.1kg、亚硝酸钠 35g、异抗坏血酸钠 0.1kg、胡椒粉 0.6kg、豆蔻粉 0.1kg、多香果粉 0.1kg、碎香菜 56.8g、大蒜或洋葱粉 28.4g。

2. 工艺流程

绞肉→斩拌→灌肠→烟熏→蒸煮→冷却

3. 操作要点

（1）绞肉、斩拌将冷却的牛肉用 1/8 英寸筛板孔径的绞肉机绞碎，猪肉和脂肪用 1/4 英寸筛板孔径的绞肉机绞碎。将绞碎的牛肉倒入斩拌机中，添加 1/2 量的碎冰，稍加斩拌后加入预先混匀好的盐和其他调味品，继续斩拌，最后加入猪肉或背膘和剩余的冰，斩拌直到脂肪颗粒消失。

如果用乳化机代替斩拌机，则先按上述要求将肉绞碎，然后将肉糜倒入搅拌机中，倒入一半 0℃的冰水（代替冰）搅拌。缓慢加入预先混匀好的调味品，逐渐加入剩余冰水，搅拌 3min 左右。最后将肉倒入乳化机中乳化。乳化过程中，肉糜的温度不能超过 13℃。

（2）灌肠　肠衣选用牛小肠，每节肠控制在 160g 左右。灌好后的香肠放置在 0 ～ 4℃的冷库中过夜。第二天烟熏前先在室温下放置一段时间待温度上升至室温。

（3）烟熏　烟熏炉预热至 60℃。风门完全打开，将香肠放入烟熏炉的架子上并保持合适的距离，待肠衣干燥后将风门关闭至 1/4 处，持续通入浓烟，烟熏炉逐渐升温至 71℃。保持这个温度直到香肠的中心温度达到 58℃。

（4）蒸煮、冷却　停止通烟，通入蒸汽直到香肠的中心温度达到 68℃。如果要水煮香肠，将水温控制在 71℃，直到香肠的中心温度达到 68℃。蒸煮完后冲淋香肠，使香肠的中心温度下降到 35℃。将冷却后的香肠置于室温下待肠衣干后，放入 0～4℃的冷库中，待香肠中心温度降到 10℃后装运。产品应在低温条件下保藏。

二十二、添加脱脂奶粉的蒜肠

1. 原料配方

牛肉 27.2kg、猪肉 18.2kg、脱脂奶粉 2.2kg、洋葱 1.4kg、盐 1.4kg、白胡椒粉 0.2kg、碎香菜 56.8g、豆蔻粉 56.8g、大蒜 0.1kg、腌制液 1.2kg、碎冰若干。

腌制液配方　亚硝酸钠 142g、葡萄糖 4.5kg。

将以上原料放入容量为 20L 的玻璃容器中，加水溶解，配得溶液。每 45kg 肉加入 1L 腌制液。

2. 工艺流程

绞肉→斩拌→灌肠→烟熏→蒸煮→冲淋

3. 操作要点

（1）绞肉　将洋葱、牛肉用 3/8 英寸筛板孔径的绞肉机绞碎。猪肉用 1/4 英寸筛板孔径的绞肉机绞碎。大蒜切碎后和腌制液混匀。

（2）斩拌　将牛肉糜、碎冰、盐和腌制液倒入斩拌机中稍加斩拌后，缓慢加入脱脂奶粉和剩下的碎冰。最后加入猪肉糜和其他调味品，斩拌均匀。

（3）灌肠　肠衣选用牛肠衣或纤维素肠衣。

(4) 烟熏　烟熏时的温度从 50℃逐渐升高到 78℃，直到出现良好的烟熏色泽。

(5) 蒸煮　熏制完成后取出蒸煮，蒸煮温度控制在 70 ～ 75℃，直到香肠的中心温度达到 68℃，之后取出冲淋、沥干。

二十三、添加脱脂奶粉的柏林香肠

1. 原料配方

小牛肉 9.1kg、牛颈肉 9.1kg、瘦猪肉 13.6kg、猪脸肉 13.6kg、脱脂奶粉 1.8kg、盐 1.4kg、洋葱 0.7kg、白胡椒粉 0.2kg、大蒜 28.4g、冰水 3.6kg、腌制液 1.2kg。

腌制液配方亚硝酸钠 142g、葡萄糖 4.5kg。

将以上原料放入容量为 20L 的玻璃容器中，加水溶解，配得溶液。每 45kg 肉加入 1L 腌制液。

2. 工艺流程

绞肉→搅拌→灌肠→烟熏→蒸煮→冲淋→冷却

3. 操作要点

(1) 绞肉　将小牛肉用筛板孔径 3/16 英寸的绞肉机绞碎，猪肉用筛板孔径 1/4 英寸的绞肉机绞碎，猪脸肉、牛颈肉和洋葱用筛板孔径 1/8 英寸的绞肉机绞碎，将切碎的大蒜、糖和腌制液混合均匀。

(2) 搅拌、灌肠　将所有的肉糜倒入搅拌机中，加入水、盐、腌制液和胡椒粉，均匀撒入脱脂奶粉，搅拌均匀。肠衣选用牛肠衣或纤维素肠衣。

(3) 烟熏　将香肠于 0 ～ 4℃的冷库中放置 48h 后取出，在室温下放置 2.5 ～ 3h。如果使用的是纤维素肠衣，在放入烟熏炉之前要尽快用热水喷淋。烟熏时的起始温度为 50℃，然后逐渐升高至 75℃。

(4) 蒸煮　当出现良好的烟熏色泽后，将香肠取出、蒸煮，蒸煮温度为 75℃，直到香肠的中心温度达到 68℃。

（5）冲淋　用冷水冲淋，沥干。

二十四、添加乳清蛋白的图林根熏肠

1．原料配方

牛颈肉 27.2kg、牛腩 9.1kg、猪肉（肥瘦各半）9.1kg、食盐 1.0kg、亚硝酸钠 3.5g、硝酸钠 3.5g、葡萄糖 340g、黑胡椒粉 170g、黑胡椒 28.4g、芥末 14.2g、肉豆蔻 14.2g、异抗坏血酸 24.8g、乳清蛋白 56.7g。

2．工艺流程

绞肉→搅拌→二次绞肉→灌肠→烟熏→蒸煮

3．操作要点

（1）绞肉　所有的肉都用筛孔直径 1/2 英寸的绞肉机绞碎。将硝酸钠和亚硝酸钠混合，用 1/2 升水溶解。

（2）搅拌　向肉糜中加入盐、硝酸钠、亚硝酸钠、异抗坏血酸钠等其他原料，黑胡椒除外，搅拌均匀，然后添加溶解于水的乳清蛋白。

（3）二次绞肉　用筛孔直径 3/16 英寸的绞肉机将肉糜再次绞碎。加入黑胡椒，混合均匀。

（4）灌肠　将搅拌均匀的肉馅灌入合适的肠衣中，移到烟熏室烟熏，熏好后移到冷藏室中放置 2 ～ 3 天，让风味成熟。

（5）蒸煮　加热使香肠中心温度达到 50 ～ 55℃。

二十五、添加脱脂奶粉的无皮奶酪香肠

1．原料配方

牛肉 27.3kg、猪肉 15.9kg、奶酪 6.8kg、脱脂奶粉 2.3kg、盐 1.2kg、腌制液 1.2kg、白胡椒粉 0.3kg、芥末粉 85.1g、洋葱 1.4kg、大蒜 56.8g、碎冰。

腌制液配方亚硝酸钠 142g、葡萄糖 4.5kg。

将以上原料放入容量为 20L 的玻璃容器中，加水溶解，配得溶液。每 45kg 肉加入 1L 腌制液。

2. 工艺流程

绞肉→腌制→斩拌→灌肠→烟熏→蒸煮→冲淋→包装

3. 操作要点

(1) 绞肉、腌制　将牛肉、洋葱用筛板孔径为 1/8 英寸的绞肉机绞碎，猪肉用筛板孔径为 3/8 英寸的绞肉机绞碎，把奶酪切成 2.5cm 的小块，将大蒜切碎混入腌制液中。

(2) 斩拌　将牛肉糜倒入斩拌机中，加入盐、腌制液和适量碎冰。稍微斩拌后缓慢加入脱脂奶粉和碎冰，边斩拌边加，直到脱脂奶粉完全加入。之后加入奶酪、猪肉、其他调味品和适量碎冰，继续斩拌，使肉糜具有很好的韧性。

(3) 灌肠、烟熏、蒸煮　肠衣用纤维素肠衣，烟熏和蒸煮的方法与法兰克福香肠相同。

二十六、添加谷物和脱脂奶粉的烟熏肠

1. 原料配方

原料肉可采用以下几种配方中的任意一种。

(1) 瘦牛肉 56.8kg、猪肉 56.8kg、猪脸肉 56.8kg。

(2) 瘦牛肉 56.8kg、猪肉 56.8kg、猪心 68.1kg。

(3) 瘦牛肉 56.8kg、猪肉 56.8kg、猪舌头 68.1kg。

其他原料　面粉 4.5kg、脱脂奶粉 4.5kg、碎冰 34.0kg、盐 5.7kg、玉米淀粉 0.6kg、亚硝酸钠 35g、异抗坏血酸钠 0.1kg。

2. 工艺流程

清洗→绞肉斩拌→腌制→真空搅拌、灌肠→烟熏→蒸煮→冲淋→包装

3．操作要点

（1）清洗　首先要将猪心和猪舌头清洗干净，除去猪心上的血块、猪舌头上的动脉、食管、骨头。

（2）绞肉、斩拌　将冷却的牛肉用 1/8 英寸筛板孔径的绞肉机绞碎，然后倒入斩拌机中，添加面粉、脱脂奶粉、预先混匀的盐、其他调味品以及适量冰，斩拌 2min 左右。将剩下的肉用 3/16 英寸筛板孔径的绞肉机绞碎，与之前斩拌好的肉糜一起倒入搅拌机中，搅拌 2 ～ 3min。

（3）腌制　将搅拌后的肉糜放置到 4℃左右的冷库中腌制过夜。

（4）真空搅拌、灌肠　第二天将肉糜倒入真空搅拌机中搅拌 1min 左右，灌肠时采用 28 ～ 32mm 的猪肠衣。

（5）烟熏　烟熏炉预先加热到 45℃。通风口完全打开，保持 20min，待香肠表面吹干。然后将通风口关闭至 1/4 处，通入浓烟，烟熏炉逐渐升温至 60℃。恒温保持直到出现较好的烟熏颜色。停止通烟，升高温度至 71 ～ 74℃，保持这个温度直到香肠的中心温度达到 58℃。

（6）蒸煮　如果使用蒸煮锅蒸煮，则在香肠的中心温度达到 58℃后从烟熏炉中取出放入蒸煮锅，蒸煮至 68℃。如果不使用蒸煮锅，则继续在烟熏炉中通入蒸汽，使香肠的中心温度达到 68℃。

（7）冲淋　将香肠取出，用冷水冲淋，使香肠的中心温度冷却至 50℃。

（8）包装　将冷却后的香肠置于室温下，待肠衣干燥后，放入 4℃的冷库中，待中心温度降到 10℃后装运。产品应在低温条件下保藏。

二十七、添加脱脂奶粉的波洛尼亚大香肠

1. 原料配方

牛肉 27.2kg、猪肉 18.2kg、脱脂奶粉 2.2kg、盐 1.4kg、洋葱粉 1.2kg、白胡椒粉 0.2kg、芫荽粉 56.8g、多香果粉 28.4g、香草粉 28.4g、大蒜 28.4g、腌制液 1.2kg、碎冰。

腌制液配方亚硝酸钠 142g、葡萄糖 4.5kg。

将以上原料放入容量为 20L 的玻璃容器中，加水溶解，配得溶液。每 45kg 肉加入 1L 腌制液。

2. 工艺流程

绞肉→斩拌→烟熏→蒸煮→冷却

3. 操作要点

(1) 将大蒜切碎加入到腌制液中。用筛板孔径为 3/8 英寸的绞肉机分别绞碎牛肉和猪肉。

(2) 将牛肉糜倒入斩拌机中，加入盐、腌制液和适量碎冰。稍微斩拌过后，缓慢加入脱脂奶粉和碎冰，当脱脂奶粉加完后，加入猪肉糜和其他调味品，继续斩拌，使混合物具有很好的韧性。灌肠时用牛盲肠或纤维素肠衣。

(3)香肠灌好后放入 50℃的烟熏炉中。缓慢升温至 75℃左右，保持 2.5 ～ 3h，直到香肠呈现出理想的颜色。之后在 71℃左右的条件下蒸煮香肠，直到香肠的中心温度达到 65℃左右。蒸煮完后用冷水冲淋 10min。

第四节 生熏香肠

一、西班牙辣香肠

1. 原料配方

原料肉可采用以下任一配方。

（1）瘦牛肉 136.2kg、猪肉 90.8kg。

（2）瘦牛肉 68.1kg、牛脸肉 45.4kg、牛心或猪心 34.0kg、猪肉 79.4kg。

食盐 6.8kg、玉米淀粉 2.3kg、亚硝酸钠 35.4g、硝酸钠 283.5g、异抗坏血酸钠 122.8g、红辣椒 6.8kg、黑胡椒粉 567.4g、红辣椒粉 70.9g、芫荽粉 141.8g、牛至粉 28.4g、生姜粉 141.8g、冰水 22.7kg、白醋 2.85L。

2. 工艺流程

绞肉→搅拌→二次绞肉→灌肠→烟熏→冷却→储藏

3. 操作要点

（1）绞肉　肉应先预冷至 0 ～ 1℃，猪肉用筛孔直径 1/2 英寸的绞肉机绞碎,牛肉和猪心用筛孔直径 1/8 英寸的绞肉机绞碎。

（2）搅拌　将绞碎的肉糜转移到搅拌机中，添加冰和醋，然后加入食盐和其他辅料，搅拌均匀。

（3）二次绞肉　用筛孔直径 1/4 或 3/8 英寸的绞肉机再次绞肉。

（4）灌肠　将搅拌好的肉馅立即灌入猪肠中，灌制好的香肠转移到低温室中（低于 0℃）悬挂，干燥冷却。

（5）烟熏　香肠先在室温中放置一段时间,然后移到烟熏室,烟熏室的温度应不高于 48℃，待肠衣干燥后采用轻烟熏制直到获得理想颜色。

(6)冷却　将熏制好的香肠移到冷藏室(0 ～ 4℃),放置一晚,使香肠中心温度降到 13℃。

（7）储藏　在储藏销售过程中要保持温度在－15℃左右。

二、卡拉克尔熟香肠

1. 原料配方

瘦牛肉 115.3kg、猪肉（肥瘦各半）115.3kg、盐 5.9kg、硝

酸钠0.1kg、亚硝酸钠35g、异抗坏血酸钠0.1kg、黑胡椒粉0.2kg、玉米淀粉2.3kg、豆蔻粉或肉豆蔻粉56.8g、碎香菜56．8g、生姜粉56.8g、大蒜粉14.2～28.4g、碎冰34.0kg。

2. 工艺流程

绞肉→斩拌→灌肠→烟熏→蒸煮→冲淋→冷却

3. 操作要点

(1) 绞肉　将冷却的瘦牛肉用1/4英寸筛板孔径的绞肉机绞碎，猪肉用1英寸筛板孔径的绞肉机绞碎。

(2) 斩拌　将绞碎的牛肉倒入斩拌机中，加入量不要超过斩拌机容量的一半，加入23kg冰和预先混匀好的盐和其他调味品，斩拌均匀。加入剩余的11kg冰和猪肉，继续斩拌，直到猪肉脂肪变成6～9mm大小的颗粒。斩拌结束后将肉糜倒入真空搅拌机中搅拌2min。

(3) 灌肠　肠衣用牛小肠。

(4) 烟熏　烟熏炉预先加热至58℃。风门完全打开，将香肠放入烟熏炉的架子上，彼此之间保持合适的距离。待肠衣干燥后将风门关闭到1/4处，持续通入浓烟，升温至60℃后保持2.5～3h。之后停止通烟，将烟熏炉温度逐渐升高到75℃左右，直到香肠的中心温度达到58℃。

(5) 蒸煮　向烟熏炉中通入蒸汽，炉温保持75℃，直到香肠中心温度达到68℃。如果要水煮香肠，则将水温控制在75℃左右直到香肠中心温度达到68℃。

(6) 冲淋　蒸煮完的香肠用冷水冲淋，使香肠的中心温度降至50℃。

(7) 冷却　将冷却后的香肠置于室温下待肠衣干燥后，放入0～4℃的冷库中，待香肠中心温度降到10℃后装运。

三、生熏软质香肠

1. 原料配方

可以采用以下任何一组配方。

(1) 猪肉(65%瘦肉)227kg、胡椒粉681.2g、食盐5.7kg、玉米淀粉2.3kg、亚硝酸钠7.1g、硝酸钠355g、异抗坏血酸钠122g。

(2) 猪肉(65%瘦肉)170.3kg、瘦牛肉56.8kg、胡椒粉681.2g、芥菜籽粉227.2g、食盐5.7kg、玉米淀粉2.3kg、亚硝酸钠7.1g、硝酸钠355g、异抗坏血酸钠122g。

(3) 猪肉(65%瘦肉)113.5kg、瘦牛肉79.5kg、背膘34kg、胡椒粉681.2g、香菜籽粉681. 2g、大蒜粉7.1g、食盐5.7kg、玉米淀粉2.3kg、亚硝酸钠7.1g、硝酸钠355g、异抗坏血酸钠122g。

(4) 猪肉(65%瘦肉)113.5kg、瘦牛肉90.8kg、背膘22.7kg、食盐5.7kg、玉米淀粉2.3kg、亚硝酸钠7.1g、硝酸钠355g、异抗坏血酸钠122g。

2. 工艺流程

原料肉修整→绞肉→腌制→再次绞肉→灌肠→成熟→烟熏→冷却

3. 操作要点

(1) 原料肉修整　剔除所有的筋、结缔组织和肉皮，肉熟制后冷却至0℃以下备用。

(2) 绞肉　将猪肉和背膘(若使用)用筛孔直径为1/2英寸的绞肉机绞碎，将牛肉用筛孔直径为1/8英寸的绞肉机绞碎，将肉糜转移至搅拌机中加入其他原料充分混匀。

(3) 腌制　将肉糜在盆中压实，避免空气进入，高度不超过15cm；然后将其转移至0～4℃的环境下腌制24h。

(4) 再次绞肉　熟制之后将肉用筛孔直径为1/8英寸的绞

肉机再次绞碎。

(5) 灌肠　选用猪二路肠衣，用绳子先系住一端，灌入肉糜，每段长度控制在10cm左右。灌好后挂在烟熏架上，防止肠体互相接触，用冷水冲淋。

(6) 成熟　将肠转移至恒温室中，在温度为21～24℃，相对湿度为75%～80%的条件下熟制3天。

(7) 烟熏　烟熏室温度控制在21～27℃，相对湿度不要超过80%～85%，以防止香肠变酸。将挂香肠放入烟熏室中，将风门完全打开使肠充分干燥30min，然后关闭风门至1/4处，用浓烟熏制24～48h。烟熏后将肠取出，间歇性地浸入沸水中，使肠衣收缩并除去肠表面的脂肪。

(8) 冷却　将肠转移至温度为4℃的环境中，冷却至中心温度到10℃。

四、添加脱脂奶粉的塞尔维拉特香肠

1. 原料配方

牛肉15.9kg、猪脸肉15.9kg、猪肉9.1kg、瘦猪肉4.5kg、脱脂奶粉2.0kg、盐1.2kg、洋葱454g、白胡椒粉170.1g、大蒜28.4g、冷水2.7kg。

腌制液配方亚硝酸钠141.8g、葡萄糖4.5kg。

2. 工艺流程

绞肉→搅拌→腌制→二次绞肉→灌肠→烟熏→储藏

3. 操作要点

(1) 绞肉　牛肉、洋葱和猪脸肉用筛孔直径1/8英寸的绞肉机绞碎，猪肉用筛孔直径1/4英寸的绞肉机绞碎。

(2) 搅拌　把肉糜转移到搅拌机中，添加脱脂奶粉、食盐、腌制液等剩余原料，搅拌均匀。

(3) 腌制　将搅拌均匀的肉馅放入盆中压紧，深度不超过

15cm，在 0 ～ 4℃下腌制过夜。

（4）二次绞肉　将腌制好的肉馅用筛孔直径 3/8 英寸的绞肉机再次绞碎。

（5）灌肠　将搅拌好的肉馅灌入羊结肠肠衣或纤维肠衣中。

（6）烟熏　先在 50℃条件下熏制，然后逐渐升温，6h 后温度达到 76℃，保持此温度直到香肠中心温度达到 68℃。

（7）储藏　将熏制好的香肠先用热水冲洗，冷却干燥后包装，在室温下储存即可。

五、添加脱脂奶粉的色拉米熟香肠

1. 原料配方

牛颈肉 27.2kg、猪脸肉 11.4kg、猪肉 6.8kg、脱脂奶粉 2.2kg、盐 1.4kg、大蒜 85.1g、黑胡椒粉 0.2kg、豆蔻粉 56.8g，冷水 2.7kg、腌制液 1.2kg。

腌制液配方亚硝酸钠 142g、葡萄糖 4.5kg。

将以上原料放入容量为 20L 的玻璃容器中，加水溶解，配得溶液。每 45kg 肉加入 1L 腌制液。

2. 工艺流程

绞肉→搅拌→灌肠→烟熏→冲淋→干燥

3. 操作要点

（1）将牛颈肉用筛板孔径为 1/8 英寸的绞肉机绞碎，猪肉用筛板孔径为 3/8 英寸的绞肉机绞碎。将大蒜切碎后放入腌制液中混匀。

（2）把所有的肉糜倒入搅拌机中，加盐、腌制液和水，缓慢撒入脱脂奶粉和其他调味品，混合均匀。

（3）肠衣用牛盲肠或纤维素肠衣。灌肠后在 0 ～ 4℃的冷库中放置 48h。之后放入预热至 50℃的烟熏炉中，烟熏炉逐渐升温，7h 后升温至 78℃，保持 30min。用热水冲去香肠表面油脂，然后用冷水冲淋，在室温下放置至肠衣干燥。

六、犹太色拉米香肠和犹太风格的色拉米香肠

1. 原料配方

原料肉可采用以下几种配方中的任意一种。

（1）牛颈肉 136.2kg、牛胸肉 90.8kg。

（2）牛肉 136.2kg、牛胸肉 90.8kg。

（3）牛肉 90.8kg、牛胸肉 90.8kg、牛脸肉 90.8kg。

其他原料 盐 6.8kg、亚硝酸钠 35.4g、硝酸钠 0.1kg、异抗坏血酸钠 0.1kg、黑胡椒粉 0.1kg、蔗糖 0.6kg、肉豆蔻粉 0.2kg、多香果粉 70.9g、生姜粉 70.9g、大蒜粉 49.6g、红辣椒粉 0.3kg、碎冰 11.4kg。

2. 工艺流程

绞肉→搅拌→斩拌→灌肠→烟熏→冷却

3. 操作要点

（1）绞肉 所有的原料肉都预冷至 0 ～ 1℃，将盐和其他干调味品预先混匀。将牛肉和牛脸部肉用筛板孔径为 1/8 英寸的绞肉机绞碎，牛胸肉用筛板孔径为 1 英寸的绞肉机绞碎。

（2）搅拌 将肉糜倒入搅拌机中，加入所有调味品搅拌 2 ～ 3min。搅拌后将肉糜放置在 3 ～ 4℃的冷库中腌制一夜，之后将肉糜从冷库中取出放入筛板孔径为 3/16 英寸的绞肉机中绞碎。

（3）斩拌 使用快速斩拌机，将肉糜放入斩拌机中斩拌，然后将肉糜放置在 0 ～ 4℃的冷库中腌制一夜，第二天将肉糜倒入真空搅拌机中搅拌。

（4）灌肠 肠衣选用 75mm × 600mm 的纤维肠衣或不可拉伸的玻璃纸肠衣。

（5）烟熏 先将烟熏炉预热至 58%。将风门完全打开，香

肠放入烟熏炉的架子上，待肠衣干后风门关闭至 1/4 处，持续通入浓烟，烟熏炉逐渐升温，1h 后升到 60℃，继续升温，1h 后升高到 71℃。停止通烟，升温至 80%，保持这个温度直到香肠的中心温度达到 68℃。

（6）冷却　将香肠从烟熏炉中取出，用冷水冲淋，使香肠的中心温度冷却至 40℃。将冷却后的香肠置于室温下待肠衣干燥后，放入 7℃的冷库中，香肠的中心温度降到 10℃后装运。

七、添加脱脂奶粉的新英格兰香肠

1．原料配方

（1）腌制液配方　亚硝酸盐 142g、葡萄糖 4.5kg，把上述物质放入约 20L 的玻璃容器中，加水溶解，即配得溶液，每 45kg 肉使用 1L 腌制液。

（2）产品配方　牛肉 9.1kg、腌猪肩肉 36.3kg、脱脂奶粉 1.9kg、盐 226.8g、白胡椒粉 85.0g、桂皮 56.7g、大蒜 14.2g、碎冰块适量。

2．工艺流程

绞肉→搅拌→灌肠→烟熏→冷却

3．操作要点

（1）绞肉　将牛肉用筛孔直径为 3/8 英寸的绞肉机绞碎，放入搅拌机中。猪肩肉放在腌制液中腌制 4 ～ 5 天后，用筛孔直径为 1 英寸的绞肉机绞碎。把大蒜剁碎，并加入腌制液搅拌均匀。

（2）搅拌　分别加入盐、腌制液、脱脂奶粉和碎冰块，不断搅拌，脱脂奶粉分数次加入。之后加入白胡椒粉和碾碎的桂皮搅拌均匀，这个过程大约需要加入 9 ～ 10kg 碎冰块。最后加入猪肩肉混合均匀。

（3）灌肠、烟熏　把肉糜灌入合适大小的纤维素肠衣中，送入烟熏室。初始加工温度为 50℃，然后逐渐升温到 78℃，直到表面呈现理想的色泽。在 70 ～ 75℃下烤 3h 左右直到肠体中心温度达到 68℃。冷却 8 ～ 9h 即可。

第五节　熟香肠

一、蒸煮肝肠

这是一种以猪肝脏为主要原料之一的肠类制品。依据材料配合不同，可以制成硬度各异的肝肠。肝肠属于预煮香肠。不仅猪肝可以用于制作肝肠，羊肝、牛肝也是良好的原料。使用前，要先对肝进行预煮。这种产品物美价廉，在欧洲很受欢迎。

1．原料配方

猪瘦肉 50kg，猪肝 30kg，猪皮 20kg，猪肩脂肪 20kg，盐 3kg，硝酸钾 360g，胡椒 480g，白砂糖 360g，洋葱 1.2kg，味精 360g，水 24kg。

2．工艺流程

原料整理→腌制→绞碎→搅拌→灌肠→蒸煮→冷却→成品

3．操作要点

（1）原料整理　新鲜的猪瘦肉去掉筋腱；猪肝去掉苦胆、肝筋、水泡和血斑点，剖开硬管，清洗干净，肝的表面发脆，发硬的地方和苦胆液渗入的部分也要清除；猪皮要清洗干净。

（2）腌制、绞碎、搅拌　将整理好的猪瘦肉切成小块，加盐腌制 1 ～ 2 天，再用绞刀绞碎；将猪脂肪先切成小块，再用绞刀绞碎；猪皮煮沸后，用绞刀绞 2 ～ 3 次，再移至煮锅中，加少量水加热搅拌，搅拌到黏度很大的饼状后，进行冷却，再用绞刀绞碎。将猪肝用绞刀绞碎，再用搅拌机搅拌成半流动状，然后将肉类原料放入搅拌机中搅拌，搅拌时缓慢地投入调味料，最后投入绞碎的脂肪。

(3) 灌肠、蒸煮　搅拌后的肉馅应立即灌入肠衣。肝肠使用的肠衣为猪直肠或牛大肠肠衣。灌好的肠要冷却 24h，再用 70℃的热水煮制 1h，一般不烟熏，冷却即为成品。

4. 产品特点

产品色泽良好，口感清香，有猪肝味。

二、肉枣

肉枣又名肉橄榄或肉葡萄，是将肉馅灌入肠衣后，再进行扎节使其呈枣状，然后经烘烤而制成的产品。

1. 原料配方

猪瘦肉 100kg，白糖 8kg，食盐 2.5kg，60 度白酒 2kg，白酱油 5kg，硝酸钠 40g，味精 300g。

2. 工艺流程

原料选择和处理→拌馅→灌制→烘烤→成品

3. 操作要点

(1) 原料选择和处理　以猪后腿精肉为原料，也可选用前腿肉，修净瘦肉上的脂肪、筋腱、碎骨和软骨，用网眼直径 2 ～ 3cm 的绞肉机绞成肉馅。

(2)拌馅　将绞碎的肉馅和配料一起放入搅拌机内搅拌均匀。

(3) 灌制　选用羊或猪的小肠做肠衣。灌制松紧度应比香肠适当松一些,便于连续扎结。据肠衣粗细不同,一般每隔 3 ～ 4cm 扎节定型呈红枣样，每隔 1m 用麻绳系牢，挂竿。

(4) 烘烤　将肉枣送入烤房，烘烤温度控制在 70℃左右，持续 7h,然后降温至 40 ～ 50℃,经 2 天即成成品。肉枣不宜堆放，必须挂在空气流通处和干燥的地方，或将肉枣按节剪下、定量分装于塑料袋内密封保存，以防受潮。

4. 产品质量标准

肉枣宛如红枣，咸甜适口，香味浓郁。

三、小红肠

小红肠又名维也纳肠，首创于奥地利首都维也纳，味道鲜美，后风行全球。将小红肠夹在面包中就是著名的快餐食品，因其形状像夏季狗吐出的舌头，国外统称为“热狗”。我国生产小红肠已有近百年的历史，除出口销售外，还供应国内外事、西餐、旅游快餐等餐饮及服务业的需求，深受国内外消费者欢迎。小红肠每根长 10 ～ 12cm，长短均匀，成品外观红色，内部肉质粉红色，用直径 18 ～ 24mm 的肠衣灌制，形似手指。

1．原料配料

牛肉 55kg，猪精肉 20kg，五花肉 25kg，胡椒粉 200g，肉豆蔻粉 150g，盐 3.5kg，味精 100g，硝酸钠 50g，淀粉 5kg，红曲红色素 90g。

2．工艺流程

原料肉的选择与处理→腌制→绞碎斩拌→灌肠→烘烤→煮制→出锅冷却→成品

3．操作要点

（1）原料肉的选择与处理　选择符合卫生要求的牛肉、猪肉为原料，剔除皮、骨、筋腱等结缔组织，切成长方条待用。

（2）腌制　修整好的原料肉加盐和硝酸钠拌匀，于 2 ～ 4℃的冷库中腌制 12h 以上。

（3）绞碎斩拌　腌制后的肉块先用直径为 15mm 筛板的绞肉机绞碎，再将绞碎的精肉进行斩拌。斩拌过程中，加入适量冰水、配料，最后加入肥膘，斩拌均匀。要求斩拌后肉温不超过 10℃。

（4）灌肠　将斩拌后的肉馅，用灌肠机灌入 18 ～ 24min 的羊小肠肠衣中，灌制要紧实，并用针刺排气，防止出现空洞。

（5）烘烤　将肠体送入烘房中，在温度为 70 ～ 80℃下烘 1h 左右。烘至肠衣外表干燥、光滑为止。

（6）煮制　将锅内的水加热至 90℃，加入适量的红曲红色素，然后把肠体放入锅中煮制30min，取其一根测其中心温度达72℃时，证明已煮熟。

（7）出锅冷却　成品出锅后，应迅速冷却、包装。

（8）成品　成品小红肠应达到肠体饱满，弹性好，有光泽，表面颜色呈棕红色。内部结构紧密、无气孔，切片性好。风味鲜美，吃起来有韧性。

4．生产中易出现的问题成因及防除策略

有时红肠有酸味或臭味，这是在炎热季节最易发生的质量问题。红肠刚出炉，其内容物就有酸味或臭味，其原因有以下几个。

（1）原料不新鲜，本身已带有腐败气味。防除措施是选用新鲜原料。

（2）已分割的原料，在高温下堆积过厚，放置时间过长，没有及时腌制入库，以致使原料“热捂”变质，使用这种变质原料，会使产品产生酸臭味。防除措施是规范操作程序，及时腌制处理。

（3）腌制温度过高，腌过的肉在冷库中叠压过厚以及库温不稳定或较高，也可使冷库中的原料变质，其表面发黏，脂肪发黄，瘦肉发绿，这种原料不能用来加工。防除措施是稳定库温，防止库内腌肉叠积超厚。

（4）原料在搅拌或斩拌剁切时，由于摩擦作用使肉温升高，当肉馅温度超过12℃时，在加工过程中，就可能发酵变质。防除措施是加冰斩拌，防止斩拌时肉温超过12℃。

（5）烘烤时炉温过低，烘烤时间过长，也能使产品产生酸味。防止措施是烘炉温度不低于70℃。

四、茶肠（大红肠）

茶肠也称大红肠，是欧洲人喝茶时食用的肉制品，故得此名。原料以牛肉为主，猪肉为辅，肠体粗大如手臂，长45～50cm，红色、肉质细腻，切片后可见肥膘丁，肥瘦分明，具有蒜味。大红肠和小红肠在我国是同时开始生产的，其产销情况和小红肠基本相同，但产销数量较小红肠少。

（一）方法一

1. 原料配方

牛肉 31kg，猪瘦肉 12.5kg，肥膘丁 6.5kg，淀粉 2kg，肉豆蔻粉 65g，胡椒粉 75g，桂皮粉 30g，蒜末 300g，盐 17 ～ 50g，硝酸钠 25g，牛盲肠（牛拐头）约 25 只。

2. 工艺流程

原料肉的选择和修整→绞碎→腌制→斩拌→搅拌→灌制→烘烤→蒸煮→成品

3. 操作要点

（1）原料肉的选择和修整　选健康新鲜的精瘦肉为原料，必须除去筋腱等结缔组织和碎骨、软骨，以腿部肉和臀部肉为最好。肉质要有弹性，色泽要鲜红。

（2）绞碎、腌制　将瘦肉剔去结缔组织和碎骨后，切割成长 10 ～ 12cm、宽 2.5 ～ 3cm 的肉条，用清水洗泡，排出血水后沥干；再用绞肉机将肉绞成 8 ～ 10mm 的肉末。肥膘以背膘最好，切成长 1cm 的小方块，用 35℃温水清洗，以除去浮油和杂质，捞出沥干后可加食盐腌制。

（3）拌馅　将一定量的瘦肉末和沥干的肥膘丁混合，倒入搅拌机内，按配制好的各种调料均匀撒在肉面上，如为固体性配料可稍许溶化后再加入，以免搅拌不匀。同时，加入一定量的清水（冬季可加温水），以加快渗透作用和使肉馅多汁柔软。加水量为肉重的 10%～ 15%。搅拌均匀的肉馅应迅速灌制，否则色泽将变褐，影响制品外观。

（4）灌肠　灌制前将肠衣洗净，泡在清水中，待其变软后捞出控干。灌肠有手工和机械两种方法。肉制品加工厂都采用空气压缩灌肠机。灌制时，把握肠衣的手，松紧要适当。避免肠内肉馅过多而胀破肠衣或因肉馅过少而形成空肠产生气泡。灌制后的香肠，每 24 ～ 26cm 为一小节，用水草绳结扎，然后在中间用小线再系结，使制品长度为 12 ～ 13cm。用钢针刺孔，使肠内的气体可排出；用清水洗净肠体表面的油污、肠馅，使肠体保持清洁明亮，以利干燥脱水。

（5）烘烤　烘烤温度为 70 ～ 80%，烤制 45min。烘制至肠衣外表干燥、光滑、呈浅黄色为止。

（6）蒸煮　煮制水温为 90%，时间为 1.5h，每隔半小时将肠身翻动一次，注意起锅前水温不得低于 70%，自然或风冷后即为成品。

4．产品特点

产品表面红色，内部肉色粉红，色泽均匀，鲜嫩可口，肠衣无裂缝、无异斑。

（二）方法二

1．原料配方

牛肉 45kg，猪精肉 40kg，猪肥膘 5kg，淀粉 5kg，胡椒粉 150g，玉果粉 125g，大蒜粉 300g，盐 3.5kg，硝酸钠 40g。

2．工艺流程

原料肉选择及整理→腌制→斩拌→灌制→烘烤→蒸煮→冷却→成品

3．操作要点

(1) 原料肉选择及整理　选择符合卫生标准的牛肉、猪肉（精瘦肉带膘不得超过 5%，修割下的小块肉，肥中带瘦，不得超过 3%。），修去筋腱、淋巴结和杂物等，把瘦肉切成约 2cm 厚、重约 100g 的薄片长条。肥肉一般仅用猪肥膘，切成 0.6cm 见方的小块。

（2）腌制　腌制的目的是改善肉的色泽和风味。处理后的原料肉加盐 2.7kg 和硝酸钠 40g 揉擦均匀（先将硝酸钠化成水，洒在原料肉上，再均匀撒上盐），放入 0 ～ 4℃冷库内腌制 12h，取出绞成肉糜，再腌制 12h。

肥肉只加 0.8kg 盐，不加硝酸钠，搅拌混合均匀，置于 3 ～ 4℃条件下腌制 12h 以上。腌制时，瘦肉和肥肉要分别进行，不能混在一起且要腌透腌匀。

（3）斩拌　绞碎或斩拌的目的是破坏肌肉原组织，使肌肉细而嫩，增加肉对水的吸附能力和黏结性，便于消化吸收。在绞碎肉前，先检查肉表层有无污染，再看是否腌透，若有污染应清除掉，没腌透，应继续腌制。斩拌是在加工肉糜型肠时采用的方法，把腌制好的肉和其他配料放入斩拌机中斩拌成肉糜状肠馅。要先斩拌牛肉，再斩拌猪肉。因为牛肉的脂肪少，结缔组织多，耐热力强。为防止肉温升高及提高出品率，斩拌时要加入适量的冰屑和水，加水量以 50kg 原料加 10 ～ 15kg 水为宜（注意前后加入的冰量都应计算在内），斩拌结束后，肉馅温度不得超过 12℃。斩拌时长为 5 ～ 7min。要求斩拌好的肉糜尽量保持原温，斩拌成品细而密度大，吸水能力好，黏结力强，富有弹性。如果肉馅无黏性或黏性不足，则应继续斩拌。然后把斩拌的瘦肉与切成的肥膘丁（或肥膘泥）以及其他配料放入拌馅机中，搅拌均匀。

（4）灌制　将肠馅用真空灌肠机灌入牛盲肠内，根据制品的要求进行分节、扎口、串竿。

（5）烘烤　烘烤在烘房内进行，其作用是增加肠衣的机械强度，使肠体干燥、促进肉馅发色、驱除异味及抑制微生物的生长。烘烤温度通常保持在 65 ～ 70℃，待肠内温度达 55℃时，维持 45min 左右，至肠衣表面干燥、光滑、呈浅黄色为止。烘烤达到要求的肠体表面干爽，肠衣半透明，显露肉馅红润的色泽，无出油现象。如发现流油，说明已经烤过度了。

（6）蒸煮　有汽蒸和水煮两种方法。汽蒸是在特制的蒸煮容器或室内进行，其有产量大，装取灌肠方便等优点，但设备投资大，一般小型加工厂不宜采用。水煮的方法极为普遍，投资小，适应于小型加工厂。水煮时锅内加入容量80%的水量，将烘烤好的肠放入水温90～95℃的锅中煮制（为增加肠体颜色可加适量食用红色素）。煮制期间，每隔30min将肠身翻动1次，煮1.5h，冷却即为成品。

蒸煮温度要把握好，温度过低，可能引起肉馅酸败（由于未能及时杀死微生物造成），温度过高，可能引起肠衣破裂（由于水分在高温下的迅速蒸发和淀粉的糊化，形成剧烈膨胀造成）。

（7）成品质量标准

①肠体坚实，有弹性，肉馅粉红色，膘丁白色。肉馅与肠衣紧密结合，不易分离。肠衣干燥，有皱纹，无裂痕。

②肉质软嫩，口味鲜美，具有特殊的香味。

③长18～22cm，直径30～45mm，水分47%～48%，食盐含量不超过8%。

4．红肠生产中出现发“渣”的原因

有时红肠内容物松散发“渣”，口感不好，肠体弹性不足，大体有以下几种原因造成。

（1）脂肪加入过多　为了合理利用肉源，降低成本，增加产品味道，在生产中，要适当使用一些肥肉，一般添加量在10%～20%。产品中如果脂肪含量过低，会明显影响口味。如果过多加入肥膘（高达30%），则不但会影响口味，而且在红肠烘烤、煮制过程中，这些过多的液态油渗透入肉馅中，大大降低了肉馅肥膘、淀粉和水分的结合能力，致使红肠组织结构松散，造成发“渣”。

（2）加水量过多　在制作肉馅的过程中，由于瘦肉经过绞碎，其持水能力大大增加，同时，加入的淀粉和其他辅料也要吸水。因此，必须加入一定量的水分，既有利于肉馅的乳化，又可提高出品率。但如果加入的水超过了肉馅的“吃水”能力，这样，过多的游离水充满肉馅组织，同样降低了肉馅组织的结合力，使肉馅松软而失去弹性，造成水“渣”。

（3）腌制期过长　为了保证成品质量。用于制作灌肠的原料必须腌制。一般在 4 ～ 8℃腌制 3 ～ 5 天，即可进行加工。如果腌制期过长，则原料肉表面水分蒸发过多，逐渐形成一层海绵状脱水层，并不断向内部扩散加深，这样的肉质变得干硬、粗糙，失去原有的弹性和光泽，肌肉纤维变得脆弱易断，制成的灌肠，弹性、口味差，还会发“渣”，且有酸臭味。

造成红肠发“渣”的原因是多方面的，要彻底解决红肠发“渣”的质量问题，需采用综合性措施，各工序要严格把关方可，特别是腌肉的温度要控制在 10℃以下。

五、高级色拉米熟香肠

1. 原料配方

瘦牛肉 68.1kg、瘦猪肉 79.4kg、猪肉 79.4kg、盐 6.8kg、蔗糖 0.6kg、亚硝酸钠 35g、硝酸钠 0.1kg、异抗坏血酸钠 0.1kg、黑胡椒粉 0.8kg、蔗糖 0.6kg、肉豆蔻粉 0.1kg、多香果粉 70.9g、生姜粉 70.9g、香芹籽粉 28.4g、大蒜粉 0.1 ～ 0.3kg、碎冰 27.2kg。

2. 工艺流程

绞肉→斩拌→搅拌→抽真空→装罐→蒸煮→冷却

3. 操作要点

（1）绞肉　将 34kg 冷却的牛肉用筛板孔径为 3/16 英寸的绞肉机绞碎，剩下的 34kg 的牛肉和猪肉用筛板孔径为 1/4 英寸的绞肉机绞碎。

(2) 斩拌　将用筛板孔径为3/16英寸的绞肉机绞碎的牛肉倒入斩拌机中，加入13.6kg碎冰、1.4kg盐、70.9g亚硝酸钠、28.4g的硝酸钠和28.4g异抗坏血酸钠，混合均匀，斩拌3min；然后加入剩下的碎冰继续斩拌3min。

(3) 搅拌　将斩拌后的肉糜倒入搅拌机中，加入剩余的牛肉糜、猪肉糜和所有调味品，搅拌2～3min。

(4) 腌制　将充分搅拌后的肉糜放置于0～4℃的冷库中，腌制过夜。

(5) 抽真空　将腌制后的肉糜从冷库中取出倒入真空搅拌机中抽真空1min左右。

(6) 装罐　将肉糜灌入长椭圆形罐头中，真空包装。

(7) 蒸煮　在水温70℃条件下蒸煮3.5h。

(8) 冷却　先在冰水中放置2h,然后放入0～4℃的冷库中。产品应在低温条件下保藏。

六、犹太肝肠

1. 原料配方

牛肉18.2kg、牛胸肉或牛腩13.6kg、牛肝13.6kg、盐1.1kg、亚硝酸钠3.5g、异抗坏血酸钠24.8g、白胡椒粉85.1g、肉豆蔻粉21.3g、生姜粉21.3g、多香果粉10g、丁香粉10g、百里香粉10g、墨角兰粉0.8g、洋葱粉4g、大蒜粉2g、天然烟熏液1mL。

2. 工艺流程

预处理→绞肉→斩拌→灌肠→蒸煮→冷却

3. 操作要点

(1) 预处理将原料肉预先冷却至0～1℃。牛肝清洗干净后切成20～25mm大小的块，放入锅中慢炖。

(2) 绞肉　将所有的原料肉用1/8英寸筛板孔径的绞肉机

绞碎。

（3）斩拌　将绞好的肉倒入斩拌机中，加入预先混匀好的盐和其他干调味品，并加入烟熏液（用水稀释至0.2%）、干冰，持续斩拌形成肉糜，温度不能超过13℃。

（4）灌肠　肠衣选用人工肠衣。

（5）蒸煮　将香肠放入锅中煮制，水温保持在71℃。当香肠的中心温度达到67℃时即可。

（6）冷却　将香肠放入冰水中冷却，使其中心温度迅速下降至25℃，之后放入0～4℃的冷库中过夜。

七、摩泰台拉香肚（干加工）

1. 原料配方

瘦牛肉113.5kg、牛肚45.4kg、牛心34.0kg、背膘或猪脸肉34.0kg、食盐7.7kg、玉米淀粉2.3kg、硝酸钠283.5g、亚硝酸钠35.4g、异抗坏血酸钠122.8g、黑胡椒粉283.5g、芫荽粉11.75g、小茴香粉56.7g、朗姆酒283.5g、碎冰22.7kg。

2. 工艺流程

预处理→绞肉斩拌→腌制→真空搅拌→灌肠→成熟→蒸煮→干燥

3. 操作要点

（1）预处理　将背膘切成边长约6cm的小块，然后和2%的盐混合在一起，在0～1℃条件下冷藏，使用之前用温水冲洗并沥干，所有的肉都要预冷至0～1℃。

（2）绞肉斩拌　将牛肚和牛心用筛孔直径1/8英寸的绞肉机绞碎，然后将肉糜转移到快速斩拌机中，添加碎冰，快速斩拌2min，斩拌结束后加入食盐腌制液（食盐、硝酸钠、亚硝酸钠、异抗坏血酸钠）和朗姆酒，继续斩拌直到得到良好的乳状物，乳状物的温度不能超过10℃。

(3) 腌制　将乳化肉糜装入容器中，压实，在1～2℃条件下腌制过夜。

(4) 真空搅拌　将腌制好的肉糜转移到真空搅拌机中，均匀撒上切碎并洗过的背膘丁真空搅拌大约2min，使其充分混匀。

(5) 灌肠　用膀胱灌肠，膀胱在使用之前先将内侧翻出，在7～10℃的温水中浸泡过夜，然后放在冷水中，最后在38～43℃的热水中浸泡2～3h。灌肠时注意不要灌入空气。

(6) 成熟　在温度21～24℃，相对湿度75%～80%的条件下放置1～2天，成熟过程中肠衣会逐渐干燥。

(7) 蒸煮　摩泰台拉香肚无需烟熏，可在烟熏室中直接加热。在温度50℃，相对湿度65%～70%的烟熏室中悬挂12h，然后逐渐升温至65℃，加热直到香肚的中心温度达到60℃。把肠移出冷却直至中心温度降至室温，最后在沸水中煮制。

(8) 干燥　在温度13℃、相对湿度为65%～75%的条件下干燥1～2天，充分干燥的香肠含水量在55%左右。

八、上海雅果肠

雅果肠每根长约40cm，外观酱红色，内部肉馅呈红色，切面均匀地夹有小块白丁、深红丁，不松不散，切片性好，味道鲜美，咸甜适中。

1. 原料配方

(1) 配方　按50kg原料计算(牛腿肉20kg，猪腿肉22.5kg，咸牛舌5kg，猪肥膘2. 5kg)：精盐1.1kg，白糖200g，胡椒粉150g，玉果粉60g，硝酸钠25g。

(2) 仪器及设备　冷藏柜，绞肉机，斩拌机，灌肠机，排气针，台秤，砧板，刀具，盆，蒸煮锅，烤炉。

2. 工艺流程

原料选择与修整→腌制→绞肉→搅拌→充填→烘烤、煮制→

成品

3. 操作要点

（1）原料选择与修整　选用经卫生检验合格的牛腿肉、猪腿肉，去净膘、筋、残毛、污物等，切成小块肉；猪肥膘去皮后切成 0.4 ～ 0.5cm 的小方丁；鲜牛舌清洗干净。

（2）腌制　将修割好的小块牛肉和猪肉分别用精盐、硝酸钠混合拌均匀，猪肥膘小方丁用食盐拌均匀，腌制 48h。将鲜牛舌清洗干净后按 50kg 鲜牛舌用精盐 4kg、硝酸钠 25g 揉擦拌匀装入容器内放入腌制间，每隔 5 天翻动一次，20 天后取出即为咸牛舌。将咸牛舌用清水煮熟，刮净舌苔，切成 0.5cm 左右的小方丁。

（3）绞肉　将腌过的牛肉用细眼刀绞肉机绞 2 遍，10kg 猪肉绞 1 遍，或用斩拌机斩拌，12.5kg 猪肉切成 0.5cm 的小方丁。

（4）搅拌　先将牛肉馅放入搅拌机内，加入适量清水搅拌成黏稠状，再把猪肉馅、猪肉丁、白膘丁、咸牛舌丁及辅料放入搅拌机内直至搅拌成均匀且富有弹性的黏稠状肉馅，准备充填。

（5）充填　将干的牛食道用冷水浸泡 5min，清洗干净后将肉馅充填入牛食道中，用棉线绳结扎好，并在肠体上每隔 2cm 围绕数道，以利吊挂和美观。

（6）烘烤、煮制　将充填好的半成品雅果肠挂入烘房，保持烘烤温度在 75 ～ 80℃，经 3h 后取出放入 90℃的煮锅中，加入适量红曲粉，使水温保持在 80℃，煮制 45min 后出锅，晾凉即为成品。出品率为 88%。

（7）成品　雅果肠外观酱红色，内部肉馅呈红色。切面均匀地夹有小块白丁、深红丁，不松不散，切片性好，味道鲜美，咸甜适中。

4. 注意事项

（1）肥膘要用 40℃左右的温水，才能将其黏附的污物及杂质清洗干净。

(2) 腌制时,切开肉断面全部达到鲜艳玫瑰红色即腌制成熟。

(3) 搅拌与灌肠的节奏应协调一致，肉馅不能放置过久，一般不宜超过 30min，否则会起盐析作用，影响肉馅与肠衣的黏着力，如发现膘丁集中在一起，可用手翻动肉馅，使精肉粒与膘丁分布均匀，还要掌握好搅拌时间，防止将肉馅搅成糊状。

(4) 烘烤时必须注意温度的控制，温度过高脂肪易熔化，同时瘦肉也会烤熟，这不仅降低成品率，而且色泽变暗，有时会使肠衣内起空壁或空肠，降低品质。

九、牛肉灌肠

1. 原料配方

牛肉 70kg，猪肥膘 30kg。三聚磷酸盐 500g，食盐 4kg，维生素 C40g，硝酸钠 15g，木瓜蛋白酶 1kg。

2. 工艺流程

原料预处理→腌制→绞碎→斩拌→灌制→初烘→蒸煮→烘烤→成品包装

3. 操作要点

(1)原料预处理　选取符合卫生要求的新鲜肉。原料经修整，剔去碎骨、污物、筋腱及结缔组织膜后按肌肉组织的自然块状分开,并切成长条或肉块备用。肠衣应质地好,色泽洁白,厚薄均匀。

(2) 腌制　牛肉的嫩化过程在腌制过程中完成。将食盐(2.8kg)、硝酸钠、三聚磷酸盐、维生素 C、木瓜蛋白酶按配方混合均匀，送入 0 ～ 4℃冷藏室内腌制 24 ～ 72h，肥膘只加食盐(1.2kg) 进行腌制。原料肉腌制结束的标志是肉呈现均匀的粉红色，结实而富有弹性。

(3) 绞碎　将腌制的原料牛肉和猪肥膘分别通过不同的筛孔直径的绞肉机绞碎。绞肉时投料应均匀适量。

(4) 斩拌　将原料放入斩拌机内均匀铺开,然后开启搅拌机,加少许冷水以利搅拌，斩拌的温度不应高于 16℃。斩拌过程控制在 6 ～ 8min。

（5）灌制　拌好的肉馅放置约 3min 后，装入灌肠机内进行灌肠，灌好的香肠每隔 12 ～ 15cm 用线绳结扎成结，并用针扎孔以利空气和水分排出。在灌制过程中，注意松紧要适度。

（6）初烘　温度 60 ～ 70℃，烘烤时间控制在 60min。

（7）蒸煮　采用水浴煮制法，煮制温度控制在 80 ～ 90℃，煮制结束时肠制品的中心温度应大于 72℃。

（8）烘烤　烤架入箱后，设置烘箱的温度为 90℃，维持 1.5 ～ 2h。拉出烘箱，翻动香肠，使其均匀受热干湿一致。调节温度在 80 ～ 85℃，烘 2h。拉出翻动后设置温度 75 ～ 80℃，约烘 5h。最后，提高烘箱的温度 80 ～ 85℃烘 1h。

（9）成品包装　将熟制的香肠用真空无菌包装机进行包装，室内 30℃以下保存。

4. 产品质量标准

成品色泽红棕，肠衣饱满有光泽，结构紧密有弹性，香气浓郁口味纯正。

十、添加脱脂奶粉的波洛尼亚环形香肠

1. 原料配方

去骨牛颈肉 29.5kg、猪肉 15.9kg、脱脂奶粉 2.3kg、盐 1.4kg、洋葱粉 0.9kg、白胡椒粉 0.2kg、芥末粉 56.8g，香芹籽粉 56.8g、大蒜 56.8g、腌制液 1.2kg、碎冰。

腌制液配方亚硝酸钠 142g、葡萄糖 4.5kg。将以上原料放入容量为 20L 的玻璃容器中，加水溶解，配得溶液。每 45kg 肉加入 1L 腌制液。

2. 工艺流程

绞肉→斩拌→灌肠→蒸煮→冷却

3．操作要点

（1）将大蒜切碎加入到腌制液中。用筛板孔径为 3/8 英寸的绞肉机分别绞碎牛颈肉和猪肉。

（2）将牛肉糜倒入斩拌机中，加入盐、腌制液和部分冰。稍微斩拌后开始缓慢加入脱脂奶粉和碎冰，边斩拌边加。当脱脂奶粉全部加完，并且斩拌至肉糜足够细腻后，加入猪肉和其他调味品继续斩拌，并不断加入适量的碎冰，使混合物具有很好的韧性。

（3）将斩拌后的肉糜用牛小肠灌肠，之后放入 50℃的烟熏炉中。缓慢升温至 75℃，直到香肠呈现出理想的颜色。然后在 75℃的条件下蒸煮香肠，直到香肠的中心温度达到 68℃，大概需要 30～45min，具体时间根据肠衣的尺寸决定。蒸煮完后用冷水冲淋冷却。

十一、煮血肠

血肠是以猪瘦肉、猪血液、猪肥肉、猪皮糜为主要原料，辅以调味料、香辛料及其他添加剂加工而成的香肠类熟肉制品。产品在常温下，具可切片性，非加热食用。只有个别地方特产或方便小食品可热加工或再烹饪后食用。

1．原料配方

猪血 25kg，猪颊肉 40kg，猪五花肉 25kg，猪皮 10kg，盐 2.2kg，胡椒 240g，多香果 60g，洋葱 500g。

2．工艺流程

原料选择→预煮→绞肉→斩拌→灌肠→煮制→冷却→成品

3．操作要点

（1）原料选择、预煮、绞肉　采用经检疫合格的猪肉及猪血。猪皮经煮沸后用绞肉机绞碎，猪颊肉及猪五花肉用绞肉机绞碎。

（2）斩拌、灌肠　将绞后的猪皮、猪肉与洋葱一起放入斩拌机中斩拌片刻，然后加入猪血再斩拌片刻，在斩拌近结束时，加入调味料，搅拌均匀。将斩拌后的肉糜灌入猪肠衣中。

（3）煮制　将灌好的肠在 80 ～ 83℃的水中煮制 60min，然后快速冷却，即为成品。

4．产品特点

产品色泽深红，质地细嫩无气孔，味浓鲜香。

十二、猪血香肠

1．原料配方

（1）主料　猪血 4kg，肥肉 3.5kg，猪皮 1.5kg，熟淀粉 0.5kg，肉肠 0.5kg。

（2）调味料　食盐 300g，白糖 200g，大曲酒 100g，味精 100g，胡椒粉 200g，五香粉 50g，茴香粉 40g。

2．生产设备

小型绞肉机，拌料机，手摇灌肠机，烟熏室，铝质浅盘，锅，刀具。

3．工艺流程

肥肉、猪皮→绞碎→猪血采集→凝固→拌料→灌肠→刺孔→扎结→漂洗→烘烤→包装→成品

4．操作要点

（1）猪血的采集与凝固　先在干净的铝盆内放一定量的清水（每头猪按 200g 水计算）加入少量食盐，然后在宰猪时将猪血放入铝盆内，并轻轻搅拌，使食盐与猪血混匀，静置 15min，浇 1L 开水，以加速猪血的凝固。注意猪血必须采自健康猪。

（2）肥肉、猪皮的清洗与绞碎　肥肉一般选用背脊部位肉为好，其脂肪融点高，充实，配料后制成香肠经得起烘烤，不易走油，产品外观好，质量高。将肥肉上的血斑、污物等清洗干净，清洗后沥干水，在低温环境中静置 3 ～ 4h，使肥肉硬化，有利于肥肉切片、切粒。肥肉粒为 $6mm^3$ 见方大小，切粒的目的是便于

灌肠，并且增加香肠内容物的粘接性和断面的致密性。仔细除去猪皮上的污泥、粪便、残毛，然后，用清水洗干净。绞碎之前，先将猪皮切成 2 ～ 3cm 宽、5 ～ 6cm 长的条状，再置于绞肉机中绞碎。

（3）拌料　首先将定量的碎猪皮和肥肉粒混匀，再加入定量的熟淀粉，然后，将猪血块及各种配料加入，搅拌均匀。拌好的血馅不宜久置，否则，猪血馅会很快变成褐色，影响成品色泽。在拌料之前，应将凝固的猪血加以搅拌捣碎，以便拌料均匀。

（4）灌肠　将猪肉猪血馅灌入肠衣内后，用铝丝或绳索将猪血香肠每 20 ～ 25cm 长扎成一节。扎结时应先把猪血馅内两端挤捏，使内容物收紧，并用针将肠衣扎些孔，以排除空气与多余水分，同时，还应对香肠进行适当整理，使猪血香肠大小、紧实均匀一致，外形平整美观。

（5）漂洗　漂洗池可设置两个，一个池盛干净的热水，水温 60 ～ 70℃；另一池盛清洁的冷水。先将香肠在热水中漂洗，在池中来回摆动几次即可，然后再在凉水池中摆动几次。漂洗池内的水要经常更换，保持清洁，漂洗完后立即进行烘烤。漂洗目的就是将香肠外衣上的残留物冲洗干净。

（6）烘烤　烘烤过程是香肠的发色、干制过程，为香肠生产中的关键工艺。将漂洗整理的猪血香肠摊摆在烘房内的竹竿上，肠身不能相互靠得太近，竹竿之间也不宜过紧，以免烘烤不均匀，烘房内挂 2 ～ 3 层为宜。烘烤开始时，烘房温度应迅速升至 60℃，如果升温时间太长，会引起香肠酸败发臭变质。在干制第一阶段(前 15h)，要特别注意烘烤温度，应保持在 85 ～ 90℃为宜；第二阶段，调换悬挂和烘烤部位，使其各部分能均匀受热烘烤，温度为 80 ～ 85℃，直至香肠干制均匀；最后温度缓慢降至 45℃左右，香肠即可运出烘房。冷却至室温就可以进行包装。

(7) 包装

①剪把　将扎结用的绳索和香肠尖头剪去。

②包装　经质量检查合格后的香肠即可进行包装，目前常用的包装袋为塑料复合薄膜包装袋。

十三、北京蛋清肠

(一) 方法一

北京蛋清肠以其味道清香、鲜美、爽口、口感柔嫩、富有弹性、含蛋白质高而得到广大消费者的好评，成品外观色泽棕黄，具有香肠制品熏制后的纹理状。

1. 原料配方

(1) 配方　按50kg猪肉计算(猪瘦肉45kg，猪肥肉5kg)：精盐2kg，淀粉1.5kg，白面1.5kg，咸鸭蛋清5kg，白糖750g，味精10g，胡椒面10g，硝酸钠25g，羊套管80个。

(2) 仪器及设备　冷藏柜，绞肉机，斩拌机，灌肠机，排气针，台秤，刀具，盆，蒸煮锅，烤炉，烟熏炉。

2. 工艺流程

原料选择→修割、细切→腌制→斩拌制馅→充填→烘烤→煮制→熏制→成品

3. 操作要点

(1) 原料选择　选用经检验合格的质量良好的新鲜肉或热鲜肉、冷却肉、解冻肉，最佳pH为5.8～6.2。

(2) 修割、细切　修割掉筋腱、衣膜、碎骨、软骨、血块、淋巴和局部病变组织等杂物及瘦肉中明显可见的夹层脂肪，将大块的瘦肉分切成拳头大小的小块，便于腌制和绞碎。

(3) 腌制　将瘦肉、脂肪块(可先切成膘丁腌制，也可腌制后再切成膘丁)分别装入腌制箱内，将盐和硝酸钠拌和均匀后，

随即倒入瘦肉和肥肉内，拌均匀后干腌 2 ～ 3 天。

（4）斩拌制馅　先把猪瘦肉放入斩拌机的料盘内，随即加入 1.5 ～ 2kg 的冰水斩拌 2 ～ 3min，将水解过滤后的淀粉和面粉、调制好的辅料徐徐加入肉馅内，继续斩拌 1 ～ 2min，最后将肥肉加入肉馅中，斩拌总时间为 5 ～ 6min。斩拌结束后肉的温度应低于 10℃。

（5）充填　肠衣应选用长 35 ～ 40cm、直径 4 ～ 5cm 的羊套管，充填肉馅时，握肠衣的手松紧适当，避免肉馅松散或产生气泡。用长 20cm 的纯棉小线将结口系牢、定型，然后穿竿，每竿 14 根。

（6）烘烤　70℃左右，烘烤 40 ～ 50min，使肠衣表面干燥，肠衣暗度减弱，开始呈半透明状，肉馅呈红润色泽即表示烘烤成熟。

（7）煮制　将温度控制在 84 ～ 86℃，时间 60min 左右，待中心温度达到 71℃即成熟，制品出锅后再穿竿搁于熏架上，用自来水喷淋掉制品上的杂物，待水滴尽，热气散发一定程度后再烟熏。如果使用连续式烟熏炉，喷淋工序应在充填后入炉之前进行。

（8）熏制　将锯木屑倒入烟雾发生器内，用生成的烟雾熏制 40 ～ 50min，温度控制在 60℃左右。熏制成熟的标志：肠体表面干燥，无渗油现象，无斑点和黑痕。最后制品经自然冷却，中心温度达到 22℃以下后，验质、检斤，送往成品间，出品率 62.5 ～ 65kg。

（9）成品　外观色泽呈棕黄色，肠体表面干燥完整，肠衣与内容物密切结合，坚实富有弹性，肉馅均匀，无渗出物，切面平整，无蜂窝，具有香肠制品熏制后的纹理状。

4. 注意事项

（1）腌制时，切开瘦肉断面全部达到鲜艳玫瑰红色即腌制成熟。

（2）斩拌时注意从估计添加的总水量中留出15%。因各批原料肉的质量、鲜度、腌制状况、淀粉种类、混合粉的品质等因素不同，斩拌时所吸收的水分也不同，所以要适当增减。斩拌好后肥瘦肉和辅料分布均匀，肉馅呈均匀的淡红色，干湿得当，整体稀稠一致。特别是黏性，必须严格掌握，用手拍起来整体肉馅跟着颤动即可。

（3）充填的目的是为了使肉馅定型。充填时，握肠衣的手松紧要适度，避免制品肉馅松散或产生气泡。

（4）烘烤的目的是使肠衣表面干燥、柔韧，增强肠衣的坚固性，使肉馅加速变红，表层蛋白质凝固，减少煮制中肠衣的破裂，增加风味。烤至肠衣表面干燥、肠衣暗度减弱，开始呈半透明状，肉馅呈红润色泽时表示烘烤成熟。

（5）煮制成熟的标志是用手捏肠体，轻轻用力时感到肠体挺硬、有弹性，切开肠体肉馅干润，有光泽，呈粉红色。

（6）熏制成熟的标准是肠体表面干燥，无渗油现象，无斑点和黑痕。

（二）方法二

北京蛋清肠的特点是清香味美，鲜脆利口，蛋白质含量高，食之不腻。

1. 原料配方

猪瘦肉100kg，蛋清10kg，白糖1.5kg，胡椒粉100g，味精100g，食盐2kg，小麦面粉3kg，淀粉3kg，硝酸钠40g。

2. 工艺流程

原料整理、腌制→绞碎、拌馅→灌制→烘烤→烟熏→成品

3. 操作要点

（1）原料整理、腌制　采用精选的猪前后腿、臀部的瘦肉和蛋清为原料。将剔骨的猪前后腿及臀部肉，修尽筋腱等结缔组织

后，切成长 7 ~ 8cm、宽 2 ~ 3cm 的小肉块。然后将切好的瘦肉块摊放于操作台上，按配料标准，将盐、硝酸钠掺拌均匀，撒在肉面上，充分拌匀后迅速送到 1 ~ 5℃的冷库中，腌制 3 ~ 5 天。

（2）绞碎、拌馅　将腌制好的肉，用 2mm 网眼的绞肉机进行绞碎。然后放入拌馅机中，加入调味料和淀粉、水等进行充分搅拌。

（3）灌制　使用羊套管灌肠。灌时肠内如有气泡，用针刺皮放气，然后把口扎紧捆实。

（4）烘烤　将灌制好的肠子，吊挂在肠架上，推入烘房烘烤。烘房温度保持在 65 ~ 80℃为宜，时间掌握在 90min 左右，至肠子外表面干燥，呈深核桃纹形，手摸无黏湿感觉时即可。

（5）煮制　将煮锅中的水烧到 90℃，放入肠子煮 70min 左右，用手捏时感到肠体挺硬，富有弹力时即可出锅进行熏制。

（6）烟熏　将煮好的灌肠，放于熏炉内进行熏制。熏制材料主要是刨花、锯末，把这些材料放在地面上摊平，用火点燃，关闭炉门，使其焖烧生烟，温度保持在 70 ~ 80℃，时间掌握在 40 ~ 50min，待肠子熏至浅棕色时即可出炉为成品。

（7）成品　北京蛋清肠外皮为浅棕色，熏香浓郁，鲜脆利口，有光泽。

十四、北京水晶肚

北京水晶肚属水晶类制品，由于产品中胶冻的主要原料可以用牛肉、猪肉、家禽肉及肠类制品，也可使用水果、蔬菜、酸黄瓜等作为水晶肚的主要基础料，加之因产品的规格不同及肉和添加物百分比的不同，构成了产品的多样性。而且产品脂肪含量低，营养丰富，容易消化吸收，风味独特，具有保健作用。

1. 原料配方

（1）配方　按 50kg 原料计算（熟圆火腿 50kg）：水 100kg，

青豆罐头 4 桶(250g/ 桶)，蘑菇罐头 7 桶(250g/ 桶)，酸黄瓜 20 瓶(250g/ 瓶)，葱头 10kg，明胶 9kg，胡萝卜 10kg，白糖 1kg，精盐 1.5kg，味精 100g，芥菜籽 100g，孜然 100g，胡椒粒 200g。

（2）仪器及设备　冷藏柜，绞肉机，灌肠机，排气针，台秤，砧板，刀具，塑料盆，蒸煮锅。

2. 工艺流程

原料选择与整理→明胶处理→原料混合→充填→煮制→冷却、滚揉→成品

3. 操作要点

（1）原料选择与整理　选用北京圆火腿为原料，然后将熟火腿肉切成 1.5cm 的方块。将剥洗干净的葱头切成 1.5cm 左右的四方片或切成细丝。将洗净的胡萝卜切成 1.5cm 的方丁，煮熟。酸黄瓜、蘑菇改刀成丁状或丝状。芥菜籽、孜然、胡椒粒(砸碎)经挑选洁净，用水清洗干净。

（2）明胶处理　先将明胶加入少量冷水中溶解 10 ～ 15min，然后在 60 ～ 70℃的温度下加热，同时放入食盐、白糖、味精，并及时使用该明胶液。

（3）原料混合、充填　将备好的火腿肉丁、葱头丁、胡萝卜丁、酸黄瓜条、芥菜籽、蘑菇丁、青豆、孜然、胡椒碎粒混合均匀，装入直径 9 ～ 11cm 的透明纤维素肠衣后，加入热的明胶液结扎好，长度为 30 ～ 35cm。

（4）煮制　煮制的目的是为了延长产品的货架期，其温度控制在 72 ～ 80℃，待中心温度达到 72℃时，达到灭菌目的即可。

（5）冷却、滚揉　经充填煮制后的水晶肚需经过 15h 左右的冷水冷却，明胶才能完全凝固冷却，未完全凝固前需要进行手工滚揉，使其内含物分布均匀，防止沉积。

（6）成品　肠体均匀饱满，结扎牢固，密封良好；具有产品

固有的色泽，组织致密，有弹性，切片良好，无密集气孔，咸淡适中，鲜香可口。

4. 注意事项

（1）原料整理切丁时要注意大小均匀一致，防止丁块过大或过小影响成品感官质量。

（2）在冷却过程中进行手工滚揉时，用力要轻柔，防止用力过重，造成肠肉蔬菜丁破损。

十五、午餐肠

午餐肠特点是色泽鲜红，明亮好看，肉馅细腻，弹性良好，味道鲜美，塑料肠衣，定量包装，造型新颖，商标美观，便于销售，能适应国内外市场要求。

1. 原料配方

猪肉 100kg，胡椒面 0.15kg，味精 0.2kg，肉蔻粉 0.5kg，玉米粉 5kg，精盐 3kg。

2. 工艺流程

原料整理、制馅→搅拌→灌制→煮制→煮制→整理→成品

3. 操作要点

（1）原料整理、制馅　采用检验合格的猪前后腿，最好用冷却肉。将选好的猪前后腿肉剔去骨头，修净肥膘，使之成为纯瘦肉，每 100kg 加盐 3kg，搅拌均匀后，用 1cm 搅刀搅成细馅，装入铝盘内，入冷库冷却一昼夜，库内温度以 6 ～ 7℃为宜，第二天即可使用。

（2）搅拌　从冷库取出腌好的瘦肉，用 2 ～ 3mm 的搅刀搅成细馅，倒入搅拌机内，再把玉米粉和其他辅料用水调成粥状，另加少许胭脂红（每 100kg 加 2g 左右），开动搅拌机，把调好的辅料徐徐倒入搅拌机内，再加入适量的清水，其量为每 100kg 加水 15kg 左右，如水温太热或在炎热的夏天，水中可以加入冰

屑或冰块，搅拌 4 ～ 5min，即可倒出灌制。

(3) 灌制　将搅拌好的肠馅倒入灌肠机内，一般使用的牛肠衣，也可以根据需要选择其他动物肠衣或塑料肠衣。灌时上口要封严，两端口必须压紧，牛肠身要灌紧，不能松散。

(4) 煮制　把灌好的肠子放入清水锅内，下锅时的水温必须达到 90℃，10min 后，使锅内温度下降到 84 ～ 85℃。下锅后，上面压以篦子，防止肠子漂浮在水面上，使肠子煮得均匀，每锅一般为 100kg，煮 50min 左右，使肠内温度达到 82℃左右，即出锅为成品。

(5) 整理　把煮熟的肠子从锅中捞出冷却后，用擦净表面油痕。

(6) 成品　根据工艺需要，为了延长保质期，要装入塑料蒸煮袋内，抽真空，高温灭菌，冷却成品。

第六节　干制和半干制香肠（发酵香肠）

产品经过干燥，可以保存较长时间的香肠称为干制和半干制香肠，干制和半干制香肠原料肉需要经过腌制，一般干制香肠可不经过烟熏，半干制香肠需要烟熏，这类肠也叫发酵肠。干制香肠在加工过程中质量减轻 25%～ 40%。半干制香肠的加工过程与干香肠相似，但风干脱水过程中质量减轻 3%～ 15%，其硬度和湿度介于干制香肠与一般香肠之间。这类产品经过发酵，产品的 pH 较低 (4.7 ～ 5.3)，这使产品的保存性增加，并具有很强的风味。干制香肠经成熟后，肠内部水分含量很少，为 30%～ 40%，不经煮制也不需要冷冻贮藏，而大多数半干香肠需要烟熏，其烟熏的温度为 62 ～ 64℃，半干香肠含水分 50%，并需要冷藏。

发酵过程中的发酵剂是在水相中起作用，原料肉中的水分含量越高，发酵速度就越快。过多的脂肪会使原料的水分含量降低，影响发酵过程。盐可以加快脱水并有利于风味产生，一般2%左右的食盐可以产生理想的效果，超过3%时会影响菌种活力而延长发酵时间。辅料中还包括葡萄糖和蔗糖，经发酵过程产生乳酸，用量一般为0.5%～2.0%。产品最终pH值越低，所需的糖越多。为使初始pH值快速降低，达到抑制杂菌生长的目的，有时会用酸味剂。发酵香肠中常用的酸味剂有葡萄糖酸－δ－内酯和微胶囊化的乳酸，可在发酵初始阶段使pH值快速下降。

一、图林根肠

1. 原料配方

修整猪肉(75%瘦肉)55kg，食盐2.5kg，牛肉45kg，磨碎的黑胡椒250g，芫荽63g，葡萄糖1kg，发酵剂培养物125g，芥末子125g，亚硝酸钠16g。

2. 工艺流程

原料肉预处理→绞肉→配料→腌制→充填→发酵→干燥→烟熏→包装。

3. 操作要点

(1) 原料肉预处理　检验合格的原料肉，经清洗，修整，去掉筋腱。通过绞肉机6.4mm孔板绞碎。使用PSE肉(白肌肉)生产发酵香肠，其用量应少于20%。老龄动物的肉较适合加工干发酵香肠。发酵香肠肉糜中的瘦肉含量为50%～70%，产品干燥后脂肪的含量有时会达到50%。发酵香肠具有较长的保质期，要求使用不饱和脂肪酸含量低、熔点高的脂肪。牛脂和羊脂不适合作为发酵香肠的原料，色白而结实的猪背脂是生产发酵香肠的优良原料。

(2) 绞肉　在搅拌机内将配料搅拌均匀，再用3.2mm孔板绞细。绞肉前原料肉的温度一般控制在 0 ～ 4℃。

（3）配料　将各种物料按比例混入肉糜中。可以在斩拌过程中将物料混入，先将精肉斩拌至合适粒度，然后再加入脂肪斩拌至合适粒度，最后将其余辅料包括食盐、腌制剂、发酵剂等加入，混合均匀。若没用斩拌机，则需要在混料机中配料。为了防止混料搅拌过程中大量空气混入，最好使用真空搅拌机。生产中采用的发酵剂多为冻干菌，使用时通常将发酵剂放在室温下复活 18 ～ 24h，接种量一般为 10^6 ～ 10^7 集落形成单位 /g。有些工厂采用“引子发酵法”，即用上一个生产批次发酵好的肉糜做发酵剂（俗称引子），加入到下一个批次的肉糜中。但不管采用什么方法，发酵剂的活性、纯度及与其他物料混合的均匀性十分重要。尤其在使用“引子发酵法”时，随着生产批次的增加，发酵剂的活力和纯度会下降，从而影响产品的质量。

（4）腌制　传统生产过程是将肉馅放在 4 ～ 10℃的条件下腌制 2 ～ 3 天。腌制过程中，食盐、糖等辅料在浓度差的作用下均匀渗入肉中，同时在亚硝酸盐的作用下形成稳定的腌制肉色。现代生产工艺过程一般没有独立的腌制工艺，肉糜一般在混合均匀后直接充填，然后进入发酵室发酵。在相对较长时间的发酵过程中，同时产生腌制作用。

（5）充填　即将斩拌混合均匀的肉糜灌入肠衣。灌制时要求充填均匀，肠坯松紧适度。灌制过程肉糜的温度控制在 4℃以下。利用真空灌肠机可避免气体混入肉糜中，有利于产品的保质期、质构均匀性及降低破肠率。将肉馅充填入肠衣后，要用热水淋浴香肠表面 0.5 ～ 2.0min，洗去表面黏附的肉粒。

（6）发酵　室温下吊挂 2h，然后移入烟熏室内，于 43℃熏制 12h，在烟熏室中完成发酵和烟熏过程。再于 49℃熏制 4h。将香肠置于室温下晾挂 2h。

发酵过程可以采用自然发酵或接种发酵。自然发酵法有其固有的缺点，其发酵时间较长，一般需1周以上，发酵时每一批次肉糜中存在的天然菌种不同，鲜肉中的微生物种属不能得到有效控制，如果初始菌属中的乳酸菌含量较少，肉糜的pH值下降很慢，会给腐败菌和致病菌的生长创造机会，影响产品的正常生产和产品的安全性及产品品质的均一性。自然发酵时许多天然存在于肉糜中的乳酸菌属异型发酵菌，它们在产生乳酸的同时还会产生醋酸、乙醇、气体等成分，从而影响到产品的风味和质构。工业化生产过程一般采用接种恒温发酵。对于干发酵香肠，控制温度为21～24℃，相对湿度为75%～90%，发酵1～3天。对于半干发酵香肠，发酵温度控制在30～37℃，相对湿度控制在75%～90%，发酵8～20h。发酵过程中，及时降低肉糜的pH值十分重要。鲜肉的pH值一般为5.6～5.8，发酵香肠的终pH值一般为4.8～5.2。发酵初始阶段若不能及时降低pH值，易导致腐败菌的生长繁殖。温度对产酸速度有重要影响，一般认为温度每升高5℃，乳酸生成速率将提高1倍。但提高发酵温度也带来致病菌特别是金黄色葡萄球菌生长的危险。为了使发酵初期pH值快速降低，需要提高发酵剂菌种活力或提高接种量，也可以使用葡萄糖酸－δ－内酯及其他酸味剂协助产酸以降低pH值。

(7) 干燥与熏制　干燥的程度影响到产品的物理化学性质、食用品质和保质期。干燥过程会发生许多生化变化，使产品成熟，最主要的生化变化是形成风味物质。对于干发酵香肠，发酵结束后进入干燥间进一步脱水。干燥室的温度一般控制在7～13℃，相对湿度控制在70%～72%，干燥时间依据产品的形状（直径）大小而定，干发酵香肠的成熟时间一般为10天到3个月。

干燥间的气流控制很重要，空气需要周期性地更新以保证空气的质量，防止香肠表面水汽凝集。因产品所含水分不同和气流模式不能很好地确定，气流控制比较困难，为了增大干燥程度的均匀性，干燥间中产品的移位也很重要。亮光易诱发产品表面变色，干燥室中应避光或使用低亮度的红灯。

干发酵香肠不需要蒸煮，大部分产品也不需要烟熏，因干发酵香肠的水分活度和 pH 值较低，贮运和销售过程不需要冷藏。对于半干发酵香肠，发酵工艺结束后通常需要蒸煮，使产品中心温度至少达到 68℃，然后再进行合适的干燥，而半干发酵香肠一般需要烟熏。因半干发酵香肠具有较高的水分活度，需冷藏防止微生物繁殖。

（8）包装　为了便于运输和贮藏，保持产品的颜色和避免脂肪氧化，成熟之后的香肠通常需要进行包装。目前，真空包装是最常用的包装方式。

二、图林根式塞尔维拉特香肠（半干发酵香肠）

这是未经蒸煮的发酵香肠，常称软熏香肠。

1. 原料配方

牛肉 60kg，80%修整猪瘦肉 30kg，50%修整猪瘦肉 10kg，盐 2.8kg，葡萄糖 2kg，白糖 2kg，粗粉碎黑胡椒 375g，整粒芥末子 63g，粉碎肉豆蔻 31g，粉碎芫荽 125g，粉碎红辣椒 16g，亚硝酸钠 8g，片球菌发酵剂。

2. 操作要点

将肉用 6.3 ～ 9.6mm 孔板的绞肉机绞碎，与发酵剂以外的其他配料搅拌均匀，然后添加发酵剂并绞细（最好用 3.2mm 孔板的绞肉机），再充填进缝合的猪直肠内或其他合适的肠衣内。采用的熏制过程为：在 37.8℃、相对湿度 85%～ 90%条件下，熏制 20h；如果用无旋毛虫的修整碎肉时，在 71℃、相对湿度 85%～ 90%下熏制，直到产品内部温度达到 49%为止。在熏制后，应用冷水淋浴香肠，在室温下冷却 4 ～ 6h。

三、热那亚香肠

1. 原料配方

猪肩部修整碎肉 40kg，标准猪修整碎肉 30kg，盐 3.5kg，葡萄糖 2kg，布尔戈尼葡萄酒 500g，磨碎白胡椒 187g，整粒白胡椒 62g，亚硝酸钠 31g，蒜粉 16g。

2. 工艺流程

原料肉修整→绞碎→拌料→装盘发酵→灌肠→干燥→发酵→产品

3. 操作要点

将瘦肉用 3.2mm 孔板的绞肉机绞碎，肥猪肉用 6.4mm 孔板的绞肉机绞碎，再与盐、葡萄糖、调味料、葡萄酒和亚硝酸钠一起搅拌 5min，或直到搅拌均匀为止。将馅放在深为 20 ～ 25cm 的盘内，在 4 ～ 5℃下放置 2 ～ 4h。如用发酵剂，放置周期可缩短几小时。将肠馅充填到纤维素肠衣、猪直肠衣内或者合适尺寸的胶原肠衣内。在 22℃、相对湿度 60%的室内放置 24 天，或直到香肠变硬和表面变成红色即可。可以贮藏在 12℃、相对湿度为 60%的干燥室内 90 天。注意：优质的干香肠应有好的颜色，表面上没有酵母或酸败的气味，在肠中心和边缘，水分分布均匀，表面皱褶小。

四、热那亚式色拉米香肠

1. 原料配方

原料肉可采用以下任一配方。

(1) 牛颈肉或牛腿肉 45.4kg、背膘 68.1kg、瘦猪肉 (85%瘦肉)113.5kg。

(2) 牛颈肉或牛腿肉 79.4kg、背膘 68.1kg、瘦猪肉 (85%瘦肉)79.4kg。

食盐 7.7kg、硝酸钠 141.8g、异抗坏血酸钠 122.8g、玉米淀粉567.4g、黑胡椒141.8g、白胡椒粉283.5g、大蒜粉70.9g、意大利酒1.14L。

2. 工艺流程

原料肉预处理→搅拌→腌制→真空搅拌→灌肠→成熟→干燥

3. 操作要点

(1) 原料肉预处理 先将肉冷却至0～1℃，背膘去皮，切成块状，牛肉去除筋和结缔组织，用筛孔直径1/8英寸的绞肉机绞碎。

(2) 搅拌 将牛肉糜放入搅拌机中，搅拌机开始运行后，添加猪肉、背膘、食盐、硝酸钠及异抗坏血酸钠，最后加入意大利酒，混合搅拌均匀。

(3) 腌制 将搅拌均匀的肉馅放入盆中压紧，深度不超过15cm，腌制3天(0～4℃)。

(4) 真空搅拌 把腌制好的肉馅放入真空搅拌机中，在肉馅表面均匀撒上黑胡椒，真空搅拌2min。

(5) 灌肠 灌肠时要压实系紧避免空气进入，每节肠的长度控制在50cm左右，直径约9cm，灌肠房间温度控制在15℃左右，将灌好的肠放在50%的盐水中腌制2天(温度不低于1℃)，取出后在沸水中浸泡3s。

(6) 成熟 在温度21～24℃，相对湿度70%～80%的房间中放置2天。

(7) 干燥 在温度7～13℃，相对湿度75%的条件下干燥大约75天。

五、塞尔维拉特烟熏干香肠

1. 原料配方

原料肉可采用以下任一配方。

(1) 瘦牛肉68.1kg、牛心56.8kg、猪心56.8kg、背膘

45.4kg。

(2) 瘦牛肉68.1kg、牛肚45.4kg、牛脸肉56.8kg、猪肉(肥瘦各半)56.8kg。

(3) 瘦牛肉45.4kg、牛心56.8kg、猪肉(肥瘦各半)56.8kg、猪肚79.4kg。

食盐6.8kg、玉米淀粉2.3kg、硝酸钠354.2g、亚硝酸钠21.3g、异抗坏血酸钠122.8g、黑胡椒粉567.4g、芫荽粉113.4g、生姜粉113.4g、芥末粉113.4g、大蒜粉28.4g。

2. 工艺流程

绞肉→搅拌→腌制→二次绞肉→灌肠→成熟→烟熏→储藏

3. 操作要点

(1)绞肉　先将肉冷却至0～1℃。牛肉、猪心、牛心、牛脸肉、牛肚和猪肚用筛孔直径3/16英寸的绞肉机绞碎，猪肉、背膘用筛孔直径1英寸的绞肉机绞碎。

(2) 搅拌　把绞好的肉糜放入搅拌机中，加入食盐等剩余原料，搅拌均匀。

(3) 腌制　将搅拌均匀的肉馅放入盆中压紧，避免空气进入，在0～4℃条件下腌制2天。

(4) 二次绞肉　用筛孔直径1/8英寸的绞肉机再次绞肉，然后真空搅拌2min。

(5) 灌肠　将搅拌好的肉馅灌入牛结肠肠衣或纤维肠衣中，注意不要装入空气。

(6) 成熟　先将肠悬挂起来并用冷水冲洗，水沥干后放在7℃的成熟房间内成熟24h。

(7) 烟熏　烟熏室提前预热至50℃，将风门全部打开直到肠衣干燥，然后将风门关闭至3/4处，释放轻度的熏烟，升温到60℃，熏制4h，再逐渐升温至74℃，直到肠的中心温度达到67℃。将熏制好的香肠从烟熏室移出后用冷水冲洗，使中心温度降到 43℃。

(8) 储藏 在室温中干燥，再转移到 7℃的冷藏室冷藏。低温储藏能延长货架期。

六、塞尔维拉特香肠

1. 原料配方

牛修整碎肉 70kg，标准猪修整碎肉 20kg，猪心 10kg，盐 3kg，葡萄糖 1kg，磨碎黑胡椒 250g，亚硝酸钠 16g，整粒黑胡椒 125g。

2. 工艺流程

原料肉整理→绞肉→拌料→装盘、自然发酵→灌肠→干燥→熏制→成品

3. 操作要点

将牛修整碎肉和猪心通过 6.4mm 孔板的绞肉机绞碎，将猪修整碎肉通过 9.6mm 孔板的绞肉机绞碎。将绞碎的肉与食盐、葡萄糖、硝酸盐一起搅拌均匀后，通过 3.2mm 孔板绞细，再加整粒黑胡椒，搅拌 2min，放在深 20cm 的盘内，在 5 ～ 9℃下贮藏 48 ～ 72h。将盘内的肉馅倒入搅拌机内，再搅拌均匀后，充填进纤维素肠衣。在 13℃的干燥室内，吊挂 24 ～ 48h。后，移入 27℃的烟熏炉内熏制 24h，其间缓慢升温到 47℃，再熏制 6h 或更长时间，直到香肠有好的颜色。最后，推入冷却间，在室温下晾冷即为成品。

七、硬塞尔维拉特香肠（干发酵香肠）

1. 原料配方

去骨牛肩肉 26kg，冻猪修整碎肉 60kg，猪肩部脂肪 14kg，盐 3.6kg，整粒胡椒 63g，粉碎胡椒 375g，红辣椒 250g，硝酸钠 31g，亚硝酸钠 8g，乳杆菌发酵剂。

2. 工艺要点

将肉用 3.2mm 孔板的绞肉机绞细并与腌制剂、调味料和发酵剂一起搅拌，腌制 24 ~ 48h 后，搅拌均匀，再充填到中等直径、长约 28cm 牛肠衣或长约 103cm 的猪大肠肠衣内。然后，吊挂在腌制冷却间内 48h，移出，升温使香肠表面干燥，熏制一夜以上。

八、色拉米干香肠

1. 原料配方

原料肉可采用以下任一配方。

(1) 牛颈肉 56.8kg、瘦猪肉 102.2kg、背膘 68.1kg。

(2) 牛颈肉 90.8kg、瘦猪肉 68.1kg、背膘 68.1kg。

(3) 牛颈肉 147.6kg、背膘 79.4kg。

(4) 牛颈肉 113.5kg、猪肉 113.5kg。

食盐 7.7kg、硝酸钠 354.4g、异抗坏血酸钠 122.8g、玉米淀粉 2.3kg、白胡椒粉 425.2g、生姜粉 226.8g、大蒜粉 28.4g。

2. 工艺流程

原料肉预处理→绞肉→搅拌→二次绞肉→腌制→灌肠→成熟→烟熏→干燥

3. 操作要点

(1)原料肉　预处理先将肉冷却至 0 ~ 1℃，然后将背膘去皮，切丁，冷冻。

(2) 绞肉　牛肉用筛孔直径 1/8 英寸的绞肉机绞碎，猪肉用筛孔直径 3/8 英寸的绞肉机绞碎。

(3) 搅拌　将牛肉糜转移到搅拌机中，加入食盐腌制液（食盐和干的香辛料配成），启动搅拌机，然后加入猪肉糜及冷冻背膘丁，搅拌混合均匀。

(4) 二次绞肉　用筛孔直径 1/2 英寸的绞肉机再次绞肉。

(5) 腌制　将搅拌均匀的肉糜放入盆中压紧，深度不超过

15cm，腌制3天(0～4℃)。

(6) 灌肠　将腌制好的肉馅真空搅拌大约1min，用缝合的牛结肠或猪直肠进行灌装，避免空气进入。肠的长度控制在50cm左右，灌肠温度控制在15℃左右。

(7) 成熟　在温度21～24℃、相对湿度70%～80%的房间中放置3～4天。

(8) 烟熏　熏制房温度不超过32℃，最佳熏制温度为25℃，湿度为70%(猪肠衣灌装的香肠不需要熏制)。

(9) 干燥　烟熏过的香肠，在温度为7～13℃，相对湿度为70%～72%条件下干燥。没有烟熏的香肠，在温度10～13℃，相对湿度70%～72%条件下干燥大约90天。

九、意大利式色拉米香肠(干发酵香肠)

1. 原料配方

去骨的肩肉20kg，冻结的瘦猪肩修整碎肉48kg，冻猪背脂修整碎肉20kg，猪肩部脂肪12kg，盐3.375kg，粉碎白胡椒125g，整粒胡椒31g，硝酸钠16g，亚硝酸钠8g，蒜63g，乳酸杆菌培养物适量，红葡萄酒5.7L，整粒豆蔻25个，丁香88g，桂皮35g。

2. 工艺流程

原料选择→绞肉→拌馅→充填→发酵→干燥→成品

3. 操作要点

(1) 制馅　先将豆蔻和桂皮放在袋内并与红葡萄酒一起放在锅中，在低于沸点温度下，煮10～15min，然后将酒液过滤并冷却。冷却后，把酒液与盐、白胡椒和蒜等配料和发酵剂一起混合，并与通过3.2mm孔板的绞肉机绞细的肩肉，及通过12.7mm孔板的绞肉机绞碎的猪肉一起搅拌均匀。

(2) 灌制　将香肠馅灌入猪直肠肠衣内。

(3) 干燥　将充填好的香肠，吊挂在贮藏间内 24 ～ 36h，在肠衣晾干后，用细绳在香肠的下端结扎起来，每隔长 12.7mm 系一个扣直到香肠的顶部。然后将香肠吊挂在 10℃的干燥间内 9 ～ 10 周。此后，就为成品。

(4) 成品　肠体呈红褐色，坚实，风味辛酸。

十、德式色拉米香肠（干发酵香肠）

1. 原料配方

去骨牛肩肉 50kg，猪修整碎肉 50kg，盐 3.4kg，葡萄糖 1.4kg，白胡椒 187g，硝酸钠 31g，亚硝酸钠 8g，蒜 63g，片球菌／乳杆菌发酵剂混合物。

2. 操作要点

将牛肉用 3.2mm 孔板的绞肉机绞碎，将猪肉通过 12.7mm 孔板的绞肉机绞碎，与盐、葡萄糖、白胡椒等配料和发酵剂一起搅拌。腌制后，将肠馅充填到直径为 89mm、长 51cm 的肠衣内。充填后，用细绳每隔 5cm 系成环状并牵引肠衣使香肠成扇形。香肠通常要进行干燥，也可稍微熏制。

十一、克拉考尔干香肠

1. 原料配方

原料肉可采用以下任一配方。

(1) 瘦牛肉 147.5kg、背膘 45.4kg、牛脂肪 34.0kg。

(2) 瘦牛肉 147.5kg、瘦猪肉 (85％瘦肉)34.0kg、背膘 79.4kg。

食盐 7.7kg、玉米淀粉 2.3kg、硝酸钠 354.4g、异抗坏血酸钠 122.8g、白胡椒粉 425.2g、芫荽粉 63.8g、红辣椒 113.4g、朗姆酒 1.1L。

2. 工艺流程

原料肉预处理→绞肉、搅拌→腌制→灌肠→成熟→烟熏→干燥→储藏

3. 操作要点

(1) 原料肉预处理　先将肉冷却至 0 ～ 1℃，背膘去皮，切成小块冷冻。

(2) 绞肉、搅拌　牛肉用筛孔直径 1/8 英寸的绞肉机绞碎，猪肉用筛孔直径 1 英寸的绞肉机绞碎。把肉糜移到搅拌机中，加入背膘、朗姆酒和食盐等剩余原料，搅拌均匀，然后用筛孔直径 3/8 英寸的绞肉机再次绞肉。

(3) 腌制　将搅拌均匀的肉馅放入盆中压紧，深度不超过 15cm，在 0 ～ 4℃温度条件下腌制 3 天。

(4) 灌肠　灌肠之前将肉馅在真空条件下搅拌 1 ～ 2min，然后将搅拌好的肉馅灌入到羊肠衣中。灌肠时应避免空气进入，控制肠的长度在 38 ～ 50cm，将灌好的肠悬挂起来。

(5) 成熟　在温度 22℃，相对湿度 70%～ 80%的条件下放置 3 ～ 4 天。

(6) 烟熏　烟熏室的温度不应高于 32℃，最佳温度为 24℃，在相对湿度 70%的条件下用轻烟熏制直至获得理想颜色。

(7) 干燥　将熏制好的香肠迅速移到干燥室中，干燥 2 天，干燥房间温度为 10℃，相对湿度为 70%。

(8) 储藏　低温储藏能延长货架期。

十二、干香肠

经高度干燥并可在常温下保存 6 个月左右的制品称做干香肠。色拉米干香肠配方和加工工艺如下。

1. 原料配方

牛精肉 5.0kg，猪精肉 2.5kg，多脂猪肉 2.5kg，发酵剂培

养物适量，硝石 10g，食盐 120g，胡椒 30g，葡萄糖 50g，葡萄酒 150mL。

2. 工艺流程

原料肉选择→绞碎→搅拌→充填→干燥→烟熏→成品

3. 操作要点

冷却的预先腌制好的牛肉和猪肉，分别用板孔为 3mm 和 10mm 的绞肉机绞碎，然后加入香辛料搅拌均匀，灌入牛大肠。经过 2 ～ 3 周风干后，进行 12 天冷熏。

十三、风干香肠

风干香肠由于经过日晒和烘干，使大部分水分除去，富于储藏性，又因经过较长时间的晾挂成熟过程，具有浓郁鲜美的风味。风干香肠味美适口，细细咀嚼，越品越香，食后口有余香。风干香肠瘦肉呈红褐色，脂肪呈乳白色，略带黄色，并有少量棕色辅料点，肠体质干而柔，有粗皱纹，没有弹性，肉丁突出，呈凸形。成品扁圆状，粗细均匀，折成双行。

1. 原料配方

（1）原料配方　按 50kg 猪肉计算（猪瘦肉 45kg，猪肥肉 5kg）：白酱油 9kg，砂仁面 75g，肉桂面 100g，豆蔻面 100g，花椒面 50g，鲜姜 500g。

（2）仪器及设备　冷藏柜，绞肉机，灌肠机，排气针，台秤，砧板，刀具，盆，烤炉，细绳，蒸煮锅。

2. 工艺流程

原料选择与修整→搅拌→灌制→风干→发酵→煮制→成品

3. 操作要点

（1）原料选择与修整　选用经卫生检验合格的鲜、冻猪肉为原料，经修整符合质量卫生标准后，把肥、瘦猪肉分开切割，避免拌馅不匀，切成 1 ～ 1.2cm 的小方块，最好手工切肉。

（2）搅拌　把所有辅料混合均匀后，倒入白酱油，搅拌均匀，再把肥、瘦肉丁倒入拌匀，达到有黏性，即浓稠状为止。

（3）灌制　把合格的猪小肠衣清洗干净，控净肠衣内的水分，再把肉馅灌入肠衣内，用手捏得粗细均匀，再扎针放气。

（4）风干　冬季用烤炉把制品烤 2h 后，里外调换位置 1 次，再烤 2h，皮干为止。春、夏、秋三季用日晒，晒至制品皮干为止。挂于阴凉通风处，风干 3 ～ 4 天后下竿捆扎，每捆 12 根较为合适。

（5）发酵　把捆扎好的香肠存放在干燥、阴凉、通风的保管间，10 天左右取出进行煮制。

（6）煮制　将煮锅内清水烧开后将香肠下锅，煮 15min 后出锅，即为风干香肠。

（7）成品　风干香肠瘦肉呈红褐色，脂肪呈乳白色，略带黄色，并有少量棕色辅料点，肠体质干而柔，有粗皱纹，没有弹性，肉丁突出，呈凸形，成品扁圆状，粗细均匀，味美适口。

4. 注意事项

（1）原料修整后，瘦肉不能带明显筋络，肥肉不带软质肉膘。如果使用切丁机，必须保证肉丁的均匀、不糊、不粘连。

（2）拌好的肉馅不要久置，必须迅速灌制，否则瘦肉丁会变成褐色，影响成品色泽。

（3）灌制时要掌握松紧程度，不能过紧或过松，过紧会胀破肠衣，过松影响成品的饱满结实度。

（4）烘烤时注意控制好温度，若烘烤温度过高会使香肠出油，降低质量和成品率。

（5）将煮熟的香肠挂在通风干燥处，可保管 10 ～ 15 天。

十四、半干制香肠

干燥香肠中，干燥度较低，保存期不易过长的称做半干香肠。一般有两种类型，一种是只干燥不蒸煮，另一种是在干燥前或干燥后要进行蒸煮。图林根半干香肠配方和加工工艺如下。

1. 原料配方

去骨牛颈肉 40kg，亚硝酸腌制盐 3kg，一级猪肉 30kg，葡萄糖 600g，冷冻猪脂肪 30kg，味精 100g，维生素 C50g，大蒜 200g，白胡椒粉 200g，朗姆酒 100g，整粒白胡椒子 100g，发酵培养物适量。

2. 工艺流程

原料肉选择→绞碎→搅拌→充填→干燥→烟熏→成品

3. 操作要点

将绞好的肉馅加入各种辅料仔细混合，然后灌入膀胱。在 10 ～ 13℃条件下干燥 2 ～ 3 天后，冷熏 48h。在最后进行 2 ～ 3h 温熏。如果要进行蒸煮，则牛肉和猪肉都要绞成粗肉馅，在 3 ～ 4℃下进行预备成熟并发色 12h，接着灌入猪小肠，以 18℃冷熏 2 天，在最后的 4 ～ 5h 转为热熏，待中心温度提高到 58℃后，在温度 12℃，湿度为 80%的条件下，稍稍风干。

十五、熏香肠（半干发酵香肠）

1. 原料配方

猪肉和牛肉共 70kg，脂肪 30kg，葡萄糖 2kg，盐 3kg，硝酸钠 16g，亚硝酸钠 8g，粗粉碎黑胡椒 373g，整粒芥末子 63g，粉碎豆蔻 31g，粉碎芫荽 125g，粉碎红辣椒 31g，蒜粉（或适量鲜蒜）63 ～ 125g，片球菌发酵剂。

2. 工艺流程

原料肉选择→绞碎→搅拌→添加发酵剂→绞碎→充填→干燥、烟熏→成品

3. 操作要点

(1) 绞碎　将肉用 6.3 ～ 9.6mm 孔板的绞肉机绞碎。

(2) 搅拌　然后与盐、葡萄糖、香辛料、硝酸钠等配料完全

搅拌，但不能搅拌过度。

（3）添加发酵剂 配料后，再添加发酵剂，而且根据搅拌机速度将腌制成分与肠馅搅拌 3 ～ 4min 以上。

（4）绞碎 将这些混合物再用 3.2 ～ 4.8mm 孔板的绞肉机绞细。

（5）充填 然后填充到天然或纤维性肠衣内，肠衣的直径约 50mm。

（6）干燥、烟熏 干燥和烟熏具体工艺参数见表 5–1。

表 5–1 应用发酵剂的香肠熏制程序

时 间	干球温度	湿球温度	备 注
16 ～ 20h	43℃	40℃	接近熏制循环中期 1h(香肠内部温度达到 60℃)
1.5 ～ 3.0h	69℃	60℃	
3min	热烟熏		

十六、发酵鱼肉香肠

1. 原料配方

蛤鱼 100kg，白糖 5kg，盐 2kg，60 度曲酒 3kg，蒜 1kg，胡椒粉 300g，抗坏血酸 80g，亚硝酸钠 15g，β – 环状糊精 1kg，味精 100g，冰水适量。

2. 工艺流程

蛤鱼→解冻→漂洗→除内脏、去刺→采肉→漂洗、沥水→斩拌→接种拌料→灌装→发酵→烘烤→成品

3. 操作要点

（1）蛤鱼的选择和解冻 蛤鱼须用冻鲜品，无杂鱼和杂物，并应放在 10℃下的冷水中解冻，直到变软为止。

（2）除内脏、去刺、采肉 蛤鱼解冻后，应立即除去内脏和

鱼刺，剔除鱼肉，并清水漂洗干净，沥干水分备用。鱼骨刺可用胶体磨研成骨泥，添加在香肠内，以补充钙质，降低生产成本。

（3）斩拌　将鱼肉放入斩拌机内斩碎，斩拌的程度越细，蛋白质的提取越完全，产品的品质越好。

（4）接种拌料　先将植物乳杆菌和啤酒片球菌的菌种分别接种在固体斜面 MRS 培养基上活化两次后，转入 MRS 液体培养基中，经 30 ～ 32℃，20 ～ 24h 培养后，分别接种于斩拌好的鱼糜中。发酵剂的菌数含量为 10^7cfu/g，接种量按鱼肉重的 1%进行接种。接种后，搅拌均匀。

（5）灌装　将搅拌均匀的鱼糜料灌装于羊肠衣或猪小肠衣中，要灌紧装实，粗细均匀，按每节 18 ～ 20cm 长打结，并用温水冲去肠体表面油污。

（6）发酵　将灌好后的湿香肠置于 32 ～ 35℃，相对湿度为 80%～85%的发酵室内发酵 20 ～ 24h，当达到 pH 值为 5.0 ～ 5.2 时，即可终止。

（7）烘烤　将发酵后的肠体，送到 55 ～ 60℃的烘箱，烘烤 8 ～ 10h。此时，肠体表面干燥，色泽呈灰白色略带粉红色。取出后，挂于稍干燥的 10℃的贮藏室内，待冷却后，用塑料袋真空包装即为成品。

（8）成品　香肠外表光洁无霉变，呈褐红色，有特殊香味，质地坚挺不松散。

十七、发酵山羊肉香肠

1. 原料配方

山羊肉 180kg，白糖 5kg，盐 2kg，60 度曲酒 3kg，亚硝酸钠 15g，白酱油 1kg，葡萄糖 1.5kg，味精 100g，冰水适量。

2. 工艺流程

山羊肉的解冻、清洗、绞碎和腌制→拌馅→添加工作发酵

剂→灌装→发酵→烘烤→成熟

3. 工艺要点

(1) 菌种活化　选用植物乳酸杆菌和乳脂链球菌，将其充分活化后，按1 ：1比例混合转入MRS液体培养基中，经30～32℃，20～24h培养后，制成工作发酵剂，发酵剂的菌数含量为10^7个/mL，备用。

(2) 接种拌料　将制备好的工作发酵剂接种于拌好的羊肉馅中。接种量按羊肉重的2%进行。接种后，搅拌均匀。

(3) 灌装　将搅拌均匀的羊肉馅灌装于羊肠衣中，要灌紧装实，粗细均匀，按每节18～20cm长打结，并用温水冲去肠体表面油污。

(4) 发酵　将灌好后的湿香肠置于32～35℃，相对湿度为80%～85%的发酵室内发酵24～30h，当达到pH值为5.0～5.2时，即可终止。

(5) 烘烤　将发酵后的肠体，送到45～50℃的烘箱，烘烤8～10h。此时，肠体表面干燥，色泽呈灰白色略带粉红色。取出后，挂于稍干燥的10℃贮藏室内，待冷却后，用塑料袋真空包装即为成品。

十八、发酵羊肉香肠

1. 原料配方

羊肉100kg，白糖5kg，食盐2kg，60度曲酒3kg，蒜1kg，胡椒粉300g，抗坏血酸80g，亚硝酸钠15g，β－环状糊精1kg，味精100g，冰水适量。

2. 工艺流程

羊肉→解冻→清洗→腌制→斩拌→添加辅助材料→添加工作发酵剂→灌装→发酵→烘烤→成熟

3. 操作要点

(1) 羊肉的选择　选择经兽医卫生检验合格的羊后腿肉，修净筋腱、污物，瘦肉和脂肪的比例是 9 ∶ 1。

(2) 斩拌　将羊肉放入斩拌机内斩碎，斩拌的程度越细，蛋白质的提取会越完全，产品的切片性会更好。斩拌时，应加入适量冰水，以降低斩拌温度（控制在 10℃以下），以控制杂菌的增殖。

(3) 接种拌料　先将植物乳杆菌和啤酒片球菌的菌种分别接种在固体斜面 MRS 培养基上活化两次后，转入 MRS 液体培养基中，经 30 ～ 32℃。20 ～ 24h 培养后，分别接种于斩拌好的羊肉糜中。发酵剂的菌数含量为 10^7/g，接种量按羊肉重的 2%进行。接种后，搅拌均匀。

(4) 灌装　将搅拌均匀的羊肉糜灌装于羊肠衣中，要灌紧装实，粗细均匀，按每节 18 ～ 20cm 长打结，并用温水冲去肠体表面油污。

(5) 发酵　将灌好后的湿香肠置于 32 ～ 35℃，相对湿度为 80%～ 85%的发酵室内发酵 20 ～ 24h，当达到 pH 值为 5.0 ～ 5.2 时，即可终止。

(6) 烘烤　将发酵后的肠体，送到 55 ～ 60℃的烘箱，烘烤 8 ～ 10h。此时，肠体表面干燥，色泽呈灰白色略带粉红色。取出后，挂于稍干燥的 10℃贮藏室内，待冷却后，用塑料袋真空包装即为成品。

十九、黎巴嫩大香肠

1. 原料配方

母牛肉 100kg，白糖 1kg，食盐 0.5kg，肉豆蔻种衣 63g，白胡椒 125g，芥末 500g，亚硝酸钠 16g，硝酸钠 172g，姜 63g。

2. 工艺流程

原料肉选择→绞碎→搅拌→充填→干燥→烟熏→成品

3．操作要点

原料肉混入2%的食盐，在1～4℃下自然发酵4～10天，如添加发酵剂，可大大缩短发酵时间。当pH值达到5或以下时，可确定为发酵过程完成。将牛肉通过1.3cm孔板绞碎，然后在配料机内与剩余的盐、糖、香辛料、硝酸盐和亚硝酸盐等辅料混合均匀，再使肉馅通过3毫米孔板绞制，然后充填入纤维素肠衣中。充填后将半成品结扎并用网套支撑，产品移入烟熏室内冷熏4～7天；一般夏季熏制4天，秋后和冬季熏制7天。黎巴嫩大香肠传统上是在没有制冷条件下生产的，尽管其水分含量在55%～58%，但最终产品非常稳定。成品的盐含量一般为4.5%～5.0%，pH值为4.7～5.0。

二十、硬色拉米肠

1．原料配方

牛胫肉50kg，白糖1.25kg，蒜粉20g，普通猪碎肉25kg，硝酸钠156g，盐3.8kg，白胡椒235g，猪颊肉（去除腺体）50kg。

2．工艺流程

原料肉选择→绞碎→搅拌→充填→干燥→烟熏→成品

3．操作要点

牛肉通过3mm孔板绞制，猪肉通过6mm孔板绞制，所有配料在配料机中搅拌5min左右，至肥瘦肉均匀分散。肉馅放入20～25cm深的容器中，于4～7℃放置2～4天，充填入纤维素肠衣中，于4℃、相对湿度为60%的条件下，吊挂9～11天。生产过程中如果使用发酵剂，发酵和干燥吊挂时间都可以酌情减少。

二十一、热那亚干肠

1．原料配方

猪肩部修整40kg，食盐3.5kg，普通猪碎肉30kg，布尔戈尼葡萄酒500g，白糖2kg，碎白胡椒187g，整粒白胡椒62g，大蒜粉16g，亚硝酸钠31g。

2. 工艺流程

原料肉选择→绞碎→搅拌→充填→干燥→烟熏→成品

3. 操作要点

将瘦肉通过3.2mm孔板绞碎，肥肉通过6.4mm孔板绞碎，然后与搅拌机中与其他辅料混合均匀，将肉馅放入20～25cm深的容器中，于4～5℃放置2～4天，如用发酵剂，放置时间可缩短到几小时。将肉馅充填入5cm×56cm的纤维肠衣中或合适尺寸的胶原肠衣中，于21℃、相对湿度为60%的条件下放置2～4天，至香肠变硬和表面变成粉红色。然后将半成品移入12℃、相对湿度为60%的干燥室内干燥90天，理想的干燥程度是使半成品在干燥室内失水24%。优质干香肠应有好的颜色，没有酵母或酸败气味，肠中心和边缘水分分布均匀，表面皱褶小。

二十二、牛肉棒

1. 原料配方

瘦牛肉31.8kg、牛腩13.6kg、食盐1.1kg、葡萄糖567g、白胡椒粉141.8g、芥末113.4g、味精113.4g、红辣椒141.8g、香芹籽粉56.7g、肉豆蔻28.4g、硝酸钠42.6g、亚硝酸钠42.6g、异抗坏血酸钠24.8g发酵剂。

2. 工艺流程

绞肉→搅拌→发酵培养→二次绞肉→灌肠

3. 操作要点

（1）绞碎　所有的肉都用筛孔直径1/2英寸的绞肉机绞碎。

（2）搅拌　把肉糜加入搅拌机中，添加剩余原料（不包括发酵剂），搅拌1～2min。

（3）发酵培养　加入发酵剂混合3～4min。

（4）二次绞肉　用筛孔直径 3/22 英寸的绞肉机将肉糜再次绞碎。

（5）灌肠　肉馅的温度应保持在 0℃左右，将灌好的肠悬挂干燥即可。

第七节　灌装火腿（西式火腿）

一、文治火腿

1. 原料配方

（1）主料　猪肉（2 号或 4 号肉）质量 100kg。

（2）原腌制液合计（100 kg）大豆分离蛋白 6.5 kg，卡拉 ,1.0 kg，食盐 5.83 kg，亚硝酸钠 0.02 kg，复合磷酸盐 0.85kg，异 Vc-Na 0.17 kg，白糖 3.0 kg，味精 0.45 kg，猪肉香精 0.23 kg，红曲红色素 0.18 kg，冰水 81.77 kg。

（3）辅料合计（10.38 kg）白胡椒粉 0.25 kg，玉果粉 0.13kg，玉米淀粉 10.0kg。

2. 工艺流程

原料选择→去骨修整→盐水注射→腌制滚揉→充填成型→蒸煮→冷却→包装贮藏

3. 工艺要点

（1）原料选择　选用猪 2 号或 4 号肉为宜，表面脂肪不超过 5%。

（2）去骨修整　去皮和脂肪后，修去筋腱、血斑、软骨、骨衣。剔骨过程中避免损伤肌肉。整个操作过程温度不宜超过 10℃。

（3）盐水注射　根据配方配制腌制液，配成的腌制液保持在 5℃条件下。用盐水注射机注射，盐水注射率为 60%。

（4）腌制滚揉　用间歇式腌制滚揉，每小时滚揉 20min，正转10min，反转10min，停机40min，腌制24～36h，腌制间温度控制在2～3℃，肉温3～5℃。

（5）充填成型　充填间温度控制在10～12℃。

（6）蒸煮　蒸煮使中心温度达到78℃以上。

（7）冷却　将产品放入冷却池，由循环水冷却至室温，然后在2℃冷却间冷却至中心温度4～6℃。在0～4℃冷藏库中贮藏。

二、盐水火腿

盐水火腿是在西式火腿加工工艺的基础上，吸收国外新技术，根据化学原理并使用物理方法，对原来的工艺和配方进行改进而加工制作的肉制品。盐水火腿已成为欧美各国主要肉制品品种之一。盐水火腿具有生产周期短、成品率高、黏合性强、色味俱佳、食用方便等优点。

1. 原料配方

按猪后腿肉10kg计，腌制液配方：精盐500g，水5kg，硝石10g，味精300g，砂糖300g，白胡椒粉10g，复合磷酸盐30g，生姜粉5g，苏打3g，肉蔻粉5g。经溶解、拌匀过滤，冷却到2～3℃备用。

2. 工艺流程

盐水火腿的工艺流程为：原料选择和整理→注射盐水腌渍→滚揉按摩→装模成型→烧煮和整形→成品冷却→出模或包装销售。

3. 操作要点

（1）原料的选择和拆骨整理　原料应选择经兽医卫生检验，符合鲜售的猪后腿或大排（即背肌 ），两种原料以任何比例混合或单独使用均可。

后腿在拆骨前，先粗略剥去硬膘。大排则相反，先剥掉骨头再剥去硬膘。拆骨时应注意， 要尽可能保持肌肉组织的自然生长块形，刀痕不能划得太大太深，且刀痕要少，尽量少破坏肉的纤维组织，以免注射盐水时大量外流。让盐水较多地保留在原料内部，使肌肉保持膨胀状态，有利于加速扩散和渗透均匀，以缩短腌制时间。

剥尽后腿或大排外层的硬膘，除去硬筋、肉层间的夹油、粗血管等结缔组织和软骨、淤血、淋巴结等，使之成为纯精肉，再用手摸一遍，检查是否有小块碎骨和杂质残留。最后把修好的后腿精肉，按其自然生长的结构块形，大体分成四块。对其中块形较大的肉，沿着与肉纤维平行的方向，中间开成两半，避免腌制时因肉块太大而腌不透，产生“夹心”，大排脱肉保持整条使用，不必开刀。然后把经过整理的肉分装在能容 20 ~ 25kg 的不透水的浅盘内，每 50kg 肉平均分装三盘，肉面应稍低于盘口为宜，等待注射盐水。

（2）注射盐水腌渍　盐水的主要成分是盐 、亚硝酸钠和水，近年来改进的新技术中，还加入助色剂柠檬酸、抗坏血酸、尼克酰胺和品质改良剂磷酸盐等，效果良好。

混合粉的主要成分是淀粉、磷酸盐、葡萄糖和少量精盐、味精等 ，若有条件生产血红蛋白，还可加入少量血红蛋白，若无条件生产的，不加也无多大影响。按地方风味需要，还可加些其他辅料。盐水的混合粉中使用的食品添加剂，应先用少许清洁水充分调匀成糊状，再倒入已冷却至 8 ~ 10℃的清洁水内，并加以搅拌，待固体物质全部溶解后，稍停片刻，撇去水面污物，留下水底沉渣，再行过滤，以除去可能悬浮在溶液中的杂质便可使用。

用盐水注射器把 8 ~ 10℃盐水强行注入肉块内。大的肉块应多处注射，以达到大体均匀为原则。盐水的注射量一般控制在 20% ~ 25%。注射多余的盐水可加入肉盘中浸渍。注射工作应在 8 ~ 10℃的冷库内进行，若在常温下进行，则应把注射好盐水的肉，迅速转入（2 ~ 4）℃ ±1℃的冷库内。若冷库温度低于 0℃，虽对保质有利，但却使肉块冻结，盐水的渗透和扩散速度大大降低，而且由于肉块内部冻，按摩时不能最大限度地使蛋白质外渗，肉块间黏合能力大大减弱，制成的产品容易松碎。腌渍时间常控制为 16 ~ 20h，因腌制所需时间与温度、盐水是否注射均匀等因素有关，且盐水渗透、扩散和生化作用是个缓慢过程，尤其是冬天或低温条件下，若时间过短，肉块中心往往不能腌透，影响产品质量。

（3）滚揉按摩　按摩的作用有三点：一是使肉质松软，加速盐水渗透扩散，使肉发色均匀；二是使蛋白质外渗，形成黏糊状物质，增强肉块间的黏着能力，使制品不松碎；三是加速肉的成熟，改善制品的风味。

肉在按摩机肚里翻滚，部分肉由机肚里的挡板带至高处，然后自由下落与底部的肉互相冲击。由于旋转是连续的，所以每块肉都有自身翻滚、互相摩擦和撞击的机会。作用是使原来僵硬的肉块软化，肌肉组织松弛，让盐水容易渗透和扩散，同时起到拌和作用。另一个作用是，肌肉里的可溶性蛋白（主要是肌浆蛋白），由于不断滚揉按摩和肉块间互相挤压渗出肉外，与未被吸收尽的盐水组成胶状物质，烧煮时一经受热，这部分蛋白质首先凝固，并阻止里面的汁液外渗流失，是提高制品持水性的关键所在，使成品的肉质鲜嫩可口。

经过初次按摩的肉，其物理弹性降低，而柔软性大大增加，能拉伸压缩，比按摩前有较大的可塑性。因此，成品切片时出现空洞的可能性减少。按摩工作应在 8 ~ 10℃的冷库内进行，因为蛋白质在此温度范围内黏性较好，若温度偏高或偏低，都会影响蛋白质的黏合性。

第一次按摩的时间为 1h 左右，经过第一次按摩的肉再装入盘中，仍放置在（2 ~ 4）℃ ±1℃的冷库中，存放 20 ~ 30h，等待第二次按摩。第二次按摩的程序是先把肉倒入机内，按摩 30 ~ 45min，再把混合粉按 2.5% 的比例加入肉中。加入的方式以边按摩边逐步添加为好。防止出现“面疙瘩”而影响效果。同时加入经过约 36 ~ 40h 腌渍过的粗肉糜（这部分肉糜腌渍时所用的盐水与注射用的相同），加入量通常为 15% 左右。这部分肉糜的加入有两个作用：一是增加肉块间的结合作用。二是装模后压缩时由于部分肉体积小，加上其表面有黏滑性蛋白质，所以受力压缩时被挤向间隙处游动，从而填补可能出现的空洞。经过第二次按摩的肉，可塑性更大，表面包裹着更多的糊状蛋白质，即可停机出肉装模。

(4) 装模　经过两次按摩的肉，应迅速装入模型，不宜在常温下久置，否则蛋白质的黏度会降低，影响肉块间的黏着力。装模前首先进行定量过磅，每只坯肉约 3.1 ~ 3.2kg（定量的标准是以装模后肉面低于模口 1cm 为原则，根据模型的大小可调节定量），然后把称好的肉装入尼龙薄膜袋内，再在尼龙袋下部（有肉的部分）用细铜针扎眼，以排除混入肉中的空气，然后连同尼龙袋一起装入预先填好衬布的模子里，再把衬布多余部分覆盖上去加上盖子压紧，耳朵与搭攀钩牢。

(5) 烧煮　把模型一层一层排列在方锅内，下层铺满后再铺上层，层层叠齐，排列好后即放入清洁水中，水面应稍高出模型。然后开大蒸汽使水温迅速上升，夏天一般经 15 ~ 20min 即可上升到 78 ~ 80℃，关闭蒸汽，保持此温度。通常定时在 3 ~ 3.5h，最好烧煮两个多小时后，对肉进行测温，待中心温度达到 68℃时（称巴氏杀菌法），即放掉锅内热水。在排放热水的同时，锅面上应淋冷水，使模子温度迅速下降，以防止因产生大量水蒸气而降低成品率。一般经 20 ~ 30min 淋浴，模子外表温度已大大降低，触摸不太烫手即可出锅整形。

所谓整形，即是指在排列和烧煮过程中，由于模子间互相挤压，小部分盖子可能发生倾斜，如果不趁热加以校正，成品不规则，影响商品外观美；另一方面，由于烧煮时少量水分外渗，内部压力减少，肌肉收缩等原因，方腿中间可能产生空洞。经过整形后的模型，迅速放入 2 ~ 5℃ 的冷库内，继续冷却 12 ~ 15h，这样盐水火腿的中心已凉透，即可出模，包装销售或冷藏保存。

三、方火腿

方火腿成品呈长方形，有简装和听装两种。简装每只 3kg，听装每听 5kg。

1. 原料配方

原料肉 100kg，盐水的注射量 20%，按盐 8kg、白糖 1.8kg，水 100kg 比例配制盐水。

2. 工艺流程

原料选择→盐水配置→腌制滚揉→充填成型→蒸煮→冷却→包装储藏。

3. 操作要点

（1）原料选择　加工方火腿时，选用猪后腿，每只约 6kg，经 2 ~ 5℃ 排酸 24h，不得使用配种猪、黄膘猪、二次冷冻和质量不好的腿肉。肉去皮和脂肪后，修去筋腱、血斑、软骨、骨衣。剔骨过程中要避免损伤肌肉。为了增加风味，可保留 10% ~ 15% 的肥膘。整个操作过程温度不宜超过 10℃。

（2）盐水配置　用盐水注射机注射盐水，盐水的注射量为 20%，按盐 8kg、白糖 1.8kg 和水 100kg 的比例配制盐水，必要时加适量调味品。配成的腌制液保持在 5℃条件下，16 °Bé，pH 值为 7 ~ 8。

（3）腌制滚揉　用间歇式腌制滚揉，每小时滚揉 20min，正转 10min，反转 10min，停机 40min，腌制 24 ~ 36h，腌制结束前加入适量淀粉和味精，再滚揉 30min，腌制间温度控制在

2～3℃，肉温3～5℃。

充填间温度控制在10～12℃，充填时每只模内的充填量应留有余地，以便称量检查时添补。在装填时把肥肉包在外面，以防影响成品质量。

（4）蒸煮　水煮时，水温控制在75～78℃，中心温度达60℃时保持30min，一般蒸煮时间为1h/kg。

（5）包装储藏　之后将产品放入冷却池，由循环水冷却至室温，然后在2℃冷却间冷却至中心温度4～6℃，即可脱模、包装，在0～4℃冷藏库中储藏。

四、庄园火腿

1. 原料配方

（1）原辅料　猪4号肉质量100 kg。

（2）原腌制液合计（100kg）　豆分离蛋白4.68kg，卡拉胶0.5kg，食盐5.46kg，亚硝酸钠0.02kg，复合磷酸钠0.75kg，异Vc-Na0.2kg，白糖3.12kg，味精0.32kg，红曲红色素0.20kg，冰水84.75。

2. 工艺流程

原料选择→修整→腌制→注射→腌制滚揉→干燥→烟熏→蒸煮→冷却→包装→成品

3. 工艺要点

（1）原料选择　选择经卫生检验合格的猪4号肉。

（2）修整　将选好的肉剔除筋腱、脂肪、淋巴等，保持肌肉的自然形状，整个操作过程温度不宜超过10℃。

（3）腌制　按照配方配制腌制液，在注射前24h配制。配制好后放入0～4℃冷藏间存放。

（4）注射　将配制好的腌制液注入盐水注射机中，对肉进行注射和嫩化，注射率为50%。

（5）腌制　用间歇式腌制滚揉，滚揉后在 0 ～ 4℃的低温下腌制 10h。

（6）干燥、烟熏　腌制好的肉直接进行修整，穿上细绳，吊挂在烟熏炉中，在 50 ～ 60℃条件下进行 1 ～ 2h 初干燥，然后在 60 ～ 70℃下烟熏 2 ～ 3h。

（7）蒸煮　在 75 ～ 85℃条件下蒸煮 1 ～ 2h，中心温度达到 72℃保持 30min 即可。

（8）冷却　蒸煮结束后推入 0 ～ 4℃的冷却间冷却 3 ～ 4h，至产品中心温度低于 4℃后包装。

五、带骨火腿

带骨火腿有长形火腿和短形火腿两种。带骨火腿生产周期较长，成品较大，且为生肉制品，生产不易机械化。

1. 工艺流程

原料选择→处理→腌制→浸水→干燥→烟熏→冷却、包装→成品。

2. 操作要点

（1）原料选择　选择健康合格猪腿，长形火腿是自腰椎留 1 ～ 2 节将后大腿切下，并自小腿处切断。短形火腿则自耳心骨中间并包括荐骨的一部分切开，并自小腿上端切断。

（2）处理　将原料腿除去多余脂肪，修平切口使其整齐丰满。同时采用加入适量食盐、硝酸盐，利用其渗透作用进行脱水以除去肌肉中的血水，改善色泽和风味，增加防腐性和肌肉的结着力。具体方法是取肉量 3% ～ 5% 的食盐与 0.2% ～ 0.3% 的硝酸盐，混合均匀后涂布在肉的表面，堆叠在略倾斜的操作台上，上部加压，在 2 ～ 4℃下放置 1 ～ 3 天，使血水排除。

（3）腌制　腌制使食盐、香料等渗入肌肉，改善其风味和色泽。腌制有干腌、湿腌和盐水注射法。（具体操作见加工原理部分）

（4）浸水　用干腌法或湿腌法腌制的肉块，其表面与内部食盐浓度不一致，需浸入 10 倍的 5 ～ 10℃的清水中浸泡以调整盐度。浸泡时间随水温、盐度及肉块大小而异。一般每千克肉浸泡 1 ～ 2h。采用注射法腌制的肉无需经浸水处理。

（5）干燥　干燥的目的是使肉块表面形成多孔以利于烟熏。经浸水去盐后的原料肉，悬吊于烟熏室中，在 30℃温度下保持 2 ～ 4h 至表面呈红褐色，且略有收缩时为宜。

（6）烟熏　烟熏使制品带有特殊的烟熏味，改善色泽和风味。在木材燃烧不完全时所生成的烟中的醛、酮、酚、蚁酸、醋酸等成分具有阻止肉品微生物增殖，延长制品保藏期，防止脂防氧化，促进肉中自溶酶的作用，促进肉品自身的消化与软化，促进发色作用。烟熏所用木材以香味好、材质硬的阔叶树（青刚）为多。带骨火腿一般用冷熏法，烟熏时温度保持在 30 ～ 33℃，1 ～ 2 昼夜至表面呈淡褐色时则芳香味最好。烟熏过度则色泽变暗，品质变差。

（7）冷却、包装　烟熏结束后，自烟熏室取出，冷却至室温后，转入冷库冷却至中心温度 5℃左右，擦净表面后，用塑料薄膜或玻璃纸等包装后即可入库。

六、去骨火腿

去骨火腿是用猪后大腿整形、腌制、去骨、包扎成型后，再经烟熏、水煮而成。因此去骨火腿是熟肉制品，具有方便、鲜嫩的特点。

1. 工艺流程

原料选择→处理→腌制→浸水→去骨、整形→卷紧→干燥→烟熏→水煮→冷却

2. 操作要点

（1）原料选择　选择健康合格猪腿，长形火腿是自腰椎留

1～2节将后大腿切下，并自小腿处切断。短形火腿则自耳心骨中间并包括荐骨的一部分切开，并自小腿上端切断。

（2）处理　将原料腿除去多余脂肪，修平切口使其整齐丰满。同时采用加入适量食盐、硝酸盐，利用其渗透作用进行脱水以除去肌肉中的血水，改善色泽和风味，增加防腐性和肌肉的结着力。具体方法是取肉量3%～5%的食盐与0.2%～0.3%的硝酸盐，混合均匀后涂布在肉的表面，堆叠在略倾斜的操作台上，上部加压，在2～4℃下放置1～3天，使血水排除。

（3）腌制　腌制使食盐、香料等渗入肌肉，改善其风味和色泽。腌制有干腌、湿腌和盐水注射法。（具体操作见加工原理部分）

（4）浸水　用干腌法或湿腌法腌制的肉块，其表面与内部食盐浓度不一致，需浸入10倍的5～10℃的清水中浸泡以调整盐度。浸泡时间随水温、盐度及肉块大小而异。一般每千克肉浸泡1～2h。采用注射法腌制的肉无需经浸水处理。

（5）去骨、整形　去除两个腰椎，拨出骨盘骨，将刀插入大腿骨上下两侧，割成隧道状去除大腿骨及膝盖骨后，卷成圆筒形，修去多余瘦肉及脂肪。去骨时应尽量减少对肉组织的损伤。有时去骨在去血前进行，可缩短腌制时间，但肉的结着力较差。

（6）卷紧　用棉布将整形后的肉块卷紧包裹成圆筒状后用绳扎紧。有时也用模型进行整形压紧。

（7）干燥、烟熏　在30～35℃条件下干燥12～24h。使水分蒸发，肉块收缩变硬，再度卷紧后烟熏。烟熏温度为30～50℃。时间约为10～24h。

（8）水煮　水煮的目的是杀菌和熟化，赋于产品适宜的硬度和弹性。水煮以火腿中心温度达到62～65℃保持30min为宜。若温度超过75℃，则肉中脂肪大量融化，导致成品质量下降。一般大火腿煮5～6h，小火腿煮2～3h。

（9）冷却、包装、贮藏　水煮后略为整形，尽快冷却后除去包裹棉布，用塑料膜包装后在 0 ～ 1℃的低温下贮藏。

七、里脊火腿

里脊火腿以猪背腰肉为原料，加工工艺同带骨火腿基本相同。

1. 工艺流程

原料选择→处理→腌制→浸水→卷紧→干燥→烟熏→水煮→冷却→包装→成品。

2. 操作要点

（1）处理　里脊火腿系将猪背部肌肉分割为 2 ～ 3 块，削去周围不良部分后切成整齐的长方形。

（2）腌制　用干腌、湿腌或盐水注射法均可，大量生产时一般多采用注射法。食盐用量可以去骨火腿为准或稍少。

（3）浸水 处理方法及要求与带骨火腿相同。

（4）卷紧 用棉布卷时，布端与脂肪面相接，包好后用细绳扎紧两端，自右向左缠绕成粗细均匀的圆柱状。

（5）干燥、烟熏　约 50℃干燥 2h，再用 55 ～ 60℃烟熏 2h 左右。

（6）水煮　70 ～ 75 ℃水中煮 3 ～ 4h，使中心温度达 62 ～ 75℃，保持 30min。

（7）冷却、包装　水煮后置于通风处略干燥后，换用塑料膜包装后送入冷库贮藏。

（8）成品　优质成品应粗细长短相同，粗细均匀无变形，色泽鲜明光亮，质地适度紧密而柔软，风味优良。

八、成型火腿

1. 工艺流程

原料肉选择→预处理→盐水注射→滚揉→切块→添加辅料→绞碎或斩拌→滚揉→装模→蒸煮（高压灭菌）→冷却→

检验→成品。

2. 操作要点

（1）原料肉的选择　成型火腿最好选用结缔组织和脂肪组织少而结着力强的背肌、腿肉。要求原料肉必须新鲜、健康。

（2）预处理　原料肉腌制前应经剔骨、剥皮、去脂肪、去除筋腱、肌膜等结缔组织，用加压冷水冲洗掉瘀血和骨屑。采用湿腌法腌制时，需将肉块切成 2 ～ 3cm 的方块，脂肪切块后用 50 ～ 60℃的热水浸泡后用冷水冲洗干净，沥水备腌。

（3）腌制　肉块较小时，一般采用湿腌的方法，肉块较大时可采用盐水注射法。

（4）嫩化　所谓嫩化是利用嫩化机在肉的表面切开许多 15mm 左右深的刀痕，肉内部的筋腱组织被切开，减少蒸煮时的损失，使加热而造成的筋腱组织收缩不致影响产品的结着性。同时肉的表面积增加，使肌肉纤维组织中的蛋白质在滚揉时释放出来，增加肉的结着性。只有用注射法腌制的大块肉才要嫩化，而湿腌的小块肉则可无需嫩化。

（5）滚揉　为了加速腌制、改善肉制品的质量，原料肉与腌制液混合后或经盐水注射后，须进行滚揉。滚揉的目的是通过翻动碰撞使肌肉纤维变得疏松，加速盐水的扩散和均匀分布，缩短腌制时间。同时，通过滚揉促使肉中的盐溶性蛋白的提取，改进成品的粘着性和组织状况。另外，滚揉能使肉块表面破裂，增强肉的吸水能力，因而提高了产品的嫩度和多汁性。

（6）滚揉　滚揉机装入量约为容器的 60%。滚揉程序包括滚揉和间歇两个过程。间歇可减少机械对肉组织的损伤，使产品保持良好的外观和口感。一般盐水注射量在 25% 的情况下，需要 16h 的滚揉。在每小时中，滚揉 20min，间歇 40min。

在滚揉时应将环境温度控制为 6 ～ 8℃，温度过高微生物易生长繁殖。温度过低生化反应速度减缓，达不到预期的腌制和滚揉目的。

腌制、滚揉结束后原料肉色泽鲜艳，肉块发黏。如生产肉粒或肉糜火腿，腌制、滚揉结束后需进行绞碎或斩拌。

（7）装模　滚揉结束后应立即进行装模成型，装模的方式有手工装模和机械装模两种。手工装模不易排除空气和压紧，成品中易出现空洞、缺角等缺陷，切片性及外观较差；机械装模有真空装模和非真空装模两种，真空装模是在真空状态下将原料装填入模，肉块彼此粘贴紧密，且排除了空气，减少了肉块间的气泡，因此可减少蒸煮损失，延长保存期。

（8）烟熏　只有用动物肠衣灌装的火腿才经烟熏。在烟熏室内以 50℃熏 30 ～ 60min。其他包装形式的成型火腿若需烟熏味时，可在混入香辛料时加烟熏液。

（9）蒸煮　蒸煮有汽蒸和水煮两种蒸煮方式。高压蒸汽蒸煮火腿，温度 121 ～ 127℃，时间 30 ～ 60min。常压蒸煮时一般用水浴槽低温杀菌。将水温控制在 75 ～ 80℃，使火腿中心温度达到 65℃并保持 30min 即可，一般需要 2 ～ 5h。

（10）冷却　蒸煮结束后要迅速使中心温度降至 45℃，再放入 2℃冷库中冷却 12h 左右，使火腿中心温度降至 5℃左右。

第六章

肉品质量安全与控制

第一节　食品质量安全市场准入制度

食品质量安全市场准入制度，也叫市场准入管制，是指为了防止资源配置低效或过度竞争，确保规模经济效益、范围经济效益和提高经济效率，政府职能部门通过批准和注册，对企业的市场准入进行管理。市场准入制度是关于市场主体和交易对象进入市场的有关准则和法规，是政府对市场管理和经济发展的一种制度安排。它具体通过政府有关部门对市场主体的登记、发放许可证、执照等方式来体现。

对于产品的市场准入，一般的理解是，允许市场的主体（产品的生产者与销售者）和客体（产品）进入市场的程度。食品市场准入制度也称食品质量安全市场准入制度，是指为保证食品的质量安全，具备规定条件的生产者才允许进行生产经营活动，具备规定条件的食品才允许生产销售的监管制度。因此，实行食品质量安全市场准入制度是一种政府行为，是一项行政许可制度。

一、准入制度目的与作用

实行食品质量安全市场准入制度，是从我国的实际情况出发，为保证食品的质量安全所采取的一项重要措施。

（一）食品安全市场准入制度目的

1. 提高食品质量、保证消费者安全健康

实行食品质量安全市场准入制度是提高食品质量、保证消费者安全健康的需要。食品是一种特殊商品，它最直接地关系到每一个消费者的身体健康和生命安全。近年来，在人民群众生活水平不断提高的同时，食品质量安全问题也日益突出。食品生产工艺水平较低，产品抽样合格率不高，假冒伪劣产品屡禁不止，因食品质量安全问题造成的中毒及伤亡事故屡有发生，已经影响到人民群众的安全和健康，也引起了党中央、国务院的高度重视。为从食品生产加工的源头上确保食品质量安全，必须制定一套符合社会主义市场经济要求、运行有效、与国际通行做法一致的食品质量安全监管制度。

2. 制定生产标准、强化食品生产法制管理

实行食品质量安全市场准入制度是保证食品生产加工企业的基本条件，强化食品生产法制管理的需要。我国食品工业的生产技术水平总体上同国际先进水平还有较大差距。许多食品生产加工企业规模极小，加工设备简陋，环境条件很差，技术力量薄弱，质量意识淡薄，难以保证食品的质量安全。很多企业管理混乱，不按标准组织生产。企业是保证和提高产品质量的主体，为保证食品的质量安全，必须加强食品生产加工环节的监督管理，从企业的生产条件上把住市场准入关。

实行食品质量安全市场准入制度是适应改革开放、创造良好经济运行环境的需要。在我国的食品生产加工和流通领域中，降低标准、偷工减料、以次充好、以假充真等违法活动也比较猖獗。为规范市场经济秩序，维护公平竞争，适应加入 WTO 以后我国社会经济进一步开放的形势，保护消费者的合法权益、也必须实行食品质量安全市场准入制度，采取审查生产条件、强制检验、

加贴标识等措施，对此类违法活动实施有效的监督管理。

（二）食品安全市场准入制度主要作用

1. 一是法律、行政法规和部门规章

《中华人民共和国产品质量法》、《中华人民共和国标准化法》《中华人民共和国计量法》、《工业产品生产许可证试行条例》、《工业产品质量责任条例》、《工业产品生产许可证管理办法》、《查处食品标签违法行为规定》、《产品标识标注规定》等法律法规，是我们实施食品质量安全市场准入制度、制定相应的工作文件的法律依据。

2. 二是规范性文件

为了解决国内食品生产加工领域存在的严重的质量问题，国家质检总局以上述法律法规为依据，根据国务院赋予的管理职能，制定了《进一步加强食品质量安全监督管理工作的通知》和《加强食品质量安全监督管理工作实施意见》，确立了食品质量安全市场准入制度的基本框架，明确了实施食品质量安全市场准入制度的目的、职责分工、工作要求和主要工作程序。

3. 三是技术法规

为了在全国范围内统一食品生产加工企业的准入标准，规范质量技术监督部门的管理行为，国家质检总局还针对具体食品生产证许可实施细则。对规范食品生产加工行为，切实从源头加强食品质量安全的监督管理，提高我国食品质量，保证消费者人身健康、安全，提供了一个基本的工作依据。

二、准入制度范围与内容

（一）食品安全市场准入制度适用范围

根据《加强食品质量安全监督管理工作实施意见》规定：“凡

在中华人民共和国境内从事食品生产加工的公民、法人或其他组织，必须具备保证食品质量的必备条件，按规定程序获得《食品生产许可证》，生产加工的食品必须经检验合格并加贴（印）食品市场准入标志后，方可出厂销售。进出口食品的管理按照国家有关进出口商品监督管理规定执行。”同时规定国家质检总局负责制定《食品质量安全监督管理重点产品目录》，国家质检总局对纳入《食品质量安全监督管理重点产品目录》的食品实施食品质量安全市场准入制度。 按照上述规定，食品质量安全市场准入制度的适用范围是：

1. 适用地域

中华人民共和国境内。

2. 适用主体

一切从事食品生产加工并且其产品在国内销售的公民、法人或者其他组织。

3. 适用产品

列入国家质检总局公布的《食品质量安全监督管理重点产品目录》且在国内生产和销售的食品。进出口食品按照国家有关进出口商品监督管理规定办理。

4. 实行食品质量安全市场准入制度的主要食品

食品种类繁多，大量的、各种不同经济类型的企业在从事着食品的生产加工。因此，要解决食品和食品生产中存在的大量质量问题，就要求政府部门在充分发挥市场机制的同时，采取适当的行政措施抓住关键点，解决突出的重点问题，规范市场秩序。

（二）食品市场准入内容

1. 实行生产许可证管理

对食品生产加工企业实行生产许可证管理。实行生产许可证管理是指对食品生产加工企业的环境条件、生产设备、加工工艺过程、原材料把关、执行产品标准、人员资质、储运条件、检测能力、质量管理制度和包装要求等条件进行审查，并对其产品进行抽样检验。对符合条件且产品经全部项目检验合格的企业，颁发食品质量安全生产许可证，允许其从事食品生产加工。已获得出入境检验检疫机构颁发的《出口食品厂卫生注册证》的企业，其生产加工的食品在国内销售的；以及获得HACCP认证的企业，在申办食品安全质量许可证时可以简化或免于工厂生产必备条件审查。

2. 食品出厂实行强制检验

对食品出厂实行强制检验。其具体要求有两个：一是那些取得食品质量安全生产许可证并经质量技术监督部门核准，具有产品出厂检验能力的企业，可以实施自行检验其出厂的食品。实行自行检验的企业，应当定期将样品送到指定的法定检验机构进行定期检验；二是已经取得食品质量安全生产许可证，但不具备产品出厂检验能力的企业，按照就近就便的原则，委托指定的法定检验机构进行食品出厂检验；三是承担食品检验工作的检验机构，必须具备法定资格和条件，经省级以上（含省级）质量技术监督部门审查核准，由国家质检总局统一公布承担食品检验工作的检验机构名录。

3. 食品质量安全市场准入标志管理

实施食品质量安全市场准入标志管理。获得食品质量安全生产许可证的企业，其生产加工的食品经出厂检验合格的，在出厂销售之前，必须在最小销售单元的食品包装上标注由国家统一制定的食品质量安全生产许可证编号并加印或者加贴食品质量安全市场准入标志，并以“质量安全”的英文名称Quality Safety的缩写“QS”表示。国家质检总局统一制定食品质量安全市场准入标志的式样和使用办法。

三、申请《食品生产许可证》条件

食品生产加工企业应当符合有关法律、行政法规及国家有关政策规定的企业设立条件。也就是说，从事食品生产加工的企业应当按照规定程序获得卫生行政管理部门颁发的食品卫生许可证，应当获得工商行政部门颁发的营业执照。

从事《食品质量安全监督管理重点产品目录》中食品生产加工的企业，必须具备食品卫生许可证和营业执照，还应当申请取得《食品生产许可证》。

1. 食品生产加工企业保证产品质量必备条件

根据《加强食品质量安全监督管理工作实施意见》的有关规定，食品生产加工企业保证产品质量必备条件包括 10 个方面，即环境条件、生产设备条件、加工工艺及过程、原材料要求、产品标准要求、人员要求、储运要求、检验设备要求、质量管理要求、包装标识要求等。

不同食品的生产加工企业，保证产品质量必备条件的具体要求不同，在相应的食品生产许可证实施细则中都做出了详细的规定。

2. 食品生产加工企业环境条件的基本要求

根据《加强食品质量安全监督管理工作实施意见》的有关规定，食品生产加工企业必须具备保证产品质量的环境条件，主要包括食品生产企业周围不得有有害气体、放射性物质和扩散性污染源，不得有昆虫大量孳生的潜在场所；生产车间、库房等各项设施应根据生产工艺卫生要求和原材料储存等特点，设置相应的防鼠、防蚊蝇、防昆虫侵入、隐藏和孳生的有效措施，避免危及食品质量安全。

3. 食品生产加工企业的生产设备条件的基本要求

根据《加强食品质量安全监督管理工作实施意见》的有关规定，食品生产加工企业必须具备保证产品质量的生产设备、工艺装备和相关辅助设备，具有与保证产品质量相适应的原料处理、加工、贮存等厂房或者场所。生产不同的产品，需要的生产设备不同。

4. 食品生产加工企业的加工及过程基本要求

根据《加强食品质量安全监督管理工作实施意见》的有关规定，食品加工工艺流程设置应当科学、合理。生产加工过程应当严格、规范，采取必要的措施防止生食品与熟食品、原料与半成品和成品的交叉污染。

加工工艺和生产过程是影响食品质量安全的重要环节，工艺流程控制不当会对食品质量安全造成重大影响。如2001年吉林市发生的学生豆奶中毒事件，就是因为生产企业擅自改变工艺参数，将杀菌温度由82℃降低到60℃，不仅不能起到灭菌的作用，反而促进细菌生长，直接造成微生物指标超标，致使大批学生食物中毒。

根据《加强食品质量安全监督管理工作实施意见》的有关规定，食品生产加工企业必须具备保证产品质量的原材料要求。虽然食品生产加工企业生产的食品有所不同，使用的原材料，添加剂等有所不同，但均应当是无毒、无害、符合相应的强制性国家标准、行业标准及有关规定。如制作食品用水必须符合国家规定的城乡生活饮用水卫生标准，使用的添加剂、洗涤剂、消毒剂必须符合国家有关法律、法规的规定和标准的要求。食品生产企业不得使用过期、失效、变质、污秽不洁或者非食用的原材料生产加工食品。例如生产大米不能使用已发霉变质的稻谷为原料进行加工生产。又如在食用植物油的生产中，严禁使用混有非食用植物的油料和油脂为原料加工生产食用植物油。

5. 食品生产加工企业采用产品标准基本要求

根据《加强食品质量安全监督管理工作实施意见》的有关规定，食品生产加工企业必须按照合法有效的产品标准组织生产，不得无标生产。食品质量必须符合相应的强制性标准以及企业明示采用的标准和各项质量要求。需要特别指出的是，对于强制性国家标准，企业必须执行，企业采用的企业标准不允许低于强制性国家标准的要求，且应在质量技术管理部门进行备案，否则，该企业标准无效；对于具体的产品其执行的标准有所不同。

6. 食品生产加工企业的人员的基本要求

在食品生产加工企业中，因各类人员工作岗位不同，所负责任的不同，对其基本要求也有所不同。对于企业法定代表人和主要管理人员，则要求其必须了解与食品质量安全相关的法律知识，明确应负的责任和义务；对于企业的生产技术人员，则要求其必须具有与食品生产相适应的专业技术知识；对于生产操作人员上岗前应经过技术（技能）培训，并持证上岗；对于质量检验人员，应当参加培训、经考核合格取得规定的资格，能够胜任岗位工作的要求。从事食品生产加工的人员，特别是生产操作人员必须身体健康，无传染性疾病，保持良好的个人卫生。

7. 食品生产加工企业的产品储存和运输基本要求

根据《加强食品质量安全监督管理工作实施意见》的有关规定，企业应采取必要措施以保证产品在其贮存、运输的过程中质量不发生劣变。食品生产加工企业生产的成品必须存放在专用成品库房内。用于储存、运输和装卸食品的容器包装、工具、设备必须无毒、无害，符合有关的卫生要求，保持清洁，防止食品污染。在运输时不得将成品与污染物同车运输。

8. 食品生产加工企业的检验能力基本要求

食品生产加工企业应当具有与所生产产品相适应的质量检验和计量检测手段。如生产酱油的企业应具备酱油标准中规定的检验项目的检验能力。对于不具备出厂检验能力的企业，必须委托符合法定资格的检验机构进行产品出厂检验。企业的计量器具、检验和检测仪器属于强制检定范围的，必须经计量部门检定合格并在有效期内方可使用。

9. 食品生产加工企业的质量管理基本要求

食品生产加工企业应当建立健全产品质量管理制度，在质量管理制度中明确规定对质量有影响的部门、人员的质量职责和权限以及相互关系，规定检验部门、检验人员能独立行使的职权。在企业制定的产品质量管理制度中应有相应的考核办法，并严格实施。企业应实施从原材料进厂的进货验收到产品出厂的检验把关的全过程质量管理，严格实施岗位质量规范、质量责任以及相应的考核办法，不符合要求的原材料不准使用，不合格的产品严禁出厂，实行质量否决权。

10. 食品生产加工企业的产品包装基本要求

产品的包装是指在运输、储存、销售等流通过程中，为保护产品，方便运输，促进销售，按一定技术方法而采用的容器、材料及辅助物包装的总称。不同的产品其包装要求也不尽相同。用于食品包装的材料如布代、纸箱、玻璃容器、塑料制品等，必须清洁、无毒、无害，必须符合国家法律法规的规定，并符合相应的强制性标准要求。

11. 食品生产加工企业的产品标签基本要求

食品标签的内容必须真实，必须符合国家法律法规的规定，并符合相应产品（标签）标准的要求，标明产品名称、厂名、厂址、配料表、净含量、生产日期或保质期、产品标准代号和顺序号等。裸装食品在其出厂的大包装上使用的标签，也应当符合上述规定。出厂的食品必须在最小销售单元的食品包装上标注《食品生产许可证》编号并加印（贴）食品市场准入标志。

四、建立食品市场准入标志制度

当前，食品质量安全问题十分突出，监督抽查合格率低，假冒伪劣屡禁不止，重大食品质量安全事故时有发生。不仅消费者缺少安全感，很难在购买前辨认食品是否安全；就连行政执法部门监督检查的难度也在增加，很多情况下难以用简便的方法现场识别。这样一方面要求我们不断提高工作水平，增强识别能力；另一方面，在建立食品质量安全市场准入制度的同时，创建一种既能证明食品质量安全合格，又便于监督，同时也方便消费者辨认识别，全国统一规范的食品市场准入标志，从市场准入的角度加强管理。

在这方面，国外已有比较成熟的做法。借鉴美国、欧盟、日本等发达国家的经验，结合我国的实际，把企业自我声明和政府标识管理结合起来，按照适应市场经济体制和 WTO 规则的原则，要求食品生产企业在产品出厂检验合格的基础上，在最小销售单元的包装上加印（贴）市场准入标志，以表明产品符合质量安全的基本要求。

食品市场准入标志属于质量标志，其作用主要有 3 个方面：一是表明本产品取得食品生产许可证，二是表明本产品经过出厂检验，三是企业明示本产品符合食品质量安全基本要求。政府通过对食品市场准入标志监督管理，有利于为企业创造良好的公平竞争市场环境，有利于消费者识别，有利于保护消费者的合法权益。

食品市场准入标志按照方便企业、易于识别、便于监督的原则进行监督管理。方便企业就是，食品市场准入标志由企业自行加贴，可以把食品市场准入标志直接印刷在食品最小销售单元的包装和外包装上。易于识别就是，食品市场准入标志由“质量安全”英文（Quality Safety）字头“QS”组成，简捷明了，便于监督，监督部门可以通过标志对食品进行市场准入监督管理。

1. 食品市场准入标志式样

《食品生产许可证》编号为英文字母 QS 加 12 位阿拉伯数字。QS 为“质量安全”英文（Quality Safety）缩写，编号前 4 位为受理机关编号，中间4位为产品类别编号，后4位为获证企业序号。

食品市场准入标志由“QS”和“质量安全”中文字样组成。标志主色调为蓝色，字母“Q”与“质量安全”四个中文字样为蓝色，字母“S”为白色。见图6–1QS标志。该标志的式样、尺寸及颜色都有具体的制作要求。使用时可根据需要按比例放大或缩小，但不得变形、变色。以后，加贴（印）有“QS”标志的食品，即意味着该食品符合了质量安全的基本要求。鉴于一些不法分子的造假手段越来越无孔不入，国家质检总局表示，将出台一系列防伪措施，防止QS标志被伪造。

图6–1　QS标志

2. 标志的适用范围

《加强食品质量安全监督管理工作实施意见》规定，实施食品质量安全市场准入制度管理的食品，其产品出厂必须加印（贴）食品市场准入标志。没有食品市场准入标志的，不得出厂销售。也就是说，在中华人民共和国境内从事以销售为目的的食品生产加工活动的公民、法人和其他组织生产的，属于国家质检总局公布的《食品质量安全监督管理重点产品目录》范围内的产品，均需加印（贴）食品市场准入标志后方可出厂销售。但是，裸装食品和最小销售单元包装表面面积小于 10cm^2 的食品应在其出厂的大包装上加印（贴）食品市场准入标志。

3. 使用食品市场准入标志条件

食品市场准入标志是食品质量安全市场准入制度专用标志，在下列规定条件下，食品生产加工企业可以在其生产的产品上使用食品市场准入标志：

（1）属于国家质量监督检验检疫总局按照规定程序公布的实行食品质量安全市场准入制度的食品；

（2）从事该食品生产的企业已经取得《食品生产许可证》并在有效期内；

（3）出厂的食品符合产品标准的要求。

4. 加印（贴）食品市场准入标志

《加强食品质量安全监督管理工作实施意见》规定，取得《食品生产许可证》的企业，出厂产品经自行检验合格或者委托检验合格的，必须加印（贴）食品市场准入标志后方可出厂销售。QS 标志免费使用，由企业自行印刷，但必须加印（贴）在最小销售单元的食品包装上，QS 标志的图案、颜色必须正确，并按照国家质检总局规定的式样放大或缩小。

5. 加贴准入标志的产品出现质量问题的法律责任

食品市场准入标志是生产企业按照国家有关规定，对其产品质量进行自我声明的一种表达形式，而不是政府监管部门对生产企业产品质量的承诺或保证。因此，加印（贴）QS 标志的食品，在质量保证期内，非消费者使用或者保管不当而出现质量问题的，由生产者、销售者根据各自的义务，依法承担法律责任。委托出厂检验的产品，检验机构按照与生产者订立的合同规定，承担相应的民事责任。

第二节　生产过程质量控制与管理

一、原料质量控制

原料管理是整个质量管理的基础，关系到产品的发色和出品率。主要检查的指标包括原料肉的新鲜度、保水力、卫生状况、温度、pH 值等，并应进行微生物的检查。通过对以上这些指标进行评价分析，确定原料肉的加工用途（适合做哪种产品）。同时，对辅料添加物、包装材料等进行同样的检查，并建立原料管理制度，严格出入手续，检验证明登记造册，手续齐全。

在肉品加工过程中，要达到很好的质量控制效果，除了严格进行工艺控制外，对原料肉的控制是相当重要的一环。

1．原料处理过程管理要求

原料处理在卫生管理方面是极为重要的工序。这是因为在进行胴体或购进肉处理时，都离不开与手接触，这时就有可能受到细菌的高度污染，为了将细菌污染控制在最小限度内，应做到以下三点。

（1）经常保持处理场的设备、器具的清洁。

（2）绝大部分细菌在低温下不会增殖，因此需将肉温控制在10℃以下。

（3）因为在一定时期内防止细菌增殖比较容易，超过一定期限则难以控制，所以要尽量缩短原料处理时间。

2．原料处理过程注意事项

（1）使用卫生的原料肉。

（2）原料搬运时尽可能利用机械完成，搬运车和冷藏库最好为密闭式，保管原料用冷库需保持清洁，库内温度、湿度要稳定，原料肉受冷要充分，尤其注意不要将热肉搬进库内，并定时做好温度记录。仪表要经常校正。

（3）解冻时严格按工序执行并及时清理包过冻结肉的纸箱及包装膜等杂质。

（4）原料冷藏室和处理室要邻近，处理室和加工室要远离。

（5）机械、器具要专物专用，若需它用，则必须先进行清洗、消毒。原料冷藏车和处理室入口处最好设置装有清洗杀菌液的设施，车辆出入时需从杀菌液中通过。另外，原料处理人员不得进入肉制品加工室。

（6）处理室要经常保持低温。

（7）分割修整时，要做到作业台按原料种类实行专用，若需处理其他原料，使用前必须进行清洗和消毒。

3．添加物和辅料及水质应注意事项

（1）确定购买品种和购买商店：对天然的或合成的添加物和辅料要熟悉其使用目的和作用，以及对卫生和制品质量会产生哪些有益影响，若认为有必要使用，应该先做使用实验再确认是否购买，不要轻信厂家的广告宣传。购入添加剂和辅料要选择信誉高的厂家或商店。

（2）添加物的品质必须稳定、安全。购入的添加物和辅料应检查包装器外部有无成分表示，包装是否完整，并进行微生物检查。

（3）保管设施应整洁、卫生、便于温度控制、降低细菌和灰尘的散落率。

（4）记录每天使用量。

（5）采购员和肉制品直接制造者要加强联系。

（6）保持配料室的卫生。

（7）香肠加工用水硬度不能过高，最好使用软水或去离子水，因为水中某些离子，会对氧化有促进作用。

4. 原料水和冰的安全

生产用水（冰）的卫生质量是影响食品卫生的关键因素。食品加工企业的一个完整的SSOP计划，首先要考虑与食品接触或与食品接触物表面接触的水（冰）的来源与处理应符合有关规定，并要考虑非生产用水及污水处理的交叉污染问题。

(1) 食品加工厂须采用符合国家饮用水标准的水源。对于自备水源，要考虑水井的周围环境、井深度，污染等因素的影响。对两种供水系统并存的企业，采用不同颜色的管道加以区分，防止生产用水与非生产用水相混淆。对贮水设备（水塔、储水池、蓄水罐等）要定期进行清洗和消毒。无论是城市供水还是储备水源都必须有效地加以控制，有“合格证明”后方可使用。

(2) 对于公共供水系统须提供供水网络图，并清楚地标明出水口的编号和管道的区分标记。合理设计供水、废水和污水管道，防止饮用水与污水的交叉污染及虹吸倒流造成的交叉污染。检查时，水和下水道应追踪至交叉污染区和管道死水区。

(3) 水管龙头要有真空排气阀、水管离水面两倍于水管直径或有其他阻止回流的保护装置，以避免产生负压的脏水被回吸入饮用水中。

(4) 定期对大肠杆菌和其他影响水质的成分进行分析。企业至少每月要进行一次微生物监测，每天对水的pH和余氯进行监测，当地主管部门对水的全项目的监测报告每年2次。水的监测取样，每次必须包括总的出水口，一年内做完所有的出水口。

(5) 对于废水的排放，要求地面应有一定的坡度易于排水；加工用水、台案或清洗消毒池的水，不能直接流到地面；地沟（明沟、暗沟）要加篦子（易清洗、不生锈），水流向要从清洁区到非清洁区，与外界接口要防异味、防蚊蝇。

(6) 当冰与食品或食品表面相接触时，制冰用水必须符合饮用水标准，制冰设备要卫生、无毒、不生锈，贮存、运输和存放的容器要卫生、无毒、不生锈。制冰机内部应定期检验，以确保清洁并不存在交叉污染。若发现加工用水存在问题,应终止使用，直到问题得到解决。水的监控、维护及其他问题的处理都要记录下来并保存。

二、生产过程的质量控制

生产和流通过程的质量管理要遵照《食品卫生法》和相应的产品标准法规来实施。只有满足法律法规的要求，并努力谋求产品质量稳定，才会得到消费者的信赖。因此，每道加工工序都要实行严格的管理。从选择原料到加工过程中每一个细节的质量控制都将直接影响产品的最终质量,任何一个细节的影响未被消除，都将最终表现出来而影响产品的品质。而且在生产过程中，每道加工工序在工艺上的执行情况都或多或少地影响产品最后的质量,如果对某个加工工序控制不好,就会出现“出汗”、发黏、发霉、切片松散、颜色不均、灰心、黑皮、酸败变质、质保期短等不同的质量问题。所以，在设定各个工艺条件及确定与下一道工序的连接条件时，必须注意工艺管理要点。

1. 分割过程

(1) 加工室内温度需保持在10℃左右为宜，最高不可超过18℃。

(2) 加工室，机械和器具结构应有耐久性，并且易于清洗，不易产生肉屑、脂肪屑等残留物。

(3) 高处理能力的机械，需要有对应容量的容器。最好是不使用容器，而使用不与外界接触的连续作业式机械、器具或管道。

(4) 机械器具类和地面、墙壁应经常保持清洁。

(5) 原料处理、调味、香辛料、食品添加剂和辅料室应与加工室分开，搬入加工室的添加剂类和辅料不应超过1天的用量，淀粉、大豆蛋白在添加前，要通过筛网过滤，香辛料要充分混合。

(6) 斩拌或混合好的肉馅要及时灌装，灌装后的肉馅要检查是否密实及是否有肉馅露出。

(7) 斩拌或混合用原料摆放要有秩序，斩拌或混合时遵守“先进先出”的原则，并严格控制原辅料的温度，一般在斩拌或混合前：腌制肉（原料肉不腌）0～4℃，肥膘－2～－1℃，蛋白粉、淀粉及香料在15℃以下。

(8) 加工室内人员不能戴首饰上岗，以免异物落入肉馅，同时上岗前不能涂抹化妆品。

2. 腌制过程

(1) 防止中毒性细菌和腐败菌进入肉中。

(2) 使用卫生的腌制剂和机械。机械类和腌制容器每使用一次都要进行清洗，并且应注意腌制库的卫生管理。

(3) 腌制库要保持清洁，温度控制要适当。

(4) 亚硝酸钠及硝酸钠等辅料的添加要准确，分散要均匀，最好先用少部分水溶解后再加入。

3. 熟制过程

(1) 充分干燥　特别是烟熏炉用过之后，在进入第二批产品之前一定要将烟熏室内的空气排净。

(2) 烟熏室（包括蒸煮间）应与加工室分开，烟熏室和蒸煮间需排气通畅。烟熏室和蒸煮间与加工车间要用风幕加以隔离。

(3) 烟熏室要及时清洗。

(4) 时常检查烟熏状态，即烟熏温度和烟浓度、时间等。同时注意装入量及产品摆放形式。

4. 熟制过程

(1) 加热（蒸煮）要充分。

(2) 正确把握各种制品的加热温度和时间。

(3) 容量和温度的均等化及其装置的检查。每次装入的产品数量要稳定，并经常检查烟熏或蒸煮设备各部件是否工作正常。

(4) 为有效监视蒸煮设备的工作状态，可对各烟熏或蒸煮设备另设传感线路，所有传感线路与中心电脑相连，并设专人监视烟熏或蒸煮设备的工作状态。

(5) 冷却用水应使用低温流动水，并应保持清洁，最理想的冷却水温度应低于 10℃。

(6) 对利用聚酰胺或塑料肠衣制成的低温香肠，可采用以下渐进式加热工序。

①香肠的起始加热阶段　将加热室的温度调校到 55 ～ 60℃，相对湿度 100%，时间 20 ～ 40min(视香肠直径而定)。

②快速升温阶段　将加热室的温度提升到 80℃使热力快速穿过香肠内部 25 ～ 45℃的温度，维持 20 ～ 40min，相对湿度为 100%。

③长热处理阶段　将加热室的温度降至 75 ～ 78℃进行蒸煮，直至香肠中心温度达到 72 ～ 74℃。

④巴氏杀菌阶段　进一步将加热室的温度降到 72℃蒸煮 10min。

(7) 结扎生产出的半成品要及时装篮摆放，产品规格要一致，不准混装。传送带及操作台的死角所滞留的半成品要及时清理，不能滞留时间过长。

(8) 半成品摆满一车后，要推到专放区，不能拉到杀菌间停放，以防升温，半成品停放时间不能超过 20min。

(9) 半成品要按先后顺序进锅 (炉)，入锅前半成品中心温度不能超过 15℃，入锅 (炉) 后要及时升温，升温时间为 12 ～ 15min，恒温时允许温度波动 ±0.5℃。

(10) 蒸煮后，应对香肠进行及时冷却 (喷淋)10 ～ 20min。然后进行充分冷却，直至香肠中心温度降至 0 ～ 10℃，最终产品应在 (4±2)℃下贮存。高温火腿肠要求降至 37℃以下。

5. 包装过程

(1) 与食品保存性密切相关，所以，在包装时，尽可能做到逐根检查结扎是否结实、严密，是否有可能受到污染。

(2) 经常保持包装机械的清洁，保持制品容器的卫生，并且要求包装操作人员熟悉包装机械特征，避免发生机械故障，降低次品率。尽可能一次包装成功，坚决杜绝多次反复包装。

(3) 保证其他材料的清洁、卫生操作，特别应注意不可有导致制品污染的物品进入包装室内。

(4) 保存中，制品的搬运保管要讲究卫生，不要使制品产生温度差。

6. 成品管理

对最终产品的微生物含量、理化指标、感官质量等进行检查，并应制定出详细的产品企业标准。

(1) 肉制品包装应在无菌室或低温条件下进行，为防止灰尘或空气污染，多使用空气清洁机或空气过滤器，使室内处于无菌状态。包装人员为了避免人的皮肤与产品直接接触，手上需戴乳胶手套，进入包装室时要先对工作服、长筒靴等进行消毒。使用的包装材料应按照工艺设计要求选定的材料使用，不得随意更换取代。

(2) 包装要注意质量，要逐根、逐块检查包装的效果，即检查结扎是否结实，或密封是否严密。不要绝对相信包装机，若包得不结实或密封不好漏气、或包装后没有按工艺要求的储存温度去储存等，已包装的制品仍然会腐败变质。

(3) 经常保持包装机械、盛装产品的容器、包装材料的清洁、卫生。包装操作人员要熟悉包装设备的性能特征，避免发生机械事故，降低次品率，尽可能做到一次包装成功。要认真擦拭机械，要认真检查清理包装机器四周的污染源，要检查润滑系统，防止润滑油混入到食品中，要检查用于包装的各种材料用具、标签、操作台等的卫生，防止对产品的污染。

(4) 熟肉制品应与生肉制品分库储存，熟肉制品入库之前应晾凉。熟肉制品应与生的腌制品分库保管，防止互相影响质量。熟肉制品入库之前，应在晾肉间晾去表面水分，减少入库后库温上升，防止墙壁、顶板滋生霉菌。

(5) 对包装后的每批进行检验，看是否有漏气、破袋等残次品入箱，是否有带水、带油等产品入箱，是否有色泽不均一、贴标不规范、成形差等感官质量不合格产品入箱。

(6) 对已经确认的合格产品，要监督车间放入合格证，并监督车间将包装纸箱封好、封严。

(7) 按正规的生产工艺及卫生要求生产的香肠制品在 20℃以下温度可以储存数月。高档灌肠制品及西式火腿类小包装，从成品到售出都必须冷藏于 0～5℃，否则不能保证质量。含水量多，含淀粉量多的中低档制品，在 0～5℃，储存期不超过 3 天。

(8) 对最终产品的微生物、添加物含量、营养价值（或主要成分含量）、感官质量和理化指标等进行检查，尽可能根据产品分类确定工厂产品质量标准。

三、流通过程质量控制

对从工厂的成品库到最终消费者之间的产品的贮藏、运输及销售条件处理好坏（特别是温度、湿度和二次污染的可能性）进行管理，至少应确定一定的基准和允许范围。

1. 贮藏

成品入库，首先进行抽检，其次按照生产批次、日期分别存放。同时要注意做到：

(1) 仓库应采用机械通风，通风面积与地面面积之比不小于 1 ：16。

(2) 仓库内物品与墙壁间距离不少于 30cm，与地面距离不少于10cm，与天花板保持一定的距离并分垛存放。

（3）根据码垛要求，监督操作人员垫好后将不同品种、不同日期产品分类码放整齐。

（4）仓库要保持清洁，库内不得存放退货及杂物，必须做到无尘土、无蚊蝇、无鼠害、无霉斑。

（5）对仓库必须采取严格的卫生措施，以减少微生物污染食品的机会，延长食品的保藏期，保证食品的卫生质量。

2. 运输过程注意事项

对于经检验合格出厂后的肉制品，要加强运输检验，保证冷链运输，保证运输器具的安全卫生，特别要把好冷库关，防止肉品在贮存过程中的二次污染。及时按要求的贮存条件进行贮运销售，而且应尽量缩短产品的周转时间与环节，使产品在较短的时间内销售到终端消费者，从而确保产品的质量。

（1）装卸货物要注意卫生，尽量缩短装卸时间，如有可能，货台最好设计成不会产生与外界空气直接接触的结构，并应经常保持运输车辆、货台等的清洁。

（2）运输车的装载方法及温度管理要恰当，制品在发送时应注意：

①尽量使用纸箱，若使用聚乙烯容器，需每天进行清洗、消毒，以防止对制品及车内造成污染。

②使用冷藏车（制品的保存温度在10℃以下），车内安装隔栅，以避免制品等装载过高（防止制品冷却不完全或压坏），并有利于冷气流通（防止产生白毛），尽量安装风幕（车用）。

③加快装卸货的速度，缩短开门时间，发送货人员应尽快将产品搬入冷藏库内。

④运输车内应始终保持低温。

⑤经常对运输车、容器、设施等进行清洗、消毒，保证运输车、容器、设施的卫生。

⑥生产者与销售者应经常沟通。

3. 销售管理注意事项

销售是流通的终端。此时的食品质量水平才能说明生产企业是否具有向消费者提供符合质量要求的产品的能力。一方面，不要销售超过保藏期的食品；另一方面，注意食品销售过程中的卫生管理、防止食品污染。

销售管理人员的职责是指导商店的销售工作，因此必须掌握专业知识和卫生知识，如果由于零售店操作不当而造成产品质量问题，不要盲目退货，而应认真查找原因，检查项目包括：

（1）冷藏柜的设置场所是否正确。

（2）陈列的商品是否事先进行了预冷。

（3）装入量是否超过设计能力。

（4）是否执行了商品先入先出的原则。

（5）对陈列商品的灯光照明是否过强。

（6）是否定期检查柜内温度。

（7）除霜是否充分。

（8）清扫是否彻底。

四、生产设施管理

对建筑物、机械器具、给排水、排烟、污水处理等与生产有关的一切设施都应实行管理，才能保证产品的质量。而且，特别应注意做好安全防范工作，做到安全第一、预防为主。

1. 厂房、车间布局要合理

厂房的设计应符合国家有关设计规范规定，设置安全警示标志，使安全意识深入人心，能够防止动物和昆虫的进入，并具备相应的照明、取暖、通风、降温和给排水设施，室内墙、柱、地面应该耐清洗消毒。

加工车间是清洁区，要求室温保持在 0 ～ 4℃，应便于清洗、消毒，并有防止蚊、蝇、鼠及其他害虫进入的措施。而原料肉处理间和辅料间相对来说是次清洁区，为了减少交叉污染，原料肉处理间、辅料间与加工间应分开。

2. 设施应配套

肉制品加工中各种加工设备的摆放应与生产工序相协调，尽量缩短搬运距离。大型的加工机械需要与其配套的设备相匹配。配套设备及工具应与先进的加工设备相配套，这样才能生产出高质量的产品。另外，为方便各种设备的清洗，应配备高压水枪，常备肥皂及洗洁精。相同的作业尽可能一次完成，避免反复操作，增加污染机会和劳动强度。

3. 清洗

每班工作前要把工具、用具、机器、设备认真清洗，严防灰尘、杂质混入。每班生产完毕，地面、工具、用具、机械、设备要彻底清洗，重点应放在灌肠机、拌馅机和斩拌机下侧不易看到的地方，以免泄漏在这些地方附着的残留物，机器表面的水珠和油迹要擦净。班与班之间应建立交接制度。

第三节 HACCP 及卫生消毒与管理

一、HACCP 的产生与发展

HACCP 是“危害分析关键控制点”的简称，是一种食品安全保证体系，由食品的危害分析 (Hazard Analysis，HA) 和关键控制点 (Critical Control Point，CCP) 两部分组成。1959 年美国皮尔斯柏利 (Pillsbury) 公司与美国航空和航天局 (NASA) 的纳蒂克 (Natick) 实验室在联合开发航天食品时，形成了 HACCP 食品质量管理体系。1971 年皮尔斯柏利公司在美国食品保护会议 (National Conference on Food Protection) 首次提出了 HACCP，几年后美国食品与药物管理局(FDA)采纳并作为酸性与低酸性罐头食品法规的制定基础。1974 年以后，HACCP 的概念已大量出现在科技文献中。目前，HACCP 在美国、日本、欧盟已被广泛加以应用，并正在被推向全世界，将成为国际上通用的一种食品安全控制体系。

我国从 1990 年开始在食品加工业中进行 HACCP 的应用研究，制定了“在出口食品生产中建立 HACCP 质量管理体系”的规则及一些在食品加工方面的 HACCP 体系的具体实施方案。在应用 HACCP 对乳制品、熟肉、饮料、水产品和水果等进行质量监督管理时，取得了较显著的效果。

二、HACCP 对肉制品安全和质量的控制

1. 组建 HACCP 工作小组

HACCP 工作小组应包括负责产品质量控制、生产管理、卫生管理、检验、产品研制、采购、仓储和设备维修各方面的专业人员，并应具备该产品的相关专业知识和技能。工作小组的主要职责是制订、修改、确认、监督实施及验证 HACCP 计划，负责对企业员工进行 HACCP 培训；负责编制 HACCP 管理体系的各种文件等工作。

2. 产品描述

对产品的描述应包括产品名称（说明生产过程类型）、产品的原料和主要成分，产品的理化性质（包括水分活度 Aw，pH 值等）及杀菌处理（如热加工、冷冻、盐渍、熏制等）、包装方式、销售方式和销售区域，产品的预期用途和消费人群、适宜的消费对象、食用方法、运输、贮藏和销售条件、保质期、标签说明等，必要时，还要包括有关食品安全的流行病学资料。

3. 绘制和验证产品的工艺流程图

HACCP 工作小组应深入生产线，详细了解产品的生产加工

过程，在此基础上绘制产品的生产工艺流程图，制作完成后需要现场验证流程图。流程图应明确包括产品加工的每一个步骤，以便于识别潜在的危害。

4．危害与危害分析（HA）

危害是指在食品加工过程中，存在的一些有害于人类健康的生物、化学或物理因素。对食品的原料生产、原料成分、加工过程、贮运、市场和消费等各阶段进行危害分析，确定食品可能发生的危害及危害的程度，并提出控制这些危害的防护措施。危害分析是 HACCP 系统方法的基本内容和关键步骤。

进行危害分析时，应采用分析以往资料、现场实地观测、实验室采样检测等方法，了解食品生产的全过程，包括：食物原料和辅料的来源；生产过程及其生产环境可能存在的污染源；食品配方或组成成分；食品生产设备、工艺流程、工艺参数和卫生状况；食品销售或贮藏情况等。然后对各种危害进行综合分析、评估，提出安全防护措施。危害分析时要将安全问题与一般质量问题区分开。应考虑涉及安全问题的危害包括如下几点。

（1）生物性危害　食品中的生物性危害是指生物（包括细菌、病毒、真菌及其毒素、寄生虫、昆虫和有害生物因子）本身及其代谢产物对食品原料、生产过程和成品造成的污染，可能会损害食用者的健康。

（2）化学性危害　食品中的化学性危害是指化学物质污染食品而引起的危害。可分为以下几类：天然的化学物质（组胺）、有意加入的化学品（香精、防腐剂、营养素添加剂、色素）、无意或偶然加入的化学品（化学药品、禁用物质、有毒物质和化合物、工厂润滑剂、清洗剂、消毒剂等生产过程中所产生的有害化学物质）。

（3）物理性危害　物理性危害在食品生产过程中的任一环节都有可能产生，主要是一些外来物，如玻璃、金属屑、小石子和放射线等因素。

5.CCP 的确定

CCP 是指能对一个或多个危害因素实施控制措施的环节，它们可能是食品生产加工过程中的某一些操作方法或工艺流程，可能是食品生产加工的某一场所或设备。在危害分析的基础上，应用判定树或其他有效的方法确定关键控制点，原则上关键控制点所确定的危害是在后面的步骤不能消除或控制的危害。关键控制点应根据不同产品的特点、配方、加工工艺、设备、GMP 和 SSOP 等条件具体确定。一个 HACCP 体系的关键控制点数量，一般应控制在 6 个以内。

6. 建立关键限值（CL）

每个关键控制点会有一项或多项控制措施，确保预防、消除已确定的显著危害或将其降至可接受的水平。每一项控制措施要有一个或多个相应的关键限值。关键限值的确定应以科学为依据，可来源于科学刊物、法规性指南、专家、试验研究等。用来确定关键限值的依据和参考资料应作为 HACCP，方案支持文件的一部分。通常关键限量所使用的指标，包括温度、时间、湿度、pH、水分活度、含盐量、含糖量、可滴定酸度、有效氯、添加剂含量及感官指标，如外观和气味等。

7. 建立监控程序

要确定控制措施是否符合控制标准，是否达到设定预期控制效果，就必须对控制措施的实施过程进行监测，建立从监测结果来判定控制效果的技术程序。一个监控系统的设计必须确定如下几点。

（1）监控内容　通过观察和测量来评估一个 CCP 的操作是否在关键限值内。

（2）监控方法　设计的监控措施必须能够快速提供结果。物理和化学检测能够比微生物检测更快地进行，是很好的监控方法。

（3）监控设备　温湿度计、天平、pH 计、水分活度计、化学分析设备等。

（4）监控频率　监控可以是连续的或非连续的，如有可能，应采取连续监控。

（5）监控人员　可进行 CCP 监控的人员包括：流水线上的人员、设备操作者、监督员、维修人员、质量保证人员等。负责监控 CCP 的人员必须接受有关 CCP 监控技术的培训，完全理解 CCP 监控的重要性，能及时进行监控活动，准确报告每次监控工作，随时报告违反关键限值的情况，以便及时采取纠偏活动，如图 6–2 所示。

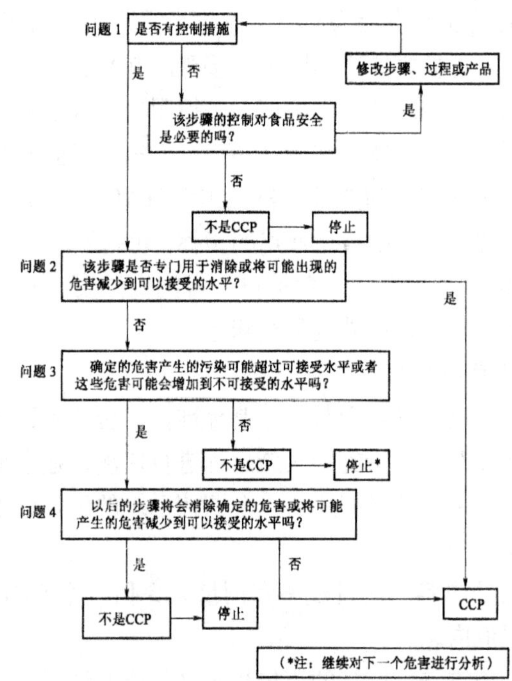

图 6–2　关键控制点判定树

监测结果需详细记录，作为进一步评价的基础。

8. 建立修正措施

如果监测结果表明生产加工失控或控制措施未达到标准时，则必须立即采取措施进行校正，这是 CCP 系统的特性之一，也是 HACCP 的重要步骤。校正措施依 CCP 的不同而不同。

9. 建立验证程序

验证的目的是要确认 HACCP 系统是否能正常运行。验证工作可由质检人员、卫生或管理机构的人员共同进行，验证程序包括对 CCP 的验证和对 HACCP 体系的验证。

(1) CCP 的验证　CCP 的验证包括监控设备的校准，以确保采取的测量方法的准确度，再复查设备的校准记录，设计检查日期、校准方法以及试验方法；然后有针对性地采样检测；最后对 CCP 记录进行复查。

(2) HACCP 体系的验证　验证的频率应足以确认 HACCP 体系可有效运行，每年至少进行一次或在系统发生故障时、产品原材料及加工过程发生显著改变时或发现新的危害时进行。检查产品说明和生产流程图的准确性；检查 CCP 是否按 HACCP 的要求被监控；监控活动是否在 HACCP 计划中规定的场所执行；监控活动是否按照 HACCP 计划中规定的频率执行；当监控表明发生偏离关键限制的情况时，是否执行了纠偏行动；设备是否按照 HACCP 计划中规定的频率进行了校准；工艺过程是否在既定关键限值内操作；检查记录是否准确和是否按照要求的时间来完成等。

10. 建立 HACCP 记录管理系统

一般来讲，HACCP 体系须保存的记录应包括如下几方面。

(1) 支持文件　包括书面的危害分析工作单和用于进行危害分析和建立关键限值的任何信息的记录。支持文件也可以包括：制订抑制细菌性病原体生长的方法时所使用的充足的资料，建立产品安全货架寿命所使用的资料以及在确定杀死细菌性病原体加热强度时所使用的资料。除了数据以外，支持文件也可以包含向有关顾问和专家进行咨询的信件。

（2）HACCP 计划　包括 HACCP 工作小组名单及相关的责任、产品描述、经确认的生产工艺流程和 HACCP 小结。HACCP 小结应包括产品名称、CCP 所处的步骤和危害的名称、关键限值、监控措施、纠偏措施、验证程序和保持记录的程序。

（3）HACCP 计划实施过程中发生的所有记录。

（4）其他支持性文件　例如验证记录，包括 HACCP 计划的修订等。

三、常用卫生消毒方法

（1）漂白粉溶液　适用于无油垢的工器具、操作台、墙壁、地面、车辆、胶鞋等。使用浓度为 0.2%～ 0.5%。

（2）氢氧化钠溶液　适用于有油垢沾污的工器具、墙壁、地面、车辆等。使用浓度为 1%～ 2%。

（3）过氧乙酸　过氧乙酸是一种新型高效消毒剂，适用于各种器具、物品和环境的消毒。使用浓度为 0.04%～ 0.2%。

（4）蒸汽和热水消毒　适用于棉织物、空罐及重量小的工具的消毒。热水温度应在 82℃以上。

（5）紫外线消毒　适用于加工、包装车间的空气消毒，也可用于物料、辅料和包装材料的消毒，但应考虑到紫外线的照射距离、穿透性、消毒效果以及对人体的影响等。

（6）臭氧消毒　适用于加工、包装车间的空气消毒，也可用于物料、辅料和包装材料的消毒，但应考虑到对设备的腐蚀、营养成分的破坏以及对人体的影响等。

四、肉品企业卫生要求

肉品企业卫生要求严格，某熟肉制品厂把卫生管理归为四勤劳、四经常、四分开、四消毒：①个人卫生（四勤劳）：勤洗手、剪指甲，勤洗澡、理发，勤洗衣服、被褥，勤换工作服。②车间卫生（四经常）：地面经常保持干净，室内经常保持无苍蝇，工具经常保持整洁，原料经常注意清洁、不得接触地面。③加工保管（四分开）：生与熟分开（人员、工具、场所），半成品与成品分开，高温肉与低温肉分开，食品与杂品分开。④防止食品污染（四消毒）：班前、便后洗手消毒，拣拿物品前洗手消毒，工具、容器洗刷消毒，污染产品回锅消毒。具体详细要求如下：

1. 食品接触表面的清洁和卫生

保持食品接触表面的清洁是为了防止污染食品。

（1）设备的设计和安装应无粗糙焊缝、破裂和凹陷，不同表面接触的地方应具有平滑的过渡。设备必须用适于与食品表面接触的材料制作，要耐腐蚀、光滑、易清洗、不生锈。多孔和难以清洁的木头等材料，不应被用做食品接触表面。

（2）食品接触表面在加工前和加工后都应彻底清洁，并在必要时消毒。加工设备和器具首先须进行彻底清洗，再进行冲洗，然后进行消毒。加工设备和器具清洗消毒的频率为：大型设备在每班加工结束之后；工具每 2 ～ 4h，加工设备、器具（包括手）被污染之后应立即进行。器具清洗消毒的注意事项：固定的场所或区域；推荐使用热水，但要注意蒸汽排放和冷凝水；流动水要注意排水问题；注意科学程序，防止清洗剂、消毒剂的残留。

（3）手套和工作服也是食品接触表面，每一个食品加工厂应提供适当的清洁和消毒的程序。不得使用线手套。工作服应集中清洗和消毒，应有专用的洗衣房，洗衣设备及其能力要与实际相适应，不同区域的工作服要分开清洗，并且每天都要进行清洗消毒，不使用时它们必须贮藏于不被污染的地方。

(4)要检查和监测难清洗的区域和产品残渣可能出现的地方，如加工台面下或钻在桌子表面的排水孔内等，它们是产品残渣聚集、微生物繁殖的理想场所。在检查时，如果发现问题应采取适当的方法及时纠正。记录包括检查食品接触面状况；消毒剂浓度；表面微生物检验结果等。记录的目的是提供证据，证实工厂消毒计划是否充分。

2. 防止交叉污染

交叉污染是通过生的食品、食品加工者或食品加工环境，把生物或化学的污染物转移到食品的过程。此方面涉及预防污染的人员要求、原材料和熟食产品的隔离和工厂预防污染的设计。

(1) 人员要求　皮肤污染也是一个相关点。未经消毒的裸露皮肤表面不应与食品或食品接触表面接触。适宜地对手进行清洗和消毒能防止污染。个人物品也能从加工厂外引入污染物和细菌导致污染，需要远离生产区存放。在加工区内不允许有吃、喝或抽烟等行为发生。

(2) 隔离　防止交叉污染的一种方式是工厂的合理选址和车间的合理设计布局。工厂的选址、建筑设计应符合食品加工厂要求，厂区周围环境无污染，锅炉房设在厂区下风处，垃圾箱应远离车间，并根据产品特点进行产品的流程设计。

(3) 工厂预防污染　卫生死角、加工车间地面以及加工设备是肉制品加工厂引起交叉污染的主要来源。应该及时清理卫生死角并消毒；对车间地面要按时清理，防止产品掉到地上；加工设备在加工后要及时清理，以防止交叉污染。食品加工的表面必须维持清洁和卫生。接触过地面的货箱或原材料包装袋，要放置到干净的台面上，或因来自地面或其他加工区域的水、油溅到食品加工的表面而污染。

若发生交叉污染，要及时采取措施防止再发生；必要时停产直到改进；如有必要，要评估产品的安全性；记录采取的纠正措施。记录一般包括：每日卫生监控记录，消毒控制记录、纠正措施记录。

3. 操作人员洗手、消毒和卫生间设备的维护

手的清洗和消毒的目的是防止交叉污染。一般的清洗方法和步骤为：清水洗手、皂液洗手、用水冲净、用消毒液消毒、用清水冲洗、干手。手的清洗和消毒台要有足够的数量并设在方便之处，也可采用流动消毒车，但它们与产品不能离得太近，以免构成产品污染的风险；需要配备冷热混合水，皂液和干手设施。手的清洗台的建造需要防止再污染，水龙头应为非手动式。检查时应该包括测试一部分的手清洗台是否能良好工作。清洗和消毒频率一般为：每次进入车间时，加工期间每 30min 至 1h 进行 1 次。

卫生间的设施要求：卫生、进入方便和易于维护，能自动关闭；位置与车间相连接，门不能直接朝向车间，通风良好，地面干燥，整体清洁；数量要与加工人员相适应；使用蹲坑厕所或不易被污染的坐便器；清洁的手纸和纸篓；洗手及防蚊蝇设施；进入厕所前要脱下工作服和换鞋；一般情况下，要达到三星级酒店的水平。检查应包括每个工厂的每个厕所的冲洗。

4. 防止外部污染

可能产生外部污染的原因如下。

(1) 有毒化合物的污染　非食品级润滑油、燃料污染、杀虫剂和灭鼠剂可能导致产品污染；不恰当地使用化学品、清洗剂和消毒剂可能会导致食品外部污染，如直接的喷洒或间接的烟雾作用。当食品、食品接触面、包装材料暴露于上述污染物时，应被移开、盖住或彻底地清洗；员工们应该警惕来自非食品区域或邻近加工区域的有毒烟雾。

(2) 因不卫生的冷凝物和死水产生的污染　缺少适当的通风会导致冷凝物或水滴滴落到产品、食品接触面和包装材料上；地面积水或池中的水可能溅到产品、产品接触面上，使得产品被污染，如脚或交通工具通过积水时会产生喷溅。水滴和冷凝水较常见，且难以控制，易造成霉变。

一般采用的控制措施有：顶棚呈圆弧形；良好的通风；合理地用水；及时清扫；控制车间温度稳定等。包装材料的控制方法常用的有：通风、干燥、防霉、防鼠；必要时进行消毒；内外包装分别存放。食品贮存时，物品不能混放，且要防霉、防鼠等。化学品要正确使用和妥善保管。工厂的员工必须经过培训，达到防止和认清这些可能造成污染的间接途径。任何可能污染食品或食品接触面的掺杂物，建议在开始生产时及工作时间每 4h 检查 1 次，并记录每日的卫生控制情况。

5. 有毒化合物的正确标记、贮存和使用

食品加工中的有害有毒化合物主要包括：洗涤剂、消毒剂、杀虫剂、润滑剂、试验室用药品（如氰化钾）、食品添加剂（如亚硝酸钠）等。所有这些物品都需要有适宜的标记并远离加工区域，应有主管部门批准生产、销售、使用的证明；主要成分、毒性、使用剂量、有效期和注意事项要有清楚的标识；要有严格的使用登记记录和单独的贮藏区域，如果可能，清洗剂和其他毒素及腐蚀性成分应贮藏于密封的贮存区内；要由经过培训的人员进行管理。

6. 员工健康状况的控制

食品加工者（包括检验人员）是直接接触食品的人，其身体健康及卫生状况直接影响着食品的卫生质量。管理好患病或有外伤或其他身体不适的员工，他们可能成为食品的微生物污染源。对员工的健康要求一般包括：不得患有碍食品卫生的传染病（如肝炎、肺结核等）；不能有外伤，不得化妆，不可佩戴首饰和带入个人物品；必须具备工作服、帽、口罩、鞋等，并及时洗手消毒；应持有效的健康证，制订体检计划并设有体检档案，包括所有和加工有关的人员及管理人员，应具备良好的个人卫生习惯和卫生操作习惯；涉及有疾病、伤口或其他可能成为污染源的人员要及时隔离；食品生产企业应制订卫生培训计划，定期对加工人员进行培训，并记录存档。

7. 预防和清除鼠害、虫害

虫害的防治对食品加工厂是至关重要的。害虫的灭除和控制包括加工厂（主要是生活区）的全范围，甚至包括加工厂周围，重点是厕所、下脚料出口、垃圾箱周围、食堂、贮藏室等。去除任何产生昆虫、害虫的滋生地，如废物、垃圾堆积场地、不用的设备、产品废物和未除尽的植物等吸引虫子的因素。安全有效的害虫控制必须由厂外开始。厂房的窗、门和其他开口，如开的天窗、排污洞和水泵管道周围的裂缝等不能进入加工设施区。

采取的主要措施包括：清除滋生地和预防进入的风幕、纱窗、门帘，适宜的挡鼠板、翻水弯等；还包括产区用的杀虫剂、车间入口用的灭蝇灯、粘鼠胶、捕鼠笼等，但不能用灭鼠药。家养的动物不允许在食品生产和贮存区域活动。由这些动物引起的食品污染构成了同有害动物和害虫引起的类似风险。

附 录

食品行业相关标准

附录一 GB 14881 食品企业通用卫生规范

（一）主题内容与适用范围

本规范规定了食品企业的食品加工过程、原料采购、运输、贮存、工厂设计与设施的基本卫生要求及管理准则。 本规范适用于食品生产、经营的企业、工厂，并作为制定各类食品厂的专业卫生规范的依据。

（二）引用标准

GB 3841 锅炉烟尘排放标准；
GB 5749 生活饮用水卫生标准；
GB 7718 食品标签通用标准。

（三）原材料采购、运输的卫生要求

1. 采购

（1）采购原材料应按该种原材料质量卫生标准或卫生要求进行。

（2）购入的原料，应具有一定的新鲜度，具有该品种应有的色、香、味和组织形态特征，不含有毒有害物，也不应受其污染。
（3）某些农、副产品原料在采收后，为便于加工、运输和贮存而

采取的简易加工应符合卫生要求，不应造成对食品的污染和潜在危害，否则不得购入。

(4) 采购人员应具有简易鉴别原材料质量、卫生的知识和技能。

(5) 盛装原材料的包装物或容器，其材质应无毒无害，不受污染，符合卫生要求。

(6) 重复使用的包装物或容器，其结构应便于清洗、消毒。要加强检验，有污染者不得使用。

2. 运输

(1) 运输工具（车厢、船仓）等应符合卫生要求，应备有防雨防尘设施，根据原料特点和卫生需要，还应具备保温、冷藏、保鲜等设施。

(2) 运输作业应防止污染，操作要轻拿轻放，不使原料受损伤，不得与有毒、有害物品同时装运。

(3) 建立卫生制度，定期清洗、消毒、保持洁净卫生。中华人民共和国卫生部 1994–02–22 批准 1994–09–01 实施 GB14881—94。

3. 贮存

(1) 应设置与生产能力相适应的原材料场地和仓库。

①新鲜果、蔬原料应贮存于遮阳、通风良好的场地，地面平整，有一定坡度，便于清洗、排水，及时剔出腐败、霉烂原料，将其集中到指定地点，按规定方法处理，防止污染食品和其他原料。

②各类冷库，应根据不同要求，按规定的温、湿度贮存。

③其他原材料场地和仓库，应地面平整，便于通风换气，有防鼠、防虫设施。

(2) 原料场地和仓库应设专人管理，建立管理制度，定期检查质量和卫生情况，按时清 扫、消毒、通风换气。

①各种原材料应按品种分类分批贮存，每批原材料均有明显

标志，同一库内不得贮存相互影响风味的原材料。

②原材料应离地、离墙并与屋顶保持一定距离，垛与垛之间也应有适当间隔。

③先进先出，及时剔出不符合质量和卫生标准的原料，防止污染。

（四）工厂设计与设施的卫生要求

1. 设计

（1）凡新建、扩建改建的工程项目有关食品卫生部分均应按本规范和各该类食品厂的卫生规范的有关规定，进行设计和施工。

（2）各类食品厂应将本厂的总平面布置图，原材料、半成品、成品的质量和卫生标准，生产工艺规程以及其他有关资料，报当地食品卫生监督机构备查。

2. 选址

（1）要选择地势干燥、交通方便、有充足的水源的地区。厂区不应设于受污染河流的下游。

（2）厂区周围不得有粉尘、有害气体、放射性物质和其他扩散性污染源；不得有昆虫大量孳生的潜在场所，避免危及产品卫生。

（3）厂区要远离有害场所。生产区建筑物与外缘公路或道路应有防护地带。其距离可根据各类食品厂的特点由各类食品厂卫生规范另行规定。

3. 总平面布置（布局）

（1）各类食品厂应根据本厂特点制订整体规划。

（2）要合理布局，划分生产区和生活区；生产区应在生活区的下风向。

（3）建筑物、设备布局与工艺流程三者衔接合理，建筑结构完善，并能满足生产工艺和质量卫生要求；原料与半成品和成品、生原料与熟食品均应杜绝交叉污染。

(4) 建筑物和设备布置还应考虑生产工艺对温、湿度和其分工艺参数的要求，防止毗邻车间受到干扰。

(5) 道路

①厂区道路应通畅，便于机动车通行，有条件的应修环行路且便于消防车辆到达 GB 14881—94 各车间。

②厂区道路应采用便于清洗的混凝土，沥青及其他硬质材料辅设，防止积水及尘土飞扬。

(6) 绿化

①厂房之间，厂房与外缘公路或道路应保持一定距离，中间设绿化带。

②厂区内各车间的裸露地面应进行绿化。

(7) 给排水

①给排水系统应能适应生产需要，设施应合理有效，经常保持畅通，有防止污染水源和鼠类、昆虫通过排水管道潜入车间的有效措施。

②生产用水必须符合 GB 5749 之规定。

③污水排放必须符合国家规定的标准，必要时应采取净化设施达标后才可排放。净化和排放设施不得位于生产车间主风向的上方。

(8) 污物

污物（加工后的废弃物）存放应远离生产车间，且不得位于生产车间上风向。存放设施应密闭或带盖，要便于清洗、消毒。

(9) 烟尘

①锅炉烟筒高度和排放粉尘量应符合 GB3841 的规定，烟道出口与引风机之间须设置除尘装置。

②其他排烟、除尘装置也应达标准后再排放，防止污染环境。

③排烟除尘装置应设置在主导风向的下风向。季节性生产厂

应设置在季节风向的下风向。

(10) 实验动物待加工禽畜饲养区应与生产车间保持一定距离，且不得位于主导风向的上风向。

4. 设备、工具、管道

(1) 材质 凡接触食品物料的设备、工具、管道，必须用无毒、无味、抗腐蚀、不吸水、不变形的材料制做。

(2) 结构 设备、工具、管道表面要清洁，边角圆滑，无死角，不易积垢，不漏隙，便于拆卸、清洗和清毒。

(3) 设置

①设备设置应根据工艺要求，布局合理。上、下工序衔接要紧凑。

②各种管道、管线尽可能集中走向。冷水管不宜在生产线和设备包装台上方通过，防止冷凝水滴入食品。其他管线和阀门也不应设置在暴露原料和成品的上方。

(4) 安装

①安装应符合工艺卫生要求，与屋顶（天花板）、墙壁等应有足够的距离，设备一般应用脚架固定，与地面应有一定的距离。传动部分应有防水、防尘罩，以便于清洗和消毒。

②各类料液输送管道应避免死角或盲端，设排污阀或排污口，便于清洗、消毒，防止堵塞。

5. 建筑物和施工

(1) 高度 生产厂房的高度应能满足工艺、卫生要求，以及设备安装、维护、保养的需要。

(2) 占地面积 生产车间人均占地面积（不包括设备占位）不能少于 1.50m^2 高度不低于 3m。

(3) 地面

①生产车间地面应使用不渗水、不吸水、无毒、防滑材料（如耐酸砖、水磨石、混凝土等）铺砌，应有适当坡度，在地面最低

点设置地漏，以保证不积水。其他厂房也要根据卫生要求进行。

②地面应平整、无裂隙、略高于道路路面，便于清扫和消毒。

(4) 屋顶

屋顶或天花板应选用不吸水、表面光洁、耐腐蚀、耐温、浅色材料覆涂或装修，要有适当的坡度，在结构上减少凝结水滴落，防止虫害和霉菌孳生，以便于洗刷、消毒。

(5) 墙壁

①生产车间墙壁要用浅色、不吸水、不渗水、无毒材料覆涂，并用白瓷砖或其他防腐蚀材料装修高度不低于 1.50m 的墙裙。

②墙壁表面应平整光滑，其四壁和地面交界面要呈漫弯形，防止污垢积存，并便于清洗。

(6) 门窗

①门、窗、天窗要严密不变形，防护门要能两面开，设置位置适当，并便于卫生防护设施的设置。

②窗台要设于地面 1m 以上，内侧要下斜 45 度。

③非全年使用空调的车间、门、窗应有防蚊蝇、防尘设施，纱门应便于拆下洗刷。

(7) 通道

①通道要宽畅，便于运输和卫生防护设施的设置。

②楼梯、电梯传送设备等处要便于维护和清扫、洗刷和消毒。

(8) 通风

①生产车间、仓库应有良好通风，采用自然通风时通风面积与地面积之比不应小于 1 ：16 ；采用机械通风时换气量不应小于每小时换气三次。

②机械通风管道进风口要距地面 2m 以上，并远离污染源和排风口，开口处应设防护罩。

③饮料、熟食、成品包装等生产车间或工序必要时应增设水幕、风幕或空调设备。

(9) 采光、照明

①车间或工作地应有充足的自然采光或人工照明。车间采光系数不应低于标准Ⅳ级；检验场所工作面混合照度不应低于540lx；加工场所工作面不应低于220lx；其他场所一般不应低于110lx。

②位于工作台、食品和原料上方的照明设备应加防护罩。

③防鼠、防蚊蝇、防尘设施 建筑物及各项设施应根据生产工艺卫生要求和原材料贮存等特点，相应设置有效的防鼠、防蚊蝇、防尘、防飞鸟、防昆虫的侵入、隐藏和孳生的设施，防止受其危害和污染。

6. 卫生设施

(1) 洗手、消毒

①洗手设施应分别设置在车间进口处和车间内适当的地点。

②要配备冷热水混合器，其开关应采用非手动式，龙头设置以每班人数在200人以内者，按每10人1个，200人以上者每增加20人增设1个。

③洗手设施还应包括烘干手的设备（热风、消毒干毛巾、消毒纸巾等），根据生产需要，有的车间、部门还应配备消毒手套，同时还应配备足够数量的指甲刀、指甲刷和洗涤剂、消毒液等。

④生产车间进口，必要时还应设有工作靴鞋消毒池（卫生监督部门认为无需穿靴鞋消毒的车间可免设）。

⑤消毒池壁内侧与墙体呈45°坡形，其规格尺寸应根据情况务使工作人员必须通过消毒池才能进入为目的。

(2) 更衣室

①更衣室应设储衣柜或衣架、鞋箱（架），衣柜之间要保持一定距离，离地面20cm以上，如采用衣架应另设个人物品存放柜。

②更衣室还应备有穿衣镜，供工作人员自检用。

（3）淋浴室

①淋浴室可分散或集中设置，淋浴器按每班工作人员计每20～25人设置1个。

②淋浴室应设置天窗或通风排气孔和采暖设备。

（4）厕所

①厕所设置应有利生产和卫生，其数量和便池坑位应根据生产需要和人员情况适当设置。

②生产车间的厕所应设置在车间外侧，并一律为水冲式，备有洗手设施和排臭装置，其出入口不得正对车间门，要避开通道；其排污管道应与车间排水管道分设。

③设置坑式厕所时，应距生产车间25m以上，并应便于清扫、保洁，还应设置防蚊、防蝇设施。

（五）工厂的卫生管理

1．机构

（1）食品厂必须建立相应的卫生管理机钩，对本单位的食品卫生工作进行全面管理。

（2）管理机构应配备经专业培训的专职或兼职的食品卫生管理人员。

2．职责（任务）

（1）宣传和贯彻食品卫生法规和有关规章制度，监督、检查在本单位的执行情况，定期向食品卫生监督部门报告。

（2）制定和修改本单位的各项卫生管理制度和规划。

（3）组织卫生宣传教育工作，培训食品从业人员。

（4）定期进行本单位从业人员的健康检查，并作好善后处理工作。

3．维修、保养工作

（1）建筑物和各种机械设备、装置、设施、给排水系统等均应保持良好状态，确保正常运行和整齐洁净，不污染食品。

（2）建立健全维修保养制度，定期检查、维修，杜绝隐患，防止污染食品。

4. 清洗和消毒工作

（1）应制订有效的清洗及消毒方法和制度，以确保所有场所清洁卫生、防止污染食品。

（2）使用清洗剂和消毒剂时，应采取适当措施，防止人身、食品受到污染。

5. 除虫、灭害的管理

（1）厂区应定期或在必要时进行除虫灭害工作，要采取有效措施防止鼠类，蚊、蝇、昆虫等的聚集和孳生。对已经发生的场所，应采取紧急措施加以控制和消灭，防止蔓延和对食品的污染。

（2）使用各类杀虫剂或其他药剂前，应做好对人身、食品、设备工具的污染和中毒的预防措施，用药后将所有设备、工具彻底清洗，消除污染。

6. 有毒有害物管理

（1）清洗剂、消毒剂、杀虫剂以及其他有毒有害物品，均应有固定包装，并在明显处标示＂有毒品＂字样，贮存于专门库房或柜橱内，加锁并由专人负责保管，建立管理制度。

（2）使用时应由经过培训的人员按照使用方法进行，防止污染和人身中毒。

（3）除卫生和工艺需要，均不得在生产车间使用和存放可能污染食品的任何种类的药剂。

（4）各种药剂的使用品种和范围，须经省（自治区、直辖市）卫生监督部门同意。

7. 饲养动物的管理

（1）厂内除供实验动物和待加工禽畜外，一律不得饲养家禽、家畜。

(2)应加强对实验动物和待加工禽畜的管理,防止污染食品。

8. 污水、污物的管理

(1)污水排放应符合国家规定标准，不符合标准者应采取净化措施，达标后排放。

(2)厂区设置的污物收集设施，应为密闭式或带盖，要定期清洗、消毒，污物不得外溢，应于24h之内运出厂区处理，做到日产日清，防止有害动物集聚孳生。

9. 副产品的管理

(1)副产品(加工后的下料和废弃物)应及时从生产车间运出，按照卫生要求，贮存于副产品仓库，废弃物则收集于污物设施内，及时运出厂区处理。

(2)使用的运输工具和容器应经常清洗、消毒，保持清洁卫生。

10. 卫生设施的管理

洗手、消毒池，靴、鞋消毒池，更衣室、淋浴室、厕所等卫生设施，应有专人管理，建立管理制度，责任到人，应经常保持良好状态。

11. 工作服的管理

(1)工作服包括淡色工作衣、裤、发帽、鞋靴等，某些工序(种)还应配备口罩、围裙、套袖等卫生防护用品。

(2)工作服应有清洗保洁制度。凡直接接触食品的工作人员必须每日更换。其他人员也应定期更换，保持清洁。

12. 健康管理

(1)食品厂全体工作人员，每年至少进行一次体格检查，没有取得卫生监督机构颁发的体检合格证者，一律不得从事食品生产工作。

(2)对直接接触入口食品的人员还须进行粪便培养和病毒性肝炎带毒试验。

（3）凡体检确认患有：

①肝炎（病毒性肝炎和带毒者）；

②活动性肺结核；

③肠伤寒和肠伤寒带菌者，

④细菌性痢疾和痢疾带菌者；

⑤化脓性或渗出性脱屑性皮肤病；

⑥其他有碍食品卫生的疾病或疾患的人员均不得从事食品生产工作。

（六）生产过程的卫生要求

1. 管理制度

（1）应按产品品种分别建立生产工艺和卫生管理制度，明确各车间、工序、个人的岗位职责，并定期检查、考核。具体办法在各类食品厂的卫生规范中分别制定。

（2）各车间和有关部门应配备专职或兼职的工艺卫生管理人员，按照管理范围，做好监督、检查、考核等工作。

2. 原材料的卫生要求

（1）进厂的原材料应符合原料采购的相关规定。

（2）原材料必须经过检、化验，合格者方可使用；不符合质量卫生标准和要求的，不得投产使用，要与合格品严格区分开，防止混淆和污染食品。

3. 生产过程的卫生要求

（1）按生产工艺的先后次序和产品特点，应将原料处理、半成品处理和加工、包装材料和容器的清洗、消毒、成品包装和检验、成品贮存等工序分开设置，防止前后工序相互交叉污染。

（2）各项工艺操作应在良好的情况下进行。防止变质和受到腐败微生物及有毒有害物的污染。

（3）生产设备、工具、容器、场地等在使用前后均应彻底清洗、消毒。维修、检查设备时，不得污染食品。

(4) 成品应有固定包装，经检验合格后方可包装；包装应在良好的状态下进行，防止异物带入食品。

①使用的包装容器和材料，应完好无损，符合国家卫生标准。

②包装上的标签应按 GB 7718 的有关规定执行。

(5) 成品包装完毕，按批次入库、贮存，防止差错。

(6) 生产过程的各项原始记录（包括工艺规程中各个关键因素的检查结果）应妥为保存，保存期应较该产品的商品保存期延长六个月。

（七）卫生和质量检验的管理

(1) 食品厂应设立与生产能力相适应的卫生和质量检验室，并配备经专业培训、考核合格的检验人员，从事卫生、质量的检验工作。

(2) 卫生和质量检验室应具备所需的仪器、设备，并有健全的检验制度和检验方法。原始记录应齐全，并应妥善保存，以备查核。

(3) 应按国家规定的卫生标准和检验方法进行检验，要逐批次对投产前的原材料、半成品和出厂前的成品进行检验，并签发检验结果单。

(4) 对检验结果如有争议，应由卫生监督机构仲裁。

(5) 检验用的仪器，设备，应按期检定，及时维修，使经常处于良好状态，以保证检验数据的准确。

（八）品贮存、运输的卫生要求

(1) 经检验合格包装的成品应贮存于成品库，其容量应与生产能力相适应。按品种，批次分类存放，防止相互混杂。成品库不得贮存有毒、有害物品或其他易腐、易燃品。

①成品码放时，与地面，墙壁应有一定距离，便于通风。要留出通道，便于人员、车辆通行，要设有温、温度监测装置，定期检查和记录。

②要有防鼠、防虫等设施，定期清扫、消毒，保持卫生。

(2)运输工具(包括车厢、船仓和种容器等)应符合卫生要求。要根据产品特点配备防雨、防尘、冷藏，保温存设施。

①运输作业应避免强烈震荡、撞击，轻拿轻放，防止损伤成品外形；且不得与有毒有害物品混装、混运，作业终了，搬运人员应撤离工作地，防止污染食品。

②生鲜食品的运输，应根据产品的质量和卫生要求，另行制定办法，由专门的运输工具进行。

（九）卫生与健康的要求

(1) 食品厂的从业人员(包括临时工)应接受健康检查，并取得体检合格证者，方可参加食品生产。

(2) 从业人员上岗前，要先经过卫生培训教育，方可上岗。

(3) 上岗时，要做好个人卫生，防止污染食品。

①进车间前，必须穿戴整洁划一的工作服、帽、靴、鞋，工作服应盖住外衣，头发不得露于帽外，并要把双手洗净。

②直接与原料、半成品和成品接触的人员不准戴耳环、戒指、手镯，项链、手表，不准浓艳化妆、染指甲、喷洒香水进入车间。

③手接触脏物、进厕所、吸烟、用餐后，都必须把双手洗净才能进行工作。

④上班前不许酗酒，工作时不准吸烟、饮酒、吃食物及做其他有碍食品卫生的活动。

⑤操作人员手部受到外伤，不得接触食品或原料，经过包扎治疗戴上防护手套后，方可参加不直接接触食品的工作。

⑥不准穿工作服、鞋进厕所或离开生产加工场所。

⑦生产车间不得带入或存放个人生活用品，如衣物、食品、烟酒、药品、化妆品等。

⑧进入生产加工车间的其他人员（包括参观人员）均应遵守本规范的规定。

附加说明

本规范由卫生部卫生监督司提出。

本规范由天津食品卫生监督检验所负责起草。

本规范主要起草人郑鹏然、曹长锐。

本规范由卫生部委托技术归口单位卫生部食品卫生监督检验所负责解释。

本规范参照采用联合国粮农组织／世界卫生组织(FAO/WHO)食品法典委员会CAC/ RCP Rev.2-1985(食品卫生基本原则)。

附录二 GB/T 23493-2009 中式香肠

1 范围

本标准规定了中式香肠的定义、技术要求、试验方法、检验规则和标志、包装、运输、贮存等的要求。

本标准适用于3.1定义产品的生产、检验和销售。

2 规范性引用文件

下列文件中的条款通过本标准的引用而成为本标准的条款。凡是注日期的引用文件，其随后所有的修改单（不包括勘误的内容）或修订版均不适用于本标准，然而，鼓励根据本标准达成协议的各方研究是否可使用这些文件的最新版本。凡是不注日期的引用文件，其最新版本适用于本标准。

GB/T 191 包装储运图示标志(GB/T 191-2008,ISO 780:1997,MOD)

GB 317 白砂糖(GB 317-2006 ，Codex Stan 212-1999 ，

NEQ)

GB 2730 腌腊肉制品卫生标准

GB 2757 蒸馏酒及配制酒卫生标准

GB 2758 发酵酒卫生标准

GB 2760 食品添加剂使用卫生标准

GB/T 5009．33 食品中亚硝酸盐与硝酸盐的测定方法

GB/T 5009．37 食用植物油卫生标准的分析方法

GB/T 5009．44 肉与肉制品卫生标准的分析方法

GB 5461 食用盐

GB/T 6388 运输包装收发货标志

GB 7718 预包装食品标签通则

GB/T 7740 天然肠衣

GB/T 9695．1 肉与肉制品游离脂肪含量的测定

GB/T 9695．8 肉与肉制品氯化物含量测定

GB/T 9695．11 肉与肉制品氮含量测定

GB/T 9695．15 肉与肉制品水分含量测定

GB/T 9695．31 肉制品总糖含量测定

GB 9959．1 鲜、冻片猪肉

GB/T 9959．2 分割鲜、冻猪瘦肉

GB 9961 鲜、冻胴体羊肉

GB 12694 肉类加工厂卫生规范

GB 14967 胶原蛋白肠衣卫生标准

GB/T 16869 鲜、冻禽产品

GB/T 17238 鲜、冻分割牛肉

食品召回管理规定国家质量监督检验检疫总局 [007]98 号令

食品标识管理规定国家质量监督检验检疫总局 [007] 第 102 号令

3 术语和定义

下列术语和定义适用于本标准。

3.1

中式香肠 Chinese sausage、腊肠、风干肠

以畜禽等肉为主要原料，经切碎或纹碎后按一定比例加入食盐、酒、白砂糖等辅料拌匀，腌渍后充填入肠衣中，经烘焙或晾晒或风干等工艺制成的生干肠制品。

4 技术要求

4.1 原料

4.1.1 原料肉：应符合GB 9959.1,GB/T 9959.2,GB 9961,GB/T 16869,GB/T 17238等的规定。

4.1.2 原料肉必须经过去皮、骨、筋键及血污等工序。

4.1.3 原料肉应保持肉质新鲜、不沾污、不混有其他杂质。

4.1.4 其他原料应符合相应的国家标准或行业标准。

4.2 辅料

4.2.1 食盐：应符合GB 5461的规定。

4.2.2 酒：应符合GB 2757或GB 2758的规定。

4.2.3 白砂糖：应符合GB 317的规定。

4.2.4 其他辅料应符合相应的国家标准或行业标准。

4.3 肠衣

应符合GB 14967和GB/T 7740的规定。

4.4 质量指标

4.4.1 感官要求

应符合表1的规定。

表 1 感官要求

项 目	要 求
色泽	瘦肉呈红色、枣红色，脂肪呈乳白色，外表有光泽
香气	腊香味纯正浓郁，具有中式香肠（腊肠）固有的风味
滋味	滋味鲜美，咸甜适中
形态	外形完整，均匀，表面干爽呈现收缩后的自然皱纹

4.4.2 理化指标

应符合表 2 的规定。

表 2 理化指标

项目		指标		
		特级	优级	普通级
水分 /（g/100g）	≤	25	30	38
氯化物（以 NaCl 计）/（g/100g）	≤	8	8	8
蛋白质 /（g/100g）	≥	22	18	14
脂肪 /（g/100g）	≤	35	45	55
总糖（以葡萄糖计）/（g/100g）	≤	22	22	22
过氧化值（以脂肪计）/（g/100g）	≤	按 GB2730 的规定执行		

4.4.3 污染物指标

应符合 GB 2730 的规定。

4.4.4 食品添加剂

食品添加剂质量应符合相应的标准和有关规定。

食品添加剂的品种和使用量应符合 GB 2760 的规定。

4.5 生产加工过程中的卫生要求

应符合 GB 12694 的规定。

5　检验方法

5.1　感官检验

用眼、鼻、口、手等感觉器官对产品的色泽、香气、滋味、形态进行评定。

5.2　水分

按 GB/T 9695．15 规定的方法测定。

5.3　蛋白质

按 GB/T 9695．11 规定的方法测定。

5.4　脂肪

按 GB/T 9695．1 规定的方法测定。

5.5　总糖（以葡萄糖计）

按 GB/T 9695．31 规定的方法测定。

5.6　氮化物

按 GB/T 9695．8 规定的方法测定。

5.7　过氧化值

样品处理按 GB/T 5009．44 规定的方法操作，按 GB/T 5009．37 规定的方法测定。

5.8　亚硝酸盐

按 GB/T 5009．33 规定的方法测定。

6．检验规则

6.1　组批

同日（或同一班次）、同一品种的产品为一批。

6.2　抽样

6.2.1　样本数量：从同一批产品中随机按表 3 抽取样本，并将 1/3 样品进行封存，保留备查。

表 3　抽样表

批量范围／箱	样本数量／箱	合格判定数（Ac）	不合格判定数(Re)
≤ 1000	6	0	1
1001 ~ 3000	7 ~ 12	1	2
≥ 3001	13 ~ 21	2	3

6.2.2　样品数量：从样本中随机抽足 2 kg 作为检验样品。

6.3　检验

6.3.1　出厂检验

产品出厂前，应经质量检验部门按本标准规定逐批进行检验，检验合格后签发质量证明书方可出厂。

出厂检验项目：感官、包装、净含量为每批必检项目，其他为不定期抽检项目。

6.3.2　型式检验

每年至少进行一次型式检验，有下列情况之一者，亦须进行型式检验：

a. 更换设备或长期停产再恢复生产时；

b. 原料出现大的波动时；

c. 出厂检验结果与上次型式检验有较大差异时；

d. 国家质量监督机构进行抽查时。

6.3.3　型式检验项目

本标准中 4.4 规定的项目。

6.4　判定规则

6.4.1　出厂检验判定与复验

6.4.1.1　出厂检验项目全部符合本标准要求的，判该批产品为合格品。

6.4.1.2　出厂检验项目有一项不符合本标准要求的，可加倍随机抽样进行该项目的复验。

6.4.2 型式检验判定与复验

6.4.2.1 型式检验项目全部符合本标准的要求，判为合格品。

6.4.2.2 型式检验项目中不超过 3 项不符合本标准的要求，可加倍抽样复验，复验后有一项不符合本标准要求，判为不合格品。超过 3 项不符合本标准要求，不应复验，判为不合格品。

7 标签与标志

7.1 预包装产品销售包装的标签应按 GB 7718 和《食品标识管理规定》执行。

7.2 运输包装的标志应符合 GB/T 191、GB/T 6388 的规定。

8 包装、运输、贮存

8.1 包装

包装材料应符合相关标准的规定。

8.2 运输

运输工具应符合卫生要求，运输时不应与有毒、有害、有异味、易挥发、易腐蚀的货物混放、混装。运输中防挤压、防晒、防雨、防潮，装卸时轻搬轻放。

8.3 贮存

8.3.1 仓库要求

应卫生、干燥，具有保温功能，不应同库贮存有毒、有害、有异味、易挥发、易腐蚀性的物品。

8.3.2 架垫要求

产品堆放应垫板，与地面距离应不小于 10 cm，距墙面距离应不小于 15 cm。

8.3.3 堆码要求

按不同批次堆码，堆码应整齐。

8.3.4 贮存

成品应在常温、通风、阴凉、干燥处贮存。

9　召回

应按《食品召回管理规定》执行。

附录三　SB/T10279—2008 熏煮香肠

1　范围

本标准规定了熏煮香肠的术语和定义、要求、检验方法、检验规则、标签和标志、包装、运输、贮存。

本标准适用于 3.1 定义产品的生产、销售和检验。

2　规范性引用文件

下列文件中的条款通过本标准的引用而成为本标准的条款。凡是注日期的引用文件，其随后所有的修改单（不包括勘误的内容）或修订版均不适用于本标准，然而，鼓励根据本标准达成协议的各方研究是否可使用这些文件的最新版本。凡是不注日期的引用文件，其最新版本适用于本标准。

GB/T191 包装储运图示标志

GB2707 鲜（冻）畜肉卫生标准

GB2726 熟肉制品卫生标准

GB2760 食品添加剂使用卫生标准

GB/T4789.17 食品卫生微生物学检验　肉与肉制品检验

GB/T5009.27 食品中苯并(a)芘的测定

GB/T5009.33 食品中亚硝酸盐与硝酸盐的测定

CB/T6388 运输包装收发货标志

GB7718 预包装食品标签通则

GB/T9695.1 肉与肉制品　游离脂肪含量的测定

GB/T9695.8 肉与肉制品　氯化物含量测定

GB/T9695.11 肉与肉制品　氮含量测定

GB/T9695.14 肉制品　淀粉含量测定

GB/T9695.15 肉与肉制品　水分含量测定

GB/T9959.1 鲜、冻片猪肉

GB/T9959.2 分割鲜、冻猪瘦肉

GB/T9960 鲜、冻四分体带骨牛肉

GB9961 鲜、冻胴体羊肉

GB16869 鲜、冻禽产品

GB/T17238 鲜、冻分割牛肉

GB/T19303 熟肉制品企业生产卫生规范

JJF1070 定量包装商品净含量计量检验规则

定量包装商品计量监督管理办法 国家质量监督检验检疫总局令 [2005] 第 75 号

食品召回管理规定 国家质量监督检验检疫总局令 [2007] 第 98 号

3 术语和定义

下列术语和定义适用于本标准。

3.1 熏煮香肠

以鲜、冻畜禽肉为原料，经修整、腌制（或不腌制）、绞碎后，加入辅料，再经搅拌（或斩拌）、乳化（或不乳化）、滚揉（或不滚揉）、充填、烘烤（或不烘烤）、蒸煮、烟熏（或不烟熏）、冷却等工艺制作的香肠类熟肉制品。

4 技术要求

4.1 原料

4.1.1 原料肉应符合 GB/T9959.1,GB/T 9959.2,GB/T 9960,GB9961,GB2707,GB16869,

GB/T17238 等规定的鲜、冻畜禽肉。

4.1.2 原料肉应经过去皮、骨、筋腔等工序。

4.1.3 原料肉应不沾污、不混有其他杂质。

4.2 辅料

品质应符合相关国家标准和行业标准的规定。

4.3　净含量

应符合《定量包装商品计量监督管理办法》规定。

4.4　感官要求

应符合表 1 的规定。

表 1　熏煮香肠感官要求

项 目	指　标
外观	肠体干爽 ，有光泽，粗细均匀 ，无粘液，不破损
色泽	具有产品固有颜色，且均匀一致
组织状态	组织致密，切片性能好，有弹性 ，无密集气孔，在切面中不能有大于直径为 2mm 以上的气孔 ，无汁液
风味	咸淡适中，滋味鲜美，有各类产品的特有风味，无异味

4.5　理化指标

应符合表 2 的规定。

表 2　熏煮香肠理化指标

项 目		指 标		
		特级	优级	普通级
水分（以 NaCl）/(g/100g)	≤	70	70	70
氯化物 (以 NaCl 计)/(g/100g)	≤	4	4	4
蛋白质 /(g/100g)	≥	16	14	10
脂肪 /(g/100g)	≤	25	25	25
淀粉 /(g/100g)	≤	3	4	10

4.6　卫生指标

4.6.1　卫生指标

应符合表 3 的规定。

表 3　卫生指标

项 目	指 标
铅 (Pb)/(mg/kg)	按 GB2726 规定执行
无机砷 /(mg/kg)	
锡 (Cd)/(mg/kg)	
总汞 (以 Hg 计)/(mg/kg)	
苯并 (a) 芘[a]/(5g/kg)	
亚硝酸盐 (以 $NaNO_2$ 计)/(mg/kg)	

[a] 限于烧烤和烟熏香肠

4.6.2　微生物指标

应符合表 4 的规定。

表 4　微生物指标

项目	指 标
菌落总数 /(CFU/g)　≤	按 GB2726 规定执行
大肠菌群 /(MPN/100 g)　≤	
致病菌 (沙门氏菌、金黄色葡萄球菌、志贺氏菌)	

4.7　生产加工过程中的卫生要求

应符合 GB19303 的规定。

5　检验方法

5.1　感官检验

根据产品的感官指标用眼、鼻、口、手等感觉器官对产品的外观、色泽、组织状态和风味进行评定。

5.2　水分

按 GB/T9695.15 规定的方法测定。

5.3　氯化物

按 GB/T9695.8 规定的方法测定。

5.4　蛋白质

按 GB/T9695.11 规定的方法测定。

5.5　脂肪

按 GB/T9695.1 规定的方法测定。

5.6　淀粉

按 GB/T9695.14 规定的方法测定。

5.7　亚硝酸钠

按 GB/T5009.33 规定的方法测定。

5.8　微生物指标

按 GB/T4789.17 规定的方法检验。

5.9　净含量

按 JJF1070 规定的方法测定。

6　检验规则

6.1　组批

同一班次、同一品种的产品为一批。

6.2　抽样

6.2.1　样本数

从同一批产品中随机按表 5 抽取样本，并将 1/3 样品进行封存，保留备查。

表 5 抽样表

批量范围 / 箱	样本数量 / 箱	合格判定数 Ac	不合格判定数 Re
≤ 1000	5	0	1
1001 ~ 3000	10	1	2
≥ 3001	20	2	3

6.2.2 样品数

从样本中随机抽取 2kg 作为检验样品。

6.3 检验

6.3.1 出厂检验

产品出厂前，须经企业质量检验部门按本标准规定逐批进行检验，检验合格后签发质量证明书方可出厂。

出厂检验项目：感官、包装、净含量、菌落总数、大肠菌群为每批必检项目。

6.3.2 型式检验

每年至少进行一次型式检验，有下列情况之一者，亦须进行型式检验：

a. 更换设备或长期停产再恢复生产时；

b. 原料出现大的波动时；

c. 出厂检验结果与上次型式检验有较大差异时；

d. 国家质量监督机构进行抽查时。

6.3.3 型式检验项目

本标准中 4.4,4.5,4.6 和 4.7 规定的项目。

6.4 判定规则

6.4.1 出厂检验判定与复验

6.4.1.1 出厂检验项目全部符合本标准要求，判该批产品为合格品。

6.4.1.2 出厂检验项目有一项（菌落总数和大肠菌群除外）

不符合本标准，可以加倍随机抽样进行该项目的复验。

6.4.1.3　菌落总数和大肠菌群中有一项不符合本标准，判为不合格品，不应复验。

6.4.2　型式检验判定与复验

6.4.2.1　型式检验项目全部符合本标准要求，判为合格品。

6.4.2.2　型式检验项目中不超过3项（细菌总数、大肠菌群和致病菌除外）不符合本标准，可以加倍抽样复验，复验后有一项不符合本标准要求，判为不合格品。超过3项不符合本标准要求，不应复验，判为不合格品。

6.4.2.3　细菌总数、大肠菌群和致病菌中有一项不符合本标准要求，不应复验，判为不合格品。

7　标签与标志

7.1　预包装产品销售包装的标签按 GB7718 执行。

7.2　运输包装的标志应符合 GB/T191,GB/T6388的规定。清真产品按国家有关规定标志。

8　包装、运输、贮存

8.1　包装

包装材料应符合相关标准的规定。

8.2　运输

运输工具应符合卫生要求,运输时不得与有毒、有害、有异味、有腐蚀性的货物混放、棍装。运输中防挤压、防晒、防雨、防潮，装卸时轻搬轻放。

8.3　贮存

8.3.1　仓库要求

卫生、干燥，具有保温功能，不应同库贮存有毒、有害、有异味、易挥发、易腐蚀的物品。

8.3.2　架垫要求

产品堆放应垫板，与地面距离不低于10cm，距墙面 15cm.

8.3.3 堆码要求

按不同批次堆码，堆码整齐。

8.3.4 贮存

成品应在 0 ~ 4℃阴凉、干燥处贮存。

9 召回

应按《食品召回管理规定》执行。

附录四 GB/T 20712-2006 火腿肠

1 范围

本标准规定了火腿肠的技术要求、检验方法、检验规则和标签、标志、包装、运输、贮存等内容。

本标准适用于火腿肠的生产、流通和销售等环节。

2 规范性引用文件

下列文件中的条款通过本标准的引用而成为本标准的条款。凡是注日期的引用文件，其随后所有的修改单（不包括勘误的内容）或修订版均不适用于本标准，然而，鼓励根据本标准达成协议的各方研究是否可使用这些文件的最新版本。凡是不注日期的引用文件，其最新版本适用于本标准。

GB/T 191 包装储运图示标志

GB 317 白砂糖

GB 1907 食品添加剂 亚硝酸钠

GB 2707 鲜（冻）畜肉卫生标准

GB 2720 味精卫生标准

GB 2726 熟肉制品卫生标准

GB 2733 鲜、冻动物性水产品卫生标准

GB 2760 食品添加剂使用卫生标准

GB/T 4789．17 食品卫生微生物学检验肉与肉制品检验

GB/T 5009．3 食品中水分的测定

GB/T 5009．5　食品中蛋白质的测定

GB/T 5009．6　食品中脂肪的测定

GB/T 5009．9　食品中淀粉的测定

GB/T 5009．33　食品中亚硝酸盐与硝酸盐的测定

GB/T 5009．44　肉与肉制品卫生标准的分析方法

GB 5461　食用盐

GB/T 6388　运输包装收发货标志

GB 7718　预包装食品标签通则

GB/T 8883　食用小麦淀粉

GB/T 8884　食用马铃薯淀粉

GB/T 8885　食用玉米淀粉

GB/T 8967　谷氨酸钠(99% 味精)

GB 9687　食品包装用聚乙烯成型品卫生标准

GB 9688　食品包装用聚丙烯成型品卫生标准

GB 9959．1　鲜、冻片猪肉

GB 9959．2　分割鲜、冻猪瘦肉

GB 16869　鲜、冻禽产品

GB/T 17030　食品包装用聚偏二氯乙烯(PVDC)片状肠衣膜

GB/T 17238　鲜、冻分割牛肉

GB19303　熟肉制品企业生产卫生规范

3　术语和定义

下列术语和定义适用于本标准。

3.1　火腿肠 ham sausage

高温蒸煮肠 autoclaved ham sausage

以鲜或冻畜肉、禽肉、鱼肉为主要原料，经腌制、搅拌、斩拌(或乳化)、灌入塑料肠衣，经高温杀菌制成的肉类灌肠制品。

4 技术要求

4.1 原料

原料肉应符合GB 2707,GB 9959.1,GB9959.2,GB 16869,GB2733或GB/T 17238的规定。

4.2 辅料

4.2.1 水：应符合相应的卫生标准。

4.2.2 食盐：应符合GB 5461的规定。

4.2.3 白砂糖：应符合GB 317的规定。

4.2.4 淀粉：应符合GB/T 8883.GB/T 8884或GB/T 8885的规定。

4.2.5 味精：应符合GB/T 8967和GB 2720的规定。

4.2.6 肠衣：应符合GB 9687,GB 9688或GB/T 17030的规定。

4.2.7 食品添加剂

4.2.7.1 亚硝酸钠：应符合GB 1907的规定。

4.2.7.2 食品添加剂的质量应符合相应的标准和有关规定。

4.2.7.3 食品添加剂的品种、使用量和残留量应符合GB 2760的规定。

4.2.8 其他辅料应符合国家相关标准的规定。

4.3 质量指标

4.3.1 感官要求

应符合表1的规定。

表1 感官要求

项 目	要 求
外观	肠体均匀饱满，无损伤，表面干净、完好，结扎牢固，密封良好，肠衣的结扎部位无内容物渗出
色泽	具有产品固有的色泽

续表

项 目	要 求
组织状态	组织致密，有弹性，切片良好，无软骨及其他杂质，无密集气孔
风味	咸淡适中，鲜香可口，具固有风味，无异味

4.3.2　理化指标

应符合表 2 的规定。

表 2　理化指标

项　目	要　求			
	特级	优级	普通级	无淀粉产品
水分 /（%）≤	70	67	64	70
食盐（以 NaCl）/（%）≤	3.5	3.5	3.5	3.5
蛋白质 /（%）≥	12	11	10	14
脂肪 /（%）	6 ~ 16	6 ~ 16	6 ~ 16	6 ~ 16
淀粉 /（%）≤	6	8	10	1
亚硝酸盐（以 $NaNO_2$ 计）/（mg/kg）≤	30	30	30	30

4.3.3　污染物、微生物指标

应符合 GB 2726 的规定。

4.4　生产加工过程的卫生要求

应符合 GB 19303 的规定。

5　检验方法

5.1　在自然光线充足的实验室（或评比室）直接观察被测样品的外观。

5.2 剥落肠衣，将内容物置于洁净的白瓷盘内，根据产品的感官要求，通过眼、鼻、口、手等感觉器官对产品的色泽、质地和风味的质量好坏进行评定。

5.3 水分：按 GR/T 5009.3 规定的方法测定。

5.4 食盐：按 GR/T 5009.44 规定的方法测定。

5.5 蛋白质：按 GB/T 5009.5 规定的方法测定。

5.6 脂肪：按 GB/T 5009.6 规定的方法测定。

5.7 淀粉：按 GB/T 5009.9 规定的方法测定。

5.8 亚硝酸钠：按 GB/T 5009.33 规定的方法测定。

5.9 微生物指标：按 GB/T 4789.17 规定的方法检验。

6 检验规则

6.1 组批

同日（或同一班次）、同一品种的产品为一批。

6.2 抽样方法和数量

6.2.1 样本数量：从同一批产品中随机按表 3 抽取样本，并将 1/3 样品进行封存，保留备查。

6.2.2 样品数量：从样本中随机抽取 2 kg 作为检验样品。

表 3 抽样表

批量范围 / 箱	样本数量 / 箱	合格判定数 Ac	不合格判定数 Re
≤ 1200	5	0	1
1201 ～ 2500	8	1	2
≥ 2501	13	2	3

6.3 检验

6.3.1 出厂检验

产品出厂前，应经生产企业的质量检验部门按本标准规定逐批进行检验，检验合格后，出具产品合格证书。在包装箱内（外）

附有质量合格证书的产品方可出厂。

出厂检验项目：感官、净含量、菌落总数和大肠菌群为每批必检项目，其他项目作为不定期抽检。

6.3.2　型式检验

每年至少进行一次型式检验，有下列情况之一者，亦应进行型式检验：

a. 更换主要原辅料或更改关键工艺时；

b. 长期停产后恢复生产时；

c. 出厂检验结果与上次型式检验有较大差异时；

d. 国家质量监督机构提出进行型式检验的要求时。

6.3.3　型式检验项目

应包括第 4 章规定的全部项目。

6.4　判定规则

6.4.1　出厂检验判定与复验

6.4.1.1　出厂检验项目全部符合本标准要求，判该批产品为合格品。

6.4.1.2　出厂检验项目有一项（菌落总数和大肠菌群除外）不符合本标准，可以加倍随机抽样进行该项目的复验。复验后仍不符合本标准，判为不合格品。

6.4.1.3　菌落总数和大肠菌群中的一项不符合本标准，判为不合格品，不应复验。

6.4.2　型式检验判定与复验

6.4.2.1　型式检验项目全部符合本标准要求，判为合格品。

6.4.2.2　型式检验项目不超过三项（菌落总数、大肠菌群和致病菌除外）不符合本标准，可以加倍抽样复验，复验后有一项不符合本标准要求，判为不合格品。超过三项不符合本标准要求，不应复验，判为不合格品

6.4.3　菌落总数、大肠菌群和致病菌中的一项不符合本标

准要求，判为不合格品，不应复验。

7 标签与标志

7.1 预包装产品销售包装的标签按 GB 7718 的规定标明产品名称、配料表、净含量、淀粉含量、厂名、厂址、生产日期、保质期、产品标准号、等级。

7.2 用鸡肉、鱼肉或牛肉等单一的原料制成的产品，其产品名称应命名为“鸡肉肠”、“鱼肉肠”、“牛肉肠”。

7.3 运输包装的标志应符合按 GB/T 191.GB/T 6388 的规定。

清真产品按国家有关规定标志。

8 包装、运输、贮存

8.1 包装

包装材料应符合相关标准的规定。

8.2 运输

运输工具应符合卫生要求,运输时不得与有毒、有害、有异味、有腐蚀性的货物混放、混装。运输中防挤压、防晒、防雨、防潮，装卸时轻搬、轻放。

8.3 贮存

8.3.1 仓库要求

卫生、阴凉、通风、干燥，不准同库贮存有毒、有害、有异味、易挥发、易腐蚀等物品。

8.3.2 垛垫要求

产品堆放应垫板，与地面距离不低于 10cm，距墙面 15cm。

8.3.3 堆码要求

按不同批次堆码，堆码整齐。

附录五　GB/T 7740-2006 天然肠衣

1　范围

本标准规定了天然肠衣的术语和定义、产品分类和品名、要求、检验方法、包装、标志、贮存和运输。

本标准适用于各类天然肠衣。

2　规范性引用文件

下列文件中的条款通过本标准的引用而成为本标准的条款。凡是注日期的引用文件，其随后所有的修改单（不包括勘误的内容）或修订版均不适用于本标准，然而，鼓励根据本标准达成协议的各方研究是否可使用这些文件的最新版本。凡是不注日期的引用文件，其最新版本适用于本标准。

GB/T 5009.11　食品中总砷及无机砷的测定方法

GB/T5009.12　食品中铅的测定方法

GB/T5009.15　食品中锡的测定方法

GB/T5009.17　食品中总汞及有机汞的测定方法

SN 0126-1992　出口肉及肉制品中六六六、滴滴涕残留量检验方法

3　术语和定义

下列术语和定义适用于本标准。

3.1　天然肠衣 natural，casings

采用健康牲畜的食道、胃、小肠、大肠和膀胱等器官，经过特殊加工，对保留的组织进行盐渍或干制的动物组织，是灌制香肠的衣膜。

3.2　盐渍肠衣 salted casings

专用盐腌制的天然肠衣。

3.3　干制肠衣 dried casings

腌制清洗后经晾干或烘干的天然肠衣。

3.4　单付 single bundle

每把盐渍猪、羊肠衣总长度为12．5m，不超过3节。

3.5 双付 double bundle

俗称小把，由两个单付盐渍猪肠衣拼在一起。

3.6 大把 hank

每把猪、羊肠衣总长度为91.5 m，不超过18节。

3.7 起用长度

小把1m以上；大把2 m以上；短把0.94 m以上。

3.8 筋络 veins

粘膜下层形成的网络结构。

3.9 胡须 whisker

悬挂在肠衣上的筋络。

3.10 拐头 caecam

猪、牛、羊的盲肠部分。

3.11 羔羊胃 lamb stomach

俗称羊奶胃，完整的取自哺乳的小羊胃袋，带有2～3cm的食道和十二指肠。

3.12 盐红 salt burn

肠衣壁上产生的一种红色或粉红色的斑点。

3.13 扁径 flat calibre

将干制套管肠衣压扁，在距离两端10 cm处测量的宽度。

3.14 靛点 black spot

肠衣表面产生的黑色或深蓝色斑点。

3.15 硬洞 hard hole

肠衣壁上直径在1～3mm拢水时不再扩大的洞

3.16 破洞 hole

肠衣壁上直径在3mm以上的洞。

3.17 软洞 soft hole

拢水时肠衣壁上继续扩大的洞。

3.18　沙眼 pin hole

肠衣壁上直径在 1mm 以下的洞。

3.19　毛圈 bung

带有毛的直肠末端。

3.20　干制套管肠衣 dried tubed casing

盐渍肠衣经过漂洗、破批、粘贴、晾晒、扎把制作的干肠衣。

3.21　套帕 handkerchief

盐渍肠衣经过漂洗、破批、粘贴、晾晒、扎把制作的片状肠衣。

3.22　带大 wider calibre

肠衣口径过大，超过规定口径 1mm。

3.23　带小 too narrow calibre

肠衣口径过小，小于规定口径 1mm。

3.24　口径 diameter

肠衣充满水时最大的直径。

4　产品分类和品名

4.1　腌渍肠衣类

a. 盐渍猪肠衣 (salted hog casing)；

b. 盐渍绵羊肠衣 (salted sheep casing) ；

c. 盐渍山羊肠衣 (salted goat casing) ；

d. 盐渍马肠衣 (salted horse casing) ；

e. 盐渍牛肠衣 (salted beef casing)；

f. 盐渍猪大肠头 (salted hog fat ends) ；

g. 盐渍猪肥肠 (salted hog chitterling)；

h. 盐渍猪拐头 (salted hog caecum) ；

i. 盐渍牛拐头 (sated beef caecum)；

j. 盐渍羔羊胃 (salted lamb stomach) ；

k. 盐渍牛大肠 (salted beef large intestings) ；

l. 盐渍猪膀胱 (salted hog bladder)。

4.2 干制肠衣类

a. 干制猪肠衣(dried hog casing);

b. 干制牛肠衣(dried beef casing) ;

c. 干制猪膀胱(dried hog bladder);

d. 干制羊肠衣(dried sheep/goat casing) ;

e. 干猪套管肠衣(dried hog casing tubed);

f. 干羊套管肠衣(dried sheep casing tubed) 。

5 技术要求

5.1 原料

肠衣原料应来自安全非疫区的健康动物，并经官方批准的屠宰场屠宰，宰前宰后检疫合格。

5.2 加工

应符合国家食品卫生要求。

5.3 品质

5.3.1 色泽

应符合表1规定。

表1

名 称	色 泽
盐渍猪肠衣	白色、乳白色、淡粉红色、浅黄白色、黄白色
盐渍绵羊肠衣	白色、青白色、黄白色、灰白色
盐渍山羊肠衣	白色、青白色、黄白色、灰白色
盐渍猪大肠头[a]	白色、乳白色、淡粉红色、淡黄白色
盐渍猪肥肠	白色、乳白色、淡粉红色、淡黄白色
盐渍猪拐头	乳白色、淡粉红色，淡黄白色
盐渍羔羊胃	乳白色、淡粉红色，淡黄白色
盐渍猪膀胱	乳白色、淡黄白色、淡灰白色

续表

名　称	色　泽
盐渍牛大肠	白色、乳白色、淡红色、黄白色、灰白色
盐渍牛肠衣	白色、乳白色、淡红色、黄白色、灰白色
干制牛肠衣	淡黄色、棕黄色
干制猪肠衣	黄色、银白色、淡黄色
干制羊肠衣	黄色、银白色、淡黄色
干制猪膀胱	淡粉红色、淡黄色
干制猪套管肠衣	乳白色、淡黄色、黄色
干制羊套管肠衣	乳白色、米黄色、银白色
干制猪套帕	乳白色、淡黄色、黄色
干制羊套帕	乳白色、米黄色、银白色
[a] 猪大肠头指直肠部分	

5.3.2　气味

5.3.2.1　盐渍肠衣类

无腐败气味及其他不应有的异味。

5.3.2.2　干肠衣类

无霉味及其他不应有的异味。

5.3.3　实质

应符合表2规定。

表2

名　称	实　质
盐渍猪肠衣 盐渍绵羊肠衣 盐渍山羊肠衣	肠壁洁净、坚韧，在充满水时呈透明状，无显著筋络。无明显腐蚀痕，无软洞，无破洞，每把硬洞不超过2个（在盐渍猪肠衣中，允许有直径2mm以下硬洞）

续表

名称	实质
盐渍猪大肠头 盐渍猪肥肠 盐渍猪膀胱	洁净卫生，皮质新鲜有弹性，猪大肠头带有毛圈 无刀伤，无严重红斑 无刀伤，带颈管，洁净卫生
盐渍羔羊胃 盐渍猪拐头 盐渍牛大肠 盐渍牛肠衣	肠壁洁净，去油脂，无洞，无刀伤
干肠衣类	肠壁坚韧，有光泽；无杂质，无破洞
干猪膀胱	膀胱带颈管，除去油脂

5.3.4　长度

应符合表 3 规定。

表 3

名称	长度、节数			
	每把	不超过	每节不短于/m	每节（每个）长度
盐渍猪肠衣	大把：91.5±2m	18 节（口径 34mm 以下） 16 节（口径 34 mm 以下）	2	—
	双付：25 m±0.3m	6 节	1	—
盐渍绵羊肠衣	91.5m	18 节	2	—
盐渍山羊肠衣	91.5m	18 节	2	—
盐渍猪大肠头	5 节	—	—	0.6m 0.85m 1.15～1.5m
盐渍猪肥肠	10m		1	—

续表

名 称	长度、节数			
	每把	不超过	每节不短于 /m	每节（每个）长度
盐渍牛肠衣	25m	8 节	1	—
盐渍牛大肠	25m	13 节	0.5	—
干制牛肠衣	50m	18 节	1	—
干制猪膀胱[a]	10 个	—	—	15 ~ 20cm 20 ~ 2 5cm 25 ~ 30cm 30 ~ 35cm ≥ 35cm
干制猪套管肠衣 干制羊套管肠衣	25 个 50 个	—	—	—

[a] 干制猪膀胱长度为从膀胱颈起始部至顶部。

5.3.5 口径、扁径

应符合表 4、表 5 规定。

表 4

名 称	口 径
盐渍猪肠衣 /mm	24 ~ 26；26 ~ 28；28 ~ 30；30 ~ 32；32 ~ 34 34 ~ 36； ≥ 36 36 ~ 40；40 ~ 44 36 ~ 38； ≥ 38 38 ~ 40； ≥ 40 ≥ 44 每把带小不超过 10%，每把带大不超过 5%

续表

名 称	口 径
盐渍绵羊肠衣 /mm	12 ～ 14；14 ～ 16;16 ～ 18;18 ～ 20;20 ～ 22；≥ 22 22 ～ 24；24 ～ 26；≥ 26 15 ～ 17;17 ～ 19;19 ～ 21;21 ～ 23；≥ 23 每把带大不超过 10%，每把带小不超过 5%
盐渍山羊肠衣 /mm	12 ～ 14；14 ～ 16；16 ～ 18；18 ～ 20；20 ～ 22；22 ～ 24；24 ～ 26；≥ 22 15 ～ 17；17 ～ 19；19 ～ 21；21 ～ 23；≥ 23 每把带大不超过 10%，每把带小不超过 5%
盐渍羊奶胃	特大号 (XL)，每个质量在 150g 以上者，包括 150g 大号 (L)，每个质量在 100g 以上者，包括 100g 小号 (S)，每个质量在 50g 以上者，包括 50g 小二号 (S,B) 每个质量在 25g 以上者，包括 25g
盐渍猪肥肠 /mm	40 ～ 44;44 ～ 48;48 ～ 52;52 ～ 56;56 ～ 60；60 ～ 64;64 ～ 68 68 ～ 72；≥ 50；≥ 72
盐渍牛肠衣 /mm	≤ 30;30 ～ 35;35 ～ 40;40 ～ 45；≥ 45
盐渍牛大肠 /mm	≤ 40;40 ～ 45;45 ～ 50;50 ～ 55；≥ 55

表 5

名 称	扁 径
盐渍猪大肠头 /mm	≥ 50；≥ 55；≥ 60；≥ 65；≥ 70
干制猪膀胱 /cm	15 ～ 20;20 ～ 25;25 ～ 30;30 ～ 35；≥ 35
干制牛肠衣 /mm	≤ 34;34 ～ 36;36 ～ 40;40 ～ 44;44 ～ 48；≥ 55

5.4 理化指标

应符合表 6 规定。

表 6

项目	最高残留限量 /(μg/kg)
六六六 (BHC)	300
滴滴涕 (DDT)	1000
六氯苯 (hexachlorobenzent)	200
铅 (plurnbum)	1000
镉 (cadmium)	1000
砷 (arsenic)	1000
汞 (mercury)	1000
呋喃唑酮 (furazolidone)	不得检出 (ND)
呋喃西林 (nitrofurazone)	不得检出 (ND)
呋喃他酮 (furaltadone)	不得检出 (ND)
呋喃妥因 (nitrofurantion)	不得检出 (ND)
氯霉素 (chloramphenicol)	不得检出 (ND)

我国或进口国对肠衣理化残留项目和最高残留限量规定有改变的，按最新的规定执行。

6　检验方法

6.1　检验准备

明确该批肠衣的检验依据、检验项目、方法及安排有资格的检验人员。

6.2　检验内容

包括品质、卫生、规格、数量、质量、包装、标签、标志及唛头（运输标志又称唛头，中文：唛头 拼音：mà tóu，行业内或称mò tóu、mài tóu等）等项目。

6.3　检验方式

肠衣的检验采取对生产加工过程的监督管理与成品检验检疫

相结合的方式。

6.4 抽样

6.4.1 抽样前，核实品名、规格、数量、包装等，抽样时准备好容器。

6.4.2 抽样方法：抽样应具有代表性。

6.4.2.1 桶装货抽样

6.4.2.1.1 抽样数量，根据提交检验批的数量和不同口径按以下规定抽样：

10 桶以下 30%；

10 桶～ 20 桶 25%；

20 桶～ 30 桶 20%；

30 桶以上，每增加 10 桶，增取 1 桶，不及 10 桶者，不增加抽样数量。

6.4.2.2 未装桶肠衣抽样，抽样数按装桶肠衣基数折合。

6.4.3 开桶抽样可在桶内的上、中、下层抽取。

6.4.4 口径、长度、实质项目检验样品可按每桶把数的 1% ～ 3%。

6.4.5 所抽样品分成两份，一份作检验用；一份作复查样品。

6.4.6 实验室抽样

6.4.6.1 应避免样品被污染，使用专用样品袋存放样品。

6.4.6.2 抽样人员应了解肠衣的来源，以来自同一产地的肠衣作为抽样基数。对同一肠衣加工企业至少抽 5 个样品的肠衣合并为 1 个混合样品，每个混合样品至少 300g。

6.4.6.3 抽样后，铅封盛装样品的容器或样品袋，加贴标签，标明样品名称、样品编号、数量、抽样地点、抽样人及抽样日期等，并完整、准确填写肠衣抽／采样凭证。

6.4.6.4 送样

抽样人员应填写肠衣样品送样单，并注明检验项目，连同样品一起送有关实验室。

6.5　检验

6.5.1　品质、规格检验

6.5.1.1　色泽检验

应在自然光线下查看色泽及外观，要避免灯光或阳光的直射。肠衣的外观洁净，色泽一致，无靛点、盐红，不得有品质要求规定以外的色泽。

6.5.1.2　气味检验

打开肠衣包装后，在检验色泽项目同时嗅其有无腐败、霉变等气味。

6.5.1.3　实质检验

6.5.1.3.1　盐渍肠衣

通过灌水，使肠衣胀满，全面检查肠衣壁的洁净度、伤痕、筋络及对水压的承受力等，同时检测口径。

6.5.1.3.2　干制肠衣

观察肠衣壁是否有严重筋络、脂肪、杂质、气泡皱皮等。肠衣壁应厚薄均匀、干燥坚韧、贴层符合要求。仔细观察有无发霉、虫蛀等现象。

6.5.1.4　盐渍肠衣口径检验

6.5.1.4.1　设备及用具

a. 刻有米尺的硬质塑料检验台；

b. 不生锈材料制成的平直口水龙头；

c. 口径卡尺。

猪肠衣口径卡尺：

24mm、26mm、28mm、30mm、32mm、34mm、36mm、38mm、40mm、42mm、44mm。

羊肠衣口径卡尺：

12mm、14mm、15mm、16mm、17mm、18mm、19mm、

20mm、21mm、22mm、23mm、24mm、25mm、26mm、27mm、28mm。

d. 标有路分的无毒容器。

6.5.1.4.2 方法

口径检验，将肠衣“把”拆开，洗去盐份，灌水约1m，使肠衣呈充满状态,然后拉动肠衣,观察肠衣的口径,皮质是否坚韧,肠壁内外有无污物附着，有无伤痕及较粗的筋络。发现口径变化时,双手向内拢水至30cm左右(羊肠衣约25cm),紧握肠衣两端，抄起充满水的肠衣，按自然弯度形成的弓形，垂直对准口径卡尺测量。

a. 盐渍猪肠衣

肠衣组织坚韧，水压不易破裂。测量口径时，不能过分加大压力，否则，口径有偏小的可能；肠衣组织松弛，水压时，容易扩大。测量口径时，不能无限制加压扩大，否则，口径有偏大的可能；肠衣组织软薄，水渗透快，一般是在拉肠时，用目光鉴别口径。

b. 盐渍绵、山羊肠衣

羊肠衣组织薄软，水易渗漏，测量口径时，必须迅速，以求准确。绵羊肠衣组织外观呈环状横纹，灌水膨胀后，呈直筒形，有韧性；山羊肠衣组织外观呈网状纹，灌水膨胀后，呈弯曲形，脆而易破裂。

6.5.1.4.3 测量口径报分

a. 满卡不涩者，猪肠衣为双分，羊肠衣为单分；

b. 松皮肠衣拢水扩大者，应视扩大程度报分；

c. 对洒水而不扩大者，应报本卡路分。

注：4m以上者，带大带小不足1m不报分，分别归入本路分。

6.5.1.4.4 计算方法

带大(带小)长度按式(1)计算，数值以%表示。

$L_{max}(_{或\ min}) = \sum L_{max}(或\ L_{min})/L \times 100$ ························ (1)

式中：——

L_{max}——表示带大长度；

L_{min}——表示带小长度；

L——表示带总长度。

6.5.1.5 长度检验

6.5.1.5.1 设备及用具

a. 量尺台；

b. 盛有清水的无毒容器。

6.5.1.5.2 方法

长度检验可采用接头衔接测量法，检测肠衣口径的同时进行长度测量，也可在量尺台上用单项测量长度方式测量。

要将肠衣内的水将净，量长度时，用力要均匀。用力过轻，易于出现过松的现象，使长度偏长；用力过重，人为的拉长了长度，使长度不足，影响结果。

不论是哪种方式测量长度：

a. 一把肠衣色泽均应基本一致,不应有标准规定以外的色泽；

b. 每把肠衣不应超过规定节数；

c. 每节肠衣不应短于起用长度。

注：长度指每把肠衣的总长度及每节肠衣最短的长度。

6.5.1.6 干制肠衣规格检验

6.5.1.6.1 设备和用具

米尺、平面板。

6.5.1.6.2 方法

a. 干制猪、牛肠衣在测量其扁径的同时测量长度。测量长度时先点清每小把的肠衣数量，再拉开拉直，用尺测量长度，然后拆开肠把，检验合成节数及起用长度；

b. 干制猪膀胱用尺从折叠四层的膀胱颈起始部至顶尖测量

长度；

c. 干制套管肠衣用尺逐个测量其扁径和长度，测量扁径要在开口下 10 cm 处测量。

6.5.2 实验室检验

6.5.2.1 实验室检测按照肠衣样品送样单注明的检测项目或本标准 5 .4 所列的检验项目进行。

a. 砷：按 GB/T 5009.11 的方法检测。

b. 铅：按 GB/T 5009.12 的方法检测。

c. 汞：按 GB/T 5009.17 的方法检测。

d. 镉：按 GB/T50O9.15 的方法检测。

e. 六六六、滴滴涕、六氯苯：按 SNO126 的方法检测。

f. 硝基呋喃类药：按国家主管部门推荐的肠衣中硝基呋喃类残留量检验方法检测。

g. 氯霉素：按国家主管部门推荐的肠衣中氯霉素残留量检验方法检测。

6.5.2.2 实验室应在规定时间内检测完毕，出具检测报告和做好检测记录。

6.6 结果判定

6.6.1 检验记录应包括企业名称、品名、批号、规格、数（质）量、包装及抽采样情况、检验时间、地点、检验依据、检验结果、实验室检测报告、结果判定等基本要素。

6.6.2 检验记录应真实、全面地反映检验全过程的实际情况。检验人员在检验过程中应认真准确地填写记录并签名，记录应经复核签字，记录应保存 2 年。

6.6.3 经检验符合本标准的判定为合格，不符合的判定为不合格。

7 包装、标志、贮存、运输

7.1 包装要求

7.1.1 肠衣的包装容器、物料应坚固耐用，符合食品卫生要求。

7.1.2 盐渍肠衣装入包装容器时须充分撒布肠衣用盐，并灌满饱和盐卤。干制肠衣包装内撒布胡椒粉。

7.2 标志

7.2.1 盐渍肠衣的包装容器内顶面应附以明显卡片，标明品名、口径长度和数量。

7.2.2 肠衣包装容器外应有企业代号和企业名称、品名、口径、编号等字样。

7.3 贮存

7.3.1 盐渍肠衣类存放在。0 ~ 10℃清洁卫生的库内，相对湿度为 85% ~ 90%，每半年换一次盐卤。

7.3.2 干制肠衣类存放于干燥、通风、清洁卫生、无蝇虫的库内，不超过 1 年。

7.4 运输

7.4.1 运输应使用符合卫生要求的冷藏或保温车辆。

7.4.2 海运应使用冷藏集装箱或把集装箱置于水位线以下。

参考文献

[1] 高海燕，朱旻鹏．鹅类产品加工技术．北京：中国轻工业出版社，2010

[2] 高海燕．食品加工机械与设备．北京：化学工业出版社，2008

[3] 曾洁，马汉军．肉类小食品生产．北京:化学工业出版社，2012

[4] 于新，李小华．肉制品加工技术与配方． 北京：中国纺织出版社，2011

[5] 于新，赵春苏，刘丽．酱腌腊肉制品加工技术．北京：化学工业出版社，2012

[6] 彭增起．牛肉食品加工．北京：化学工业出版社，2011

[7] 董淑炎．小食品生产加工 7 步赢利 – 肉类、水产卷．北京：化学工业出版社，2010

[8] 彭增起．肉制品配方原理与技术．北京:化学工业出版社，2009

[9] 赵改名．酱卤肉制品加工．北京：化学工业出版社，2010

[10] 黄现青．肉制品加工增值技术．郑州：河南科学技术出版社，2009

[11] 乔晓玲．肉类制品精深加工实用技术与质量管理．北京：中国纺织出版社，2009

[12] 高翔，王蕊．肉制品加工实验教程．北京：化学工业出版社，2009

[13] 崔伏香，刘玺，朱维军．畜肉食品加工大全．郑州：中原出版传媒集团，2008

[14] 王卫．现代肉制品加工实用技术手册．北京：科学技术文献出版社，2002

[15] 周光宏．畜产品加工学．北京：中国农业出版社，2002

[16] 靳烨．畜禽食品工艺学．北京：中国轻工业出版社，2004

[17] 岳晓禹，李自刚．酱卤腌腊肉加工技术．北京：化学工业出版社，2010.12

[18] 中华人民共和国国家标准．食品添加剂使用标准（含增补公告）.GB 2760—2011．中华人民共和国卫生部

[19] 中华人民共和国国家标准．食品企业通用卫生规范．GB/T 23493—2009．中华人民共和国卫生部

[20] 中华人民共和国国家标准．中式香肠 GB14881—2009．中华人民共和国国家质量监督检验检疫局

[21] 中华人民共和国国内贸易行业标准．熏煮香肠 SB/T 10279–2008．中华人民共和国商务部

[22] 中华人民共和国国家标准．火腿肠 GB/T 20712—2006．中华人民共和国国家质量监督检验检疫局

[23] 中华人民共和国国家标准．天然肠衣 GB/T 7740—2006．中华人民共和国国家质量监督检验检疫局

[24] 北京香肠加工技术 .http://www.tech-food.com/kndata/1017/0034080.htm 中国食品科技网